计算机类技能型理实一体化新形态系列

U0655906

网络综合布线

实用技术（第5版）

主　编　褚建立
副主编　董会国　李　军　姜占勤

清华大学出版社
北京

内 容 简 介

本书主要是以国家标准《综合布线系统工程设计规范》(GB/T 50311—2016)和《综合布线系统工程验收规范》(GB/T 50312—2016)为主要依据,并参考了国际最新标准和我国通信行业其他最新标准,以及最新发布的数据中心布线系统设计与施工技术,光纤、屏蔽布线系统的设计与施工检测技术,综合布线系统的管理与运行维护等白皮书,反映了综合布线系统领域最新的技术和成果。

本书以企业需求为导向,以任务实施过程为主线,根据综合布线系统的知识及技能结构和人的认知规律,其讲解内容涵盖了网络综合布线系统的认识、设计、实施、连接、测试、验收、管理和监理等知识环节。本书既适用于高职高专网络技术类、计算机类、通信类等专业学生作为教材,也适用于综合布线系统工程产品选型、方案设计、安装施工、测试验收管理等相关工程技术人员作为参考书,还可作为综合布线系统工程培训班教材。

本书为"十四五"职业教育国家规划教材修订版,配有翔实的教学课件、教学资源、试卷、微课等,读者可扫描书中二维码使用。

图书在版编目(CIP)数据

网络综合布线实用技术 / 褚建立主编. -- 5 版. -- 北京 :清华
大学出版社,2025. 4. --(计算机类技能型理实一体化新形态系列).
ISBN 978-7-302-68466-4

Ⅰ. TP393.03

中国国家版本馆 CIP 数据核字第 2025KD0709 号

责任编辑:张　弛
封面设计:刘代书
责任校对:袁　芳
责任印制:丛怀宇

出版发行:清华大学出版社
　　　　网　　　址:https://www.tup.com.cn,https://www.wqxuetang.com
　　　　地　　　址:北京清华大学学研大厦 A 座　　　邮　　编:100084
　　　　社 总 机:010-83470000　　　　邮　　购:010-62786544
　　　　投稿与读者服务:010-62776969,c-service@tup.tsinghua.edu.cn
　　　　质量反馈:010-62772015,zhiliang@tup.tsinghua.edu.cn
　　　　课件下载:https://www.tup.com.cn,010-83470410
印 装 者:大厂回族自治县彩虹印刷有限公司
经　　销:全国新华书店
开　　本:185mm×260mm　　　印　张:22　　　　字　　数:559 千字
版　　次:2004 年 10 月第 1 版　　2025 年 6 月第 5 版　　印　次:2025 年 6 月第 1 次印刷
定　　价:79.00 元

产品编号:103359-01

Ｆoreword 第5版 前　言

《网络综合布线实用技术》自 2004 年 10 月出版以来,在全国职业院校得到了广泛使用,先后被评为普通高等教育"十一五"国家级规划教材(高职高专系列)、"十三五"职业教育国家规划教材和"十四五"职业教育国家规划教材。

20 年来,无论是 20 世纪 90 年代初提出的智能建筑、智能家居,还是近年来国家倡导的智慧城市、智慧社区、物联网、大数据、云计算、"互联网＋"等战略目标,都离不开布线系统。随着智慧城市建设及信息技术的飞速发展,从整个新基建的角度来看综合布线系统,已成为智能建筑的关键部分和基础设施,它与建筑工程的规划设计、施工安装和维护使用都有着极为密切的关系。现代社会对综合布线技术人才需求越来越迫切,因此,培养一批有知识、懂专业技术、熟练掌握工程技术施工与管理的复合型人才成为高职院校信息类人才培养迫在眉睫的重要任务。

综合布线课程旨在培养学生在网络建设中运用国家和国际规范、规程、标准,进行信息系统基础设施方案设计,产品选型,系统安装、测试、验收、维护和工程管理的能力,现已成为计算机网络技术、通信技术等专业的核心课程,在人才培养方案中占据着十分重要的地位,也是一门实操性和工程性很强的课程。习近平总书记在党的二十大报告中提出:"育人的根本在于立德。全面贯彻党的教育方针,落实立德树人根本任务,培养德智体美劳全面发展的社会主义建设者和接班人。"

本书主要特色如下。

特色一,在综合布线课程的教学改革中,坚持立德为先,将素质培养元素巧妙植入课程教学的各个章节、各个环节、各个方面,构建全课程育人格局,为党和国家培养又红又专、德才兼备的优秀高技能人才,更好地为国家的信息化建设提供有力的人才支撑。

(1) 国家安全观教育。目前,先进的电磁侦测设备能够在千米之外接收来自计算机网络、通信语音线路辐射出来的电磁波,通过还原、复现等技术手段窃取相关信息,从而危害个人、企业甚至国家信息安全。但是通过使用屏蔽双绞线等屏蔽布线系统可以防止信息外泄。作为高校学生,关注国防,不断增强国防观念,通过使用国产手机、国产计算机、国产操作系统和国产软件,以实际行动践行国家安全观。

(2) 培养工匠精神。通过课程实操环节培养学生工匠精神,比如在对绞电缆端接水晶头(RJ-45)、信息插座、配线架、光纤熔接等实操环节,每一次打接、每一条跳线、每一次熔接都必须精准到位,从而培养学生精益求精的工匠精神和工程素养。

(3) 培养学生遵规守纪精神。综合布线系统必须遵守国家标准、行业标准,在工程设计、施工、验收等过程中遵规守纪。

特色二,本书是以国家标准《综合布线系统工程设计规范》(GB 50311—2016)和《综合布线系统工程验收规范》(GB 50312—2016)内容为主线展开,以国家布线系列标准《信息技术用户建筑群通用布缆》(GB/T 18233.1~6—2018)等、国家建筑标准设计图集 20X101-3《综合布线系统工程设计与施工》等为主要参考内容进行编写,本书吸取和整合了大量的相关国家标准与行业标准的规定,收集了大量在实践过程中积累的经验与收获,具有很高的可读性、实用性和可操作性。

特色三,本书以企业需求为导向,以项目实施过程为主线,根据综合布线系统的知识及技能结构和人的认知原理,其内容讲解顺序涵盖了网络综合布线系统的认识、设计、实施、连接、测试、验收、管理和监理等环节。但从人的职业成长过程来看,在掌握综合布线系统这门技术性很强的内容时,应遵循的顺序是认识、施工(缆线敷设、打线)、测试和验收,在积累了一定的经验后才能进行综合布线系统的设计和项目工程管理以及从事监理工作。

全书共分五大模块,18 个任务,内容安排如下表所示。

模 块	任 务
模块一 综合布线系统基础知识,包括 2 个任务	任务 1 认识综合布线系统
	任务 2 认识综合布线系统的布线缆线及其连接器件
模块二 综合布线系统工程设计,包括 3 个任务	任务 3 综合布线工程网络方案设计
	任务 4 综合布线系统设计
	任务 5 综合布线工程施工图的绘制
模块三 综合布线系统工程施工,包括 7 个任务	任务 6 综合布线系统工程管槽安装施工
	任务 7 综合布线系统工程电缆布线敷设
	任务 8 综合布线系统工程光缆布线敷设
	任务 9 工作区用户跳线和信息插座的端接
	任务 10 电信间缆线端接
	任务 11 综合布线系统链路的连接
	任务 12 综合布线管理系统的标识
模块四 综合布线系统工程测试与验收,包括 3 个任务	任务 13 铜缆链路的测试与故障排除
	任务 14 光纤信道和链路测试
	任务 15 综合布线系统工程验收
模块五 综合布线系统工程设计示例,包括 3 个任务	任务 16 办公楼综合布线系统工程设计示例
	任务 17 住宅光纤到户工程设计示例
	任务 18 企业园区综合布线系统工程设计示例

本书配有微课视频、授课用课件、课程标准、授课计划等丰富的数字化学习资源,与本书配套的数字课程《信息网络布线技术》已在"智慧职教"平台上线,学习者和授课教师可以登录网站进行在线学习及资源下载。

本书由河北科技工程职业技术大学褚建立教授主编,董会国、李军、姜占勤任副主编。其中褚建立编写了任务 3,董会国编写了任务 1、任务 2、任务 8、任务 9,姜占勤编写了任务 4、任务 7、任务 14、任务 15,李军编写了任务 5、任务 6、任务 16、任务 17、任务 18,钱孟杰编写了任务 12、任务 13,王京亚编写了任务 10、任务 11。在本书的编写过程中,高欢、张小志、王玮、谢伟波等老师对本书进行了资料整理、校对、绘图等工作。并得到了福禄克网络公司、河北宜和友联、河北蓝天、河北三佳等公司的大力支持,提供了大量的工程案例和测试资料,在此一并表示深深的感谢。

编　者

2025 年 1 月

教学课件及试卷	教学资源包

Contents 目 录

模块四 综合布线系统工程测试与验收

模块五　综合布线系统工程设计示例

综合布线系统基础知识

回顾智能建筑近 30 年的发展历程,综合布线系统(Premises Distribution System,PDS)作为基础设施在其中所起的作用是任何一个其他的弱电子系统所不能取代的。而随着信息化和工业化的发展,人们的生活已经与"信息"息息相关,综合布线系统作为信息设施的基础设施,正在智慧城市与布线智能管理、公用建筑与建筑群、智能家居与智慧社区、智慧生产与新型工业环境、大数据与数据中心、万物互联与人工智能等各个领域发挥重要作用。

通过下面两个任务来认识综合布线系统,掌握综合布线系统的构成,了解综合布线系统的产品及选型。

任务 1　认识综合布线系统

任务 2　认识综合布线系统的布线缆线及其连接器件

任务 1

认识综合布线系统

1.1 任务描述

综合布线系统是一种模块化的、灵活性极高的建筑物内或建筑物之间的信息传输通道。它将数据通信设备、交换设备和语音系统及其他信息管理系统集成,形成一套标准的、规范的信息传输系统。综合布线系统是建筑物智能化必备的基础设施。

那么有必要首先了解综合布线系统是由哪几部分组成的;在综合布线系统工程建设实践中,目前在国内外有哪些标准可遵循。

1.2 相关知识

1.2.1 了解智能建筑的概念及组成

1. 智能建筑的概念

我们办公用的大楼、家庭居住的住宅楼等建筑,具有哪些特征才能称得上智能建筑呢?

在国家标准《智能建筑设计标准》(GB/T 50314—2015)中对智能建筑(Intelligent Building, IB)作了以下定义:以建筑物为平台,基于对各类智能化信息的综合应用,集架构、系统、应用、管理及优化组合为一体,具有感知、传输、记忆、推理、判断和决策的综合智慧能力,形成以人、建筑、环境互为协调的整合体,为人们提供安全、高效、便利及可持续发展功能环境的建筑。

2. 智慧建筑的概念

2021 年 4 月,中国建筑学会发布《智慧建筑设计标准(T/ASC 19—2021)》,对智慧建筑的定义为:以构建便捷、舒适、安全、绿色、健康、高效的建筑为目标,在理念规划、技术应用、管理运营、可持续发展环节中充分体现数据集成、分析研判、管控决策,具有整体自适应和自进化能力的新兴建筑形态。

3. 智能建筑的工程架构

根据国标《智能建筑设计标准》(GB/T 50314—2015),以建筑物的应用需求为依据,通过对智能化系统工程的设施、业务及管理等应用功能作层次化结构规划,从而构成由若干智能化设施组合而成的架构形式。

智能化系统工程系统包括以下几项。

(1) 信息化应用系统。以信息设施系统和建筑设备管理系统等智能化系统为基础,为满足建筑物的各类专业化业务、规范化运营及管理的需要,由多种类信息设施、操作程序和相关应用设备等组合而成的系统。系统配置包括公共服务(如访客接待管理和公共服务信息发布)、智能卡应用(如身份识别等)、物业管理、信息设施运行管理、信息安全管理、通用业务和专业业务等信息化应用系统。

(2) 智能化集成系统。为实现建筑物的运营及管理目标,基于统一的信息平台,以多种类智能化信息集成方式,形成的具有信息汇聚、资源共享、协同运行、优化管理等综合应用功能的系统。系统配置包括智能化信息集成(平台)系统、集成信息应用系统;

(3) 信息设施系统。为满足建筑物的应用与管理对信息通信的需求,将各类具有接收、交换、传输、处理、存储和显示等功能的信息系统整合,形成建筑物公共通信服务综合基础条件的系统。系统配置包括信息接入系统、布线系统、移动通信室内信号覆盖系统、卫星通信系统、用户电话交换系统、无线对讲系统、信息网络系统、有线电视系统、卫星电视接收系统、公共广播系统、会议系统、信息导引及发布系统、时钟系统、满足需要的其他信息设施系统等;

(4) 建筑设备管理系统。对建筑设备监控系统和公共安全系统等实施综合管理的系统,系统配置包括建筑设备监控系统、建筑能效监管系统,以及需纳入管理的其他业务设施系统等。

(5) 公共安全系统。为维护公共安全,运用现代科学技术,具有以应对危害社会安全的各类突发事件而构建的综合技术防范或安全保障体系综合功能的系统。包括火灾自动报警系统、入侵报警系统、视频安防监控系统、出入口控制系统、电子巡查系统、访客对讲系统、停车库(场)管理系统、安全防范综合管理(平台)、应急响应系统、其他特殊要求的技术防范系统等。

(6) 机房工程。为提供机房内各智能化系统设备及装置的安装和运行条件,以确保各智能化系统安全、可靠和高效地运行与便于维护的建筑功能环境而实施的综合工程。配置包括信息接入机房、有线电视前端机房、信息设施系统总配线机房、智能化总控室、信息网络机房、用户电话交换机房、消防控制室、安防监控中心、应急响应中心和智能化设备间(弱电间)等,并可根据工程具体情况独立配置或组合配置。

智能建筑工程设计应以建设绿色建筑为目标,做到功能实用、技术适时、安全高效、运营规范和经济合理。

1.2.2　了解综合布线系统的概念和特点

1. 综合布线系统的起源

在过去设计大楼内的语音及数据业务线路时,常使用各种不同的传输线、配线插座以及连接器件等。例如,用户电话交换机通常使用对绞电话线,而局域网络(LAN)则可能使用双绞线或同轴电缆,这些不同的设备使用不同的传输线来构成各自的网络;同时,连接这些不同布线的插头、插座及配线架均无法互相兼容,相互之间达不到共用的目的。

随着全球社会信息化与经济国际化的深入发展,人们对信息共享的需求日趋迫切,这就需要一个适合信息时代的布线方案。美国电话电报(AT&T)公司贝尔(Bell)实验室的专家们经过多年的研究,在办公楼和工厂试验成功的基础上,于 20 世纪 80 年代末期率先推出SYSTIMATMPDS(建筑与建筑群综合布线系统),现时已推出结构化布线系统(Structure Cabling System,SCS)。在国家标准 GB/T 50311—2000 中将其命名为综合布线系统(Generic Cabling System,GCS)。

现在将所有语音、数据、图像及多媒体业务的设备的布线网络组合在一套标准的布线系统上,并且将各种设备终端插头插入标准的插座内已属可能之事。在综合布线系统中,当终端设备的位置需要变动时,只需做一些简单的跳线,这项工作就完成了,而不需要再布放新的电缆以及安装新的插座。

2. 综合布线系统的概念

综合布线系统是一种模块化的、灵活性极高的建筑物内或建筑群之间的信息传输网络。它将语音、数据、图像和多媒体业务设备的布线网络组合在一套标准的布线系统上,它以一套由共用配件所组成的单一配线系统,将各个不同制造厂家的各类设备综合在一起,使各设备互相兼容,同时工作,实现综合通信网络、信息网络和控制网络间的信号互联互通。应用系统的各种设备终端插头插入综合布线系统的标准插座内,再在设备间和电信间对通信链路进行相应的跳接,就可运行各应用系统了。

综合布线系统应支持具有 TCP/IP 通信协议的视频安防监控系统、出入口控制系统、停车库(场)管理系统、访客对讲系统、智能卡应用系统、建筑设备管理系统、能耗计量及数据远传系统、公共广播系统、信息引导(标识)及发布系统等弱电系统的信息传输。

注意:强电用作一种动力能源,弱电是用于信息传递。强电一般是指交流电电压在 24V 以上。如家庭中的电灯、插座等,电压在 110～220V。而弱电一般是指直流电压在 24V 以内的,如音频、视频线路、网络线路、电话线路等。家用电器中的电话、计算机、电视机的信号输入(有线电视线路)、音响设备(输出端线路)等电器均为弱电电器设备。

综合布线系统将建筑物内各方面相同或类似的信息缆线、接续构件按一定的秩序和内部关系组合成整体,几乎可以为楼宇内部的所有弱电系统服务,这些子系统包括以下几个。

- 电话(音频信号)。
- 计算机网络(数据信号)。
- 有线电视(视频信号)。
- 视频监控(视频信号)。
- 建筑物自动化(低速监控数据信号)。
- 背景音乐(音频信号)。
- 消防报警(低速监控数据信号)。

目前,对于综合布线系统存在着两种看法:一种主张将所有的弱电系统都建立在综合布线系统中;另一种则主张将计算机网络、电话布线纳入综合布线系统中,其他的弱电系统仍采用其特有的传统布线。目前,大多采用第二种看法。综合布线系统更适合于计算机网络的各种高速数据通信综合应用,对于视频信号、低速监控数据信号等非高速数据传输,则不需要很高的灵活性,应使用专用的缆线材料,以免增加建设成本。由于行业的要求,消防报警和保安监控所用的线路应单独敷设,不宜纳入综合布线系统中。

综合布线系统支持弱电系统各子系统应用时,应满足各子系统提出的下列条件。

(1) 传输带宽与传输速率。

(2) 缆线的应用距离带宽。

(3) 设备的接口类型。

(4) 屏蔽与非屏蔽电缆与光缆布线系统的选择条件。

(5) 以太网供电(PoE)的供电方式及供电线对实际承载的电流与功耗。

(6) 各弱电子系统设备安装的位置、场地面积和工艺要求。

3. 综合布线系统的特点

综合布线系统可以满足建筑物内部及建筑物之间的所有计算机、通信及建筑物自动化系统设备的配线要求,具有兼容性、灵活性、可靠性、先进性、经济性和安全性等特点。

(1) 兼容性。综合布线系统的首要特点是兼容性。所谓兼容性,是指综合布线系统的自身是完全独立的,与业务的应用终端相对无关,可以适用于多种应用系统。一栋建筑物或一个建筑群在设置弱电系统时,可以采用综合布线系统,经过统一的规划和设计,采用通用的配线设施(包括传输介质、信息插座、交连设备和适配器等)将语音、数据、图像、多媒体及建筑智能化弱电系统等信号综合到一套标准的布线系统中进行传送。在使用时,用户可不用定义某个工作区的信息插座的具体应用,只把某种终端设备(如个人计算机、电话、视频设备等)插入这个信息插座,然后在电信间和设备间的配线设备上做相应的接线操作,这个终端就被接入各自的系统中了。

(2) 灵活性。传统的布线方式是封闭的,其体系结构也是固定的。若要迁移设备位置或增加设备数量则相当困难,甚至是不可能的。在综合布线系统中,由于所有信息系统皆采用标准的传输介质和相关连接件,模块化设计。因此,所有通道都是通用与共享的,设备的开通及更改均不需要改变布线,只需增减相应的应用设备以及在配线架上进行必要的跳线管理即可。另外,组网也可灵活多样,甚至在同一房间为用户组织信息流提供了必要条件。

(3) 可靠性。综合布线系统采用高品质的材料和组合的方式构成了一套高标准的信息传输通道。所有线槽和相关连接件均通过 ISO 认证,每条通道都要采用专用仪器测试以保证其电气性能。应用系统布线全部采用点到点端接,任何一条链路故障均不影响其他链路的运行,这就为链路的运行维护及故障检修提供了方便,从而保障了应用系统的可靠运行。

(4) 先进性。综合布线系统采用光纤与对绞线电缆混合布线方式,极为合理地构成一套完整的布线。所有布线均符合国标,采用 8 芯对绞电缆,带宽可达 16~600MHz。根据用户的要求可把光纤引到桌面(FTTD)。适用于 100Mbps 以太网、155Mbps ATM 网、千兆位以太网和万兆位以太网,并完全具有适应未来的语音、数据、图像、多媒体对传输的带宽要求。

(5) 经济性。综合布线系统可适应相当长时间的业务变更需求,满足几代网络的提升和发展要求,避免了传统布线经常改造形成的资金投入和时间浪费,延误了网络正常运行的时间。

(6) 安全性。综合布线系统利用布线电缆的对绞状态以及屏蔽布线与光纤的特性,可有效地防止信息泄露和提高抵御外部电场、磁场干扰源影响信息安全的能力,为网络安全性打下物理基础。

4. 综合布线系统和智能建筑的关系

在《智能建筑设计标准》(GB/T 50314—2015)中已经将"信息化"提高到一定的高度和标准,提出智能建筑"信息设施系统"的概念,智能建筑与"信息化"相关的各个子系统的硬件部分归结在"信息设施系统"中,包括通信系统、计算机网络系统及通信管线等,软件部分归结在"信息化应用系统"中。综合布线系统不再以独立的内容单独提出,而是作为信息通信基础设施合并在"信息设施系统"中,充分体现了综合布线系统是智能建筑弱电系统的一个重要组成部分在信息化建设中具有重要地位,已经成为新基建的一个重要组成部分。

5. 综合布线系统的应用范围

目前,智能建筑综合布线系统的应用范围有两类:一类是单幢的建筑物内,包括新建、扩建和改建的住宅、办公、旅馆、文化、博物馆、观演、会展、教育、金融、交通、医疗、体育、商店等民用建筑及通用工业建筑的智能化系统工程,以及多功能组合的综合体建筑智能化系统工程设计;另一类是由若干建筑物构成的建筑群小区,如智能住宅小区、学校园区等。

单幢建筑内的综合布线系统工程范围,一般是指在整幢建筑内部敷设的缆线及其附件,由建筑物内敷设的管路、槽道、缆线、接续设备以及其他辅助设施(如电缆竖井和专用的房间等)组成。此外,还应包括引出建筑物与外部信息网络系统互相连接的通信线路;各种终端设备连接线和插头等,在使用前随时可以连接安装,一般不需要设计和施工。

建筑群体因建筑幢数不一、规模不同,其工程范围难以统一划分,但不论其规模如何,综合布线系统的工程范围为除包括每幢建筑内的布线外,还需包括各幢建筑物之间相互连接的布线。

1.2.3　综合布线系统标准

目前,我国布线行业主要参考国际标准,北美标准、欧洲标准、国家标准、国内行业标准及相应的地方标准进行布线工程的整体实施。主要布线标准汇总如下。

1．国家标准

国家标准的制定主要是以 ANSI EIA/TIA-568A 和 ISO/IEC 11801 等作为依据,并结合国内具体实际情况进行了相应的修改。

(1)《综合布线系统工程设计规范》(GB 50311—2016)。

(2)《综合布线系统工程验收规范》(GB 50312—2016)。

(3)《信息技术　用户建筑群通用布缆》包括以下六部分:《第1部分:通用要求》(GB/T 18233.1—2022);《第2部分:办公场所》(GB/T 18233.2—2022);《第3部分:工业建筑群》(GB/T 18233.3—2018);《第4部分:住宅》(GB/T 18233.4—2024);《第5部分:数据中心》(GB/T 18233.5—2018);《第6部分:分布式楼宇设施》(GB/T 18233.5—2022)。

(4)《数据中心设计规范》(GB 50174—2017)等。

2．国际标准

国际标准组织 ISO/IEC 于 1995 年制定颁布了 ISO/IEC 11801 国际标准,名为"信息技术-用户基础设施结构化布线系统"。目前该标准版本为 ISO/IEC 11801.1～6—2017。

(1) ISO/IEC 11801.1—2017:结构化布线对双绞线和光缆的要求。

(2) ISO/IEC 11801.2—2017:商用(企业)建筑布线。

(3) ISO/IEC 11801.3—2017:工业布线。

(4) ISO/IEC 11801.4—2017:家用布线。

(5) ISO/IEC 11801.5—2017:数据中心布线。

(6) ISO/IEC 11801.6—2017:分布式楼宇服务设施布线。

3．北美标准

ANSI 布线的美洲标准主要由 TIA/EIA 制定,ANSI/TIA/EIA 标准在全世界一直起着综合布线产品的导向工作。北美标准主要包括:

(1)《商业建筑通信布线标准》[EIA/TIA 568-A、EIA/TIA 568-B(B. 1、B. 2、B. 3)、EIA/TIA 568-C(C. 0、C. 1、C. 2、C. 3)、ANSI/TIA/EIA 568-D. 2]。

(2)《商业建筑电信布线路径和空间标准》(EIA/TIA 569-A、EIA/TIA 569-B)。

(3)《居住和轻型商业建筑标准》(EIA/TIA 570-A)。

(4)《商业建筑电信布线基础设施管理标准》(EIA/TIA 606-A)等。

4．行业标准

（1）《信息通信综合布线系统》(YD/T 926—2023)是目前国内比较权威的综合布线行业标准，主要包括以下 3 部分。

《第 1 部分：总规范》(YD/T 926.1—2023)。

《第 2 部分：光纤光缆布线及连接件通用技术要求》(YD/T 926.2—2023)。

《第 3 部分：对称电缆布线及连接件通用技术要求》(YD/T 926.3—2023)。

（2）《信息通信综合布线系统场景与要求　住宅》(YD/T 1384—2023)。

（3）《信息通信综合布线系统场景与要求　数据中心》(YD/T 2963—2024)。

5．其他标准规范

（1）防火标准。线缆是综合布线系统用于防火的重要部件。2014 年出台标准《电缆及光缆燃烧性能分级》(GB 31247—2014)中对通信线缆阻燃性能提出了分级要求。

（2）智能建筑的相关标准。

- 《智能建筑设计标准》(GB/T 50314—2015)。
- 《综合布线系统工程设计与施工》(20X101-3)。
- 《住宅区和住宅建筑内光纤到户通信设施工程设计规范》(GB 50846—2012)。

在综合布线系统工程建设中，以执行国内标准为主，但也可参考国外标准，并密切注意近期的科技发展动态和有关标准状况，考虑是否符合国内工程中的实际需要，必要时需再进行深入调查、分析研究，根据客观要求来合理确定能否选用。

1.2.4　综合布线系统的组成

1．综合布线系统的设计要点

综合布线系统采用模块化结构。按照每个模块的作用，依照国家标准《综合布线系统工程设计规范》(GB/T 50311—2016)，园区网综合布线系统应按以下 7 个部分进行设计，如图 1.1 所示。

综合布线
系统组成

1）工作区

工作区是包括办公室、写字间、作业间、机房等需要电话、计算机或其他终端设备(Terminal Equipment，TE)(如网络打印机、网络摄像头、监视器、各种传感器件等)设施的区域或相应设备的统称。

工作区由终端设备至信息点(Telecommunication Outlet，TO)的连接器件组成，包括跳线、连接器或适配器等，实现用户终端与网络的有效连接。工作区子系统的布线一般是非永久的，用户根据工作需要可以随时移动、增加或减少布线，既便于连接，也易于管理。

根据标准的综合布线设计，每个信息点旁边要求有一个单相电源插座，以备计算机或其他有源设备使用，且信息点与电源插座的间距不得小于 20cm。

2）配线子系统

配线子系统也称水平布缆子系统(GB/T 18233.2—2022)、楼层布缆子系统和中间布缆子系统(GB/T 18233.3—2022)、服务配线布缆子系统(GB/T 18233.6—2022)。应由工作区的信息插座模块、信息插座模块至电信间楼层配线设备(Floor Distributor，FD)的水平缆线(电缆和光缆、本书统一用缆线表示)电信间的楼层配线设备及设备缆线和跳线等组成。

图 1.1　综合布线系统设置示意图

配线子系统通常采用星型网络拓扑结构,它以电信间楼层配线设备 FD 为主节点,各工作区信息点为分节点,二者之间采用独立的线路相互连接,形成以 FD 为中心向工作区信息点辐射的星型网络,如图 1.2 所示。

图 1.2   配线子系统

配线子系统的水平缆线宜从电信间的楼层配线设备(FD)直接连接到信息点(TO)。通常由 5 类、6 类、6_A 类、7 类、7_A 类及以上 4 对对绞电缆或光缆组成。

在电信间楼层配线设备和工作区每个信息点之间允许有一个集合点(CP)。集合点只包括无源连接硬件,应用设备不应在这里连接。

3) 干线子系统

干线子系统也称楼宇主干布缆子系统(GB/T 18233.2/6—2022)、建筑物干线布缆子系统(GB/T 18233.3—2022),又称建筑物主干布线子系统、垂直子系统,是指从设备间的建筑物配线设备(Building Distributor,BD)至电信间的楼层配线设备(FD)之间的主干缆线、安装在设备间的建筑物配线设备(BD)及设备缆线和跳线组成,如图 1.1 所示。

建筑物主干缆线应直接连接到有关的楼层配线架,中间不应有转接点和接头。

在通常情况下,干线子系统主干缆线,语音电缆通常可采用大对数电缆,数据电缆可采用超 5 类或 6 类、6_A 类或 7 类、7_A 类对绞电缆。如果考虑可扩展性或更高传输速率等,则应当采用光缆。干线子系统的主干缆线通常敷设在专用的上升管路或电缆竖井内。

4) 建筑群子系统

大中型网络中都拥有多幢建筑物,建筑群子系统用于实现建筑物之间的各种通信。建筑群子系统(Campus Backbone Subsystem)也称园区主干布缆子系统(GB/T 18233.2/3/6—2022),是指建筑物之间使用传输介质(电缆或光缆)和各种支持设备(如配线架、交换机)连接在一起,构成一个完整的系统,从而实现语音、数据、图像或监控等信号的传输。建筑群子系统包括建筑物之间的主干布线及建筑物中的引入口设备,由建筑群配线设备(Campus Distributor,CD)及其他建筑物的建筑物配线设备(BD)之间的缆线及配套设施组成。

建筑群子系统的主干缆线采用多模或单模光缆,或者大对数对绞电缆,既可采用地下管道敷设方式,也可采用悬挂方式。缆线的两端分别是两幢建筑的设备间中建筑群配线架的接续设备。在建筑群环境中,除了需在某个建筑物内建立一个主设备间外,还应在其他建筑物内都配一个中间设备间(通常和电信间合并)。

5) 设备间

设备间是在每幢建筑物的适当地点进行配线管理、网络管理和信息交换的场地。综合布线系统设备间宜安装建筑物配线设备、建筑群配线设备、电话交换机、以太网交换机、计算机网络设备。入口设施也可安装在设备间。

6) 进线间

进线间是建筑物外部信息通信网络管线的入口部位,并可作为入口设施和建筑群配线设备的安装场地。进线间一般提供给多家电信业务经营者使用,通常设于地下一层。进线间主要作为室外电缆和光缆引入楼内的成端与分支及光缆的盘长空间位置。

7) 管理系统

管理是针对布线系统工程的技术文档及对工作区、电信间、设备间、进线间、布线路径环境的配线设备、缆线、信息插座模块等设施按一定的模式进行标识、记录和管理。内容包括管理方式、标识、色标、连接等。这些内容的实施,将给今后维护和管理带来很大的方便,有利于提高管理水平和工作效率。较为复杂的综合布线系统,可以采用计算机进行文档记录和保存,其效果将十分明显。

2. 综合布线系统的典型结构和组成

(1) 综合布线系统为计算机网络系统提供信息传输通道,各级交换设备通过综合布线系统将计算机连在一起形成局域网络,网络结构就决定了综合布线系统结构。图 1.3 所示为三级网络系统结构与三级综合布线系统结构的对应关系,与国标《综合布线系统工程设计规范》(GB 50311—2016)中规定的综合布线系统基本组成是相同的。

图 1.3 三级网络系统结构与三级综合布线系统结构的对应关系

（2）为便于理解，在综合布线系统实际工程中，综合布线系统基本构成如图1.4所示。

图 1.4　综合布线系统基本构成

在图 1.4 中，根据工程的实际情况，建筑物内楼层配线设备 FD 与 FD、不同建筑物的建筑物配线设备 BD 与 BD 之间可以建立直达的路由。预先将管槽敷设完毕，待以后需要时再完成缆线的布放。这个路由的存在为实现配线和网络的实时调度与管理带来了许多的方便之处。但不同层的 FD 之间是否要设路由可根据以后的网络应用而定。因为竖井已将缆线路由做了沟通，只是缆线是否布放而已。

同时，在信息点数量较少，传输距离小于 90m 的情况下，水平电缆可以直接由信息点 TO 连接至建筑物配线设备 BD（光缆不受 90m 长度限制），如图 1.5 所示。另外，楼层配线设备 FD 也可不经过建筑物配线设备 BD 而直接通过干线缆线连接至建筑群配线设备 CD。这些都和工作区用户性质和网络构成有关。

图 1.5　综合布线子系统简化

综合布线子系统构成图对于电缆和光缆系统都是适用的。但在工程的实际应用中应加以正确理解，因为光缆布线与电缆布线有许多不同之处。

在实际综合布线系统中，各个子系统有时叠加在一起。例如，位于大楼一层的电信间也常常合并到大楼一层的设备间，进线间也经常设置在大楼一层的设备间。

（3）在国标《综合布线系统工程设计规范》（GB 50311—2016）中规定了综合布线进线间的入口设施连接外部网络和其他建筑物的引入缆线，应通过缆线和 BD 或 CD 进行互连，如图 1.6 所示。其中对设置了设备间的建筑物，设备间所在楼层的楼层配线设备 FD 可以和设备间中的 BD/CD 及入口设施安装在同一场地。

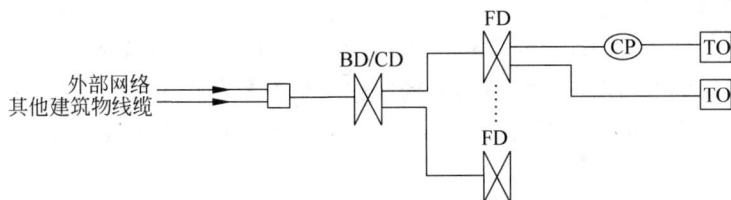

图 1.6　综合布线系统引入部分构成

（4）综合布线系统典型应用中，配线子系统信道应由 4 对对绞电缆和电缆连接器构成，干线子系统信道和建筑群子系统信道应由光缆和光连接器组成，如图 1.7 所示。其中 FD 和 CD 处的配线模块和网络设备之间可采用互连或交叉的连接方式，BD 处的光纤配线模块可仅对光纤进行互连。

图 1.7　综合布线系统应用典型连接与组成

（5）各布缆子系统之间的连接可以是有源的（要求特定应用设备）或无源的。采用互连（图 1.8）或交叉（图 1.9）连接方法连接特定应用设备。布缆子系统之间的无源连接通常采用快接跳线或压接跳线使用交叉连接的方式实现。

图 1.8　互连模型

图 1.9　交叉连接模型

在集中式布缆的情况下，配线区的无源连接通过交叉连接或互连来实现。另外，对于集中式光纤布线，可以在配线区用接合产生连接，尽管这样会降低布缆支持重新配置的能力。

3．综合布线系统组成部件

在综合布线系统构成图中包含的部件主要有以下几部分。

（1）建筑群子系统：由连接多个建筑物之间的干线缆线（电缆或光缆）、建筑群配线架 CD、设备缆线和跳线组成。

（2）建筑群主干缆线（Campus Backbone Cable）：可为建筑群主干电缆或主干光缆，用在建筑群内连接建筑群配线架与建筑物配线架的电缆、光缆。

（3）建筑群配线设备（Campus Distributor，CD）：终接建筑群主干缆线的配线设备。

(4) 干线子系统：由设备间至电信间的干线电缆和光缆,安装在设备间的建筑物配线架 BD 及设备缆线和跳线组成。

(5) 建筑物主干缆线(Building Backbone Cable)：可为主干电缆或主干光缆,用来连接建筑物配线设备至楼层配线设备及建筑物内楼层配线设备之间相连接的缆线。

(6) 建筑物配线设备(Building Distributor,BD)：为建筑物主干缆线或建筑群主干缆线终接的配线设备。

(7) 配线子系统：由工作区的信息插座模块、信息插座模块至楼层配线架 FD 的配线电缆和光缆、电信间的配线设备及设备缆线和跳线等组成。

(8) 水平缆线(Horizontal Cable)：楼层配线设备到信息点之间的连接缆线(电缆式光缆)。

(9) 楼层配线设备(Floor Distributor,FD)：终接水平电缆、水平光缆和其他布线子系统［干线电(光)缆］终接的配线设备。

(10) 集合点(Consolidation Point,CP)：楼层配线架与工作区信息点之间水平缆线路由中的连接点。可以设置也可以不设置。

(11) 信息点(Telecommunications Outlet,TO)：各类电缆或光缆终接的信息插座模块。

(12) CP 链路：楼层配线架与集合点之间,包括各端的连接器件在内的永久性的链路。

(13) CP 缆线：连接集合点至工作区信息点的缆线。

(14) 终端设备(Terminal Equipment,TE)：接入综合布线系统的终端设备。

(15) 设备缆线(Equipment Cable)：包括设备电缆、设备光缆,通信设备连接到配线设备的电缆、光缆。

(16) 跳线(Jumper)：不带连接器件或带连接器件的电缆线对与带连接器件的光纤,用于配线设备之间进行连接。

(17) 缆线：电缆和光缆的统称。

(18) 桥架：由支架、托臂和安装附件等组成。

1.3　任务实施：掌握综合布线系统的构成

到校园、企业单位调查采用综合布线系统的网络实际工程结构,画出相应的综合布线系统构成图。

习　题

一、选择题

1. 综合布线系统三级结构和网络树状三层结构的对应关系是(　　)。
  A. BD 对应核心层、CD 对应分布层　　　B. CD 对应核心层、BD 对应分布层
  C. BD 对应核心层、FD 对应接入层　　　D. CD 对应核心层、BD 对应接入层

2. 综合布线系统二级结构和网络树状二层结构的对应关系是(　　)。
  A. BD 对应核心层、FD 对应分布层　　　B. BD 对应核心层、FD 对应接入层
  C. FD 对应核心层、BD 对应接入层　　　D. FD 对应核心层、BD 对应分布层

3. 在综合布线系统结构中,从设备间配线架到工作区,正确的顺序是(　　)。
  A. BD→FD→CD→TO→CP→TE　　　B. CD→BD→FD→CP→TO→TE

C. CD→FD→BD→TO→CP→TE   D. BD→CD→FD→TO→CP→TE

4. 综合布线系统中直接与用户终端设备相连的部分是(   )。

    A. 工作区   B. 配线子系统   C. 干线子系统   D. 管理

5. 综合布线系统中用于连接两幢建筑物的子系统是(   )。

    A. 进线子系统   B. 配线子系统   C. 干线子系统   D. 建筑群子系统

6. 综合布线系统中用于连接电信间配线架和建筑物配线设备的子系统是(   )。

    A. 进线子系统   B. 配线子系统   C. 干线子系统   D. 建筑群子系统

7. 综合布线系统中用于连接电信间配线架和工作区信息插座的子系统是(   )。

    A. 进线子系统   B. 配线子系统   C. 干线子系统   D. 建筑群子系统

8. 下面关于综合布线系统组成的说法,正确的是(   )。

    A. 建筑群必须有一个建筑群设备间   B. 建筑物的每个楼层都需设置楼层电信间

    C. 建筑物设备间需与进线间分开   D. 每台计算机终端都需独立设置为工作区

9. 根据国标 GB/T 50311—2016 的规定,综合布线系统宜按(   )部分设计。

A. 3   B. 6   C. 7   D. 5

二、名词解释

综合布线系统   设备间   工作区   电信间

三、思考题

1. 什么是智能建筑?什么是综合布线系统?

2. 简述综合布线系统和智能建筑的关系。

3. 综合布线系统和传统布线系统比较,其主要优点是什么?

4. 建筑物内通常包括哪些弱电系统?

5. 综合布线系统通常应用在什么场所?

6. 列出 5 种有代表性的常用国外综合布线系统标准。

7. 在中国,综合布线系统标准有哪些?

8. 综合布线系统主要由哪几部分组成?各部分包括哪些范围?

9. 综合布线系统包括哪些布线部件?

任务 2

认识综合布线系统的布线缆线及其连接器件

2.1 任务描述

在任务 1 中,我们已经学到,综合布线系统由 7 部分组成,分布于建筑物的不同位置,分别起着各自重要的作用。同时我们也已经了解到这 7 部分由许多部件构成,例如:

- 建筑群主干缆线。
- 建筑群配线设备。
- 建筑物主干缆线。
- 建筑物配线设备。
- 水平缆线。
- 楼层配线设备。
- CP 缆线。
- 信息点。
- 设备缆线。
- 跳线。

这些部件的连接组成了综合布线系统链路。这些链路是由缆线、连接器件等连接在一起组成的。

目前,在市场上有大量的综合布线产品供应商,不同厂商提供的产品各有特点。

在综合布线系统中各组成部分分别有哪些布线材料呢?

2.2 相关知识

缆线主要有铜缆和光缆两大类。铜缆又可分为对绞电缆和同轴电缆两种;光缆则可分为单模光纤和多模光纤两种。

在综合布线系统中,除传输介质外,传输介质的连接也非常重要。不同区域的传输介质要通过连接件连接从而形成通信链路。

2.2.1 对绞电缆

1. 认识对绞电缆

对绞电缆是综合布线系统工程中最常用的有线通信传输介质。是由一对或多对按一定绞距反时针方向相互缠绕在一起的金属导体线对(Pair)包裹绝缘护套层构成的。电缆护套可以保护其中的导体线对免遭机械损伤和其他有害物质的损坏,也能提高电缆的物理性能和电气性能,如图 2.1 所示。

在对绞电缆(也称双扭线电缆、双绞线电缆或对称对绞电缆,为便于统一,本书中统一用对绞电缆表示)内,不同线对具有不同的扭绞长度,按逆时针方向扭绞。把两根绝缘的铜导线按一定密度互相

图 2.1　对绞电缆图解

绞合在一起,每一根导线在传输中辐射出来的电波会被另一根导线上发出的电波抵消,提高了抗系统本身电子噪声和电磁干扰的能力,但不能防止周围的电子干扰。一般扭线越密其抗干扰能力就越强。

对绞电缆的直径通常用美国缆线标准(American Wire Gauge,AWG)单位来衡量。AWG值越小,电线直径却越大。对绞电缆的绝缘铜导线线芯大小有 22、24 和 26 等规格。

2．对绞电缆的命名方式

综合布线推荐的电缆统一命名方式使用 XX/Y/ZZ 编号表示。其中:

(1) XX 表示电缆整体结构:U 为非屏蔽、F 为箔屏蔽、S 为编织物屏蔽、SF 为编织物+箔屏蔽。

(2) Y 为线对屏蔽状况:U 为非屏蔽,F 为箔屏蔽。

(3) ZZ 为线对状态:TP 为两芯双绞线对、TQ 为四芯双绞线对。

按照此规定,电缆可以分为 8 种类型:U/UTP、F/UTP、SF/UTP、U/FTP、S/FTP、U/UTQ、U/FTQ 及 S/FTQ。

3．非屏蔽和屏蔽对绞电缆

按对绞电缆包裹是否有金属屏蔽层分为非屏蔽对绞电缆和屏蔽对绞电缆。

1) 非屏蔽对绞电缆

非屏蔽对绞电缆(Unshielded Twisted Pair,UTP)是指没有用来屏蔽对绞电缆的金属屏蔽层,它在绝缘套管中封装了将 1 对或 1 对以上(常用 4 对、25 对、50 对等)的双绞线,每对双绞线按一定密度互相绞在一起,提高了抗系统本身电子噪声和电磁干扰的能力,但不能防止周围的电子干扰。具有重量轻、体积小、易安装和价格便宜等优点,但抗外界电磁干扰的性能较差,不能满足电磁兼容(EMC)规定的要求。同时,这种电缆在传输信息时宜向外辐射泄露,安全性差。UTP 电缆中还有一条撕剥线(撕裂绳),使套管更易剥脱。图 2.2 所示为一条 5e 类4 对非屏蔽对绞电缆。

UTP 电缆是通信系统和综合布线系统最常用的传输介质。常用的 UTP 电缆封装 4 对双绞线,可用在干线子系统和配线子系统应用于语音、数据、图像、监控等系统。

2) 屏蔽对绞电缆

屏蔽对绞电缆根据屏蔽方式的不同,屏蔽对绞电缆又分为两类,即 SFTP(Shielded Foil Twisted-Pair)和 FTP(Foil Twisted-Pair)。SFTP 是指双屏蔽对绞电缆,而 FTP 则是采用整体屏蔽的屏蔽对绞电缆。

(1) F/UTP 屏蔽对绞电缆。铝箔总屏蔽屏蔽对绞电缆(F/UTP)是最传统的屏蔽对绞电缆。F/UTP 对绞电缆在 8 芯对绞电缆外层包裹了一层铝箔,即在 8 根芯线外、护套内有一层铝箔,在铝箔的导电面上铺设了一根接地导线,如图 2.3 所示。F/UTP 对绞电缆主要用于超5 类、6 类产品中。

图 2.2　CAT5e 类 4 对 UTP

图 2.3　CAT6 F/UTP 屏蔽对绞电缆

（2）U/FTP 屏蔽对绞电缆。线对屏蔽对绞电缆（U/FTP）的屏蔽层同样由铝箔和接地导线组成，铝箔层分有 4 张，分别包裹 4 个线对，切断了每个线对之间电磁干扰途径，如图 2.4 所示。因此它除了可以抵御外来的电磁干扰外，还可以对抗线对之间的电磁干扰（串扰）。U/FTP 线对屏蔽对绞电缆主要用于 6 类屏蔽对绞电缆。

（3）SF/UTP 屏蔽对绞电缆。SF/UTP 屏蔽对绞电缆的总屏蔽层为铝箔＋铜丝网，属于双层屏蔽对绞电缆的一种，它不需要接地导线作为引流线，如图 2.5 所示。常见于超 5 类和 6 类屏蔽对绞电缆中。铜丝网具有很好的韧性，不易折断，因此它本身就可以作为铝箔层的引流线，万一铝箔层断裂，丝网将起到将铝箔层继续连接的作用。SF/UTP 对绞电缆在 4 个对绞电缆的线对上，没有各自的屏蔽层。因此它属于只有总屏蔽层的屏蔽对绞电缆。

图 2.4　U/FTP 屏蔽对绞电缆

图 2.5　SF/UTP 屏蔽对绞电缆

（4）S/FTP 屏蔽对绞电缆。S/FTP 屏蔽对绞电缆属于双层屏蔽对绞电缆，具有丝网编织总屏蔽层以及线对铝箔屏蔽，被认为是屏蔽效果最好的对绞电缆屏蔽结构，如图 2.6 所示。它通常应用于 6_A 和 7 类屏蔽对绞电缆中。

S/FTP 屏蔽对绞电缆因添加了线对屏蔽结构，故通常在结构上不再加入用于线对隔离的骨架，而因为丝网编织层的加入，故总体线缆外径比普通 F/UTP 要粗，且比较硬，其粗细程度视编织网密度而异。

（5）其他屏蔽对绞电缆种类。屏蔽对绞电缆除以上种类外，还有一些其他的屏蔽种类，如铝箔外翻屏蔽（F1/UTP）、双层铝箔线对屏蔽对绞电缆（F/FTP，如图 2.7 所示）等。

屏蔽只在整个电缆装有屏蔽装置，并且两端正确接地的情况下才起作用。所以，要求整个系统全部是屏蔽器件，包括电缆、插座、跳线和配线架等，同时建筑物需要有良好的地线系统。为了起到良好的屏蔽作用，屏蔽布线系统中的每一个元件（对绞电缆、插座、跳线和配线架等）必须全部是屏蔽结构，且接地良好。

图 2.6 S/FTP 屏蔽对绞电缆　　　　　　图 2.7 F/FTP 屏蔽对绞电缆

4. 对绞电缆等级

EIA/TIA 为对绞电缆根据性能指标分为 1 类、2 类、3 类、4 类、5 类、5e 类、6 类、6_A 类、7 类、7_A 类、8 类，或 A、B、C、D、E、E_A、F、F_A、Ⅰ、Ⅱ 级。表 2.1 列出了综合布线电缆系统分级与类别。

表 2.1 综合布线电缆系统分级与类别

系统产品类别	系统分级	支持最高带宽/Hz	是否屏蔽	备　注
CAT3(3 类)	C	16M	屏蔽和非屏蔽	应用于语音,10Mbps 以太网、4Mbps 令牌环
CAT5(5 类)	D	100M	屏蔽和非屏蔽	应用于语音,100Mbps
CAT5e(超 5 类)	D	100M	屏蔽和非屏蔽	应用于语音,100Mbps、1Gbps、2.5Gbps
CAT6(6 类)	E	250M	屏蔽和非屏蔽	应用于语音,1Gbps、5Gbps
CAT6_A(超 6 类)	E_A	500M	屏蔽和非屏蔽	应用于语音,1Gbps、10Gbps
CAT7(7 类)	F	600M	屏蔽	应用于语音,1Gbps、10Gbps
CAT7_A(超 7 类)	F_A	1000M	屏蔽	25Gbps
CAT8.1(兼容超 6 类)	Ⅰ	2000M	屏蔽	25Gbps、40Gbps
CAT8.2(兼容 7 类)	Ⅱ	2000M	屏蔽	25Gbps、40Gbps

注: 在不同的布线标准中,有的不再提及 5 类布线系统,有的将 5 类提升为 5e 类,不再包含 5 类与 5e 类布线系统。本教材统一用 5 类来代替。

其中,目前市场上使用最广泛的对绞电缆包括 5 类、6 类、6_A 类和 7 类对绞电缆。6 类和 5 类对绞电缆相比,绞合度要高(5 类对绞电缆的绞合度一般在 30~50 圈/米,而 6 类对绞电缆的绞合度一般在 60~80 圈/米,甚至有的高达 100 圈/米),线芯更粗、更结实、更耐用,也更昂贵。另外,6 类对绞电缆中采用中心扭十字技术(5 类没有),电缆采用十字分隔器,线对之间的分隔可阻止线对间串扰,其物理结构如图 2.8 所示。

5. 对绞电缆颜色标识

通常将对绞电缆分为 4 对对绞电缆和大对数(25 对、50 对、100 对)对绞电缆。

1) 4 对对绞电缆颜色标识

在综合布线工程中,配线布线通常用到的是 4 对对绞电缆,如图 2.2 所示。为了便于安装与

图 2.8　6 类对绞电缆结构图

管理,每对对绞电缆有颜色标识。4 对 UTP 电缆的颜色分别是蓝色、橙色、绿色、棕色。在每个线对中,其中一根的颜色为线对颜色加一个白色条纹或斑点(纯色),另一根的颜色是白色底色加线对颜色的条纹或斑点,即电缆中的每一对对绞电缆都是互补颜色。具体的颜色编码如表 2.2 所示。

表 2.2　4 对 UTP 电缆颜色编码

线对	颜色编码	简　写	线对	颜色编码	简　写
1	白-蓝	W-BL	3	白-绿	W-G
	蓝	BL		绿	G
2	白-橙	W-O	4	白-棕	W-BR
	橙	O		棕	BR

2) 大对数对绞电缆颜色标识

大对数对绞电缆即大对数干线电缆,线对的数量一般以 25 对为增量变化。通常将 25 对线分为 5 个组,一组有 5 个线对,每组有一个特征颜色,每组特征颜色按如下方式来确定。白色:线对 1-5;红色:线对 6-10;黑色:线对 11-15;黄色:线对 16-20;紫色:线对 21-25。

每组中的 5 个线对按照组的颜色和线对的颜色进行编码,一个组的 5 个线对的颜色编码为蓝色(第 1 个线对),橙色(第 2 个线对),绿色(第 3 个线对),棕色(第 4 个线对),蓝灰色(第 5 个线对)。25 线对束的 UTP 电缆颜色编码方案如表 2.3 所示。

表 2.3　25 线对束的 UTP 电缆颜色编码方案

01	02	03	04	05	06	07	08	09	10	11	12	13	14	15	16	17	18	19	20	21	22	23	24	25
白					红					黑					黄					紫				
蓝	橙	绿	棕	灰	蓝	橙	绿	棕	灰	蓝	橙	绿	棕	灰	蓝	橙	绿	棕	灰	蓝	橙	绿	棕	灰

超过 25 线对的多线对,再以每 25 个为一个包扎组,每个包扎组用彩色的标记条捆扎。这些标记条再按照色标顺序:白蓝、白橙、白棕、白灰、白蓝、红橙……即 25 对线的色标顺序循环。

主色:白、红、黑、黄、紫;辅色:蓝色、橙色、绿色、棕色、灰色。

任何综合布线系统只要使用超过 1 对的线对,就应该在 25 个线对中按顺序分配,不要随意分配线对。25 线对束的 UTP 电缆颜色编码如表 2.4 所示。

表 2.4　25 线对束的 UTP 电缆颜色编码

线对	颜色编码	线对	颜色编码	线对	颜色编码
1	白-蓝　蓝-白	10	红-灰　灰-红	19	黄-棕　棕-黄
2	白-橙　橙-白	11	黑-蓝　蓝-黑	20	黄-灰　灰-黄
3	白-绿　绿-白	12	黑-橙　橙-黑	21	紫-蓝　蓝-紫
4	白-棕　棕-白	13	黑-绿　绿-黑	22	紫-橙　橙-紫
5	白-灰　灰-白	14	黑-棕　棕-黑	23	紫-绿　绿-紫
6	红-蓝　蓝-红	15	黑-灰　灰-黑	24	紫-棕　棕-紫
7	红-橙　橙-红	16	黄-蓝　蓝-黄	25	紫-灰　灰-紫
8	红-绿　绿-红	17	黄-橙　橙-黄		
9	红-棕　棕-红	18	黄-绿　绿-黄		

6. 对称电缆的电气特性参数

对称电缆的电气特性直接影响了它的传输质量。对称电缆的电气特性参数也是布线过程中的测试参数。对称电缆的电气特性参数主要有特性阻抗、直流环路电阻、衰减、近端串音、近端串音功率和、衰减串音比值、远端串扰、等电平远端串音、等电平远端串音功率和、回波损耗、传播时延、传播时延偏差、插入损耗。

2.2.2　同轴电缆

同轴电缆曾经应用于各种类型的网络,目前更多地使用于有线电视或视频(监控和安全)等网络应用中。

1. 同轴电缆的结构

同轴电缆由两个导体组成,其结构是一个外部圆柱形空心导体围裹着一个内部导体。同轴电缆由里向外依次是导体、绝缘层(发泡 PE)、屏蔽层和护套,如图 2.9 所示。内部导体可以是单股实心线也可以是绞合线;外部导体可以是单股线也可以是编织线。内部导体固定用规则间隔的绝缘环或者用固体绝缘材料,外部导体用一个罩或者屏蔽层覆盖。因为同轴电缆只有一个中心导体,所以它通常被认为是非平衡传输介质。中心导体和屏蔽层之间传输的信号极性相反,中心导体为正,屏蔽层为负。

图 2.9　同轴电缆结构截面

中心导体和电缆屏蔽层以同一个轴为对称中心构成了两个同心圆结构,可以保证中心导体处在中心位置,并保证它与屏蔽层之间的距离的准确性,这两个电缆部件用绝缘层隔开。

目前,进行综合布线系统时已经不再使用同轴电缆,但同轴电缆曾一度在网络传输介质中占有很重要的地位,为了帮助大家了解同轴电缆,在这里简单介绍一下。

2. 同轴电缆的类型

常用的同轴电缆有 RG-6/RG-59 同轴电缆、RG-8 或 RG-11、RG-58/U 或 RG-58C/U、RG-62。

计算机网络一般选用 RG-8(粗缆)和 RG-58(细缆),但随着局域网速率的提高和 UTP、光缆的价格降低,RG-8(粗缆)和 RG-58(细缆)已经不再用于计算机局域网络。

2.2.3　光纤传输介质

光纤是光导纤维的简称,光导纤维是一种传输光束的细而柔软的媒质,是数据传输中最有效的一种传输介质。光缆由 2 芯或以上光纤组成。

1. 光纤的结构

计算机网络中的光纤主要是用石英玻璃(SiO_2)制成的横截面很小的双层同心圆柱体。裸光纤由光纤芯、包层和涂覆层三部分组成。最里面的是光纤芯;包层将光纤芯围裹起来,使光纤芯与外界隔离,以防止与其他相邻的光导纤维相互干扰。包层的外面涂覆一层很薄的涂覆层,涂覆材料为硅酮树脂或聚氨基甲酸乙酯,涂覆层的外面套塑(或称二次涂覆),套塑的原料大都采用尼龙、聚乙烯或聚丙烯等塑料。光纤的结构如图 2.10 所示。

光纤芯是光的传导部分,而包层的作用是将光封闭在光纤芯内。光纤芯和包层的成分都是玻璃,光纤芯的折射率高,包层的折射率低,这样可以把光封闭在光纤芯内,如图 2.11 所示。

图 2.10　典型的光纤结构图

图 2.11　光纤中光线(光脉冲)的传输

2. 光纤的分类

光纤的种类很多,可以根据光纤的传输模式和工作波长进行分类。

1) 按传输模式分类

将光纤按照传输模式分类,有单模光纤(Single Mode Fiber,SMF)和多模光纤(Multi Mode Fiber,MMF)两种。

(1) 单模光纤(SMF)。单模光纤对给定的工作波长只能传输一个模式。单模光纤采用固定激光器作为光源,若入射光的模样为圆形光斑,射出端仍能观察到圆形光斑,即单模光纤只允许一束光传输,没有模分散特性,如图 2.12 所示,因此,单模光纤的光纤芯相应较细、传输频带宽、容量大,传输距离长。单模光纤的光纤芯直径很小,为 $4\sim10\mu m$,包层直径为 $125\mu m$。目前,常见的单模光纤主要有 $8.3/125\mu m$、$9/125\mu m$、$10/125\mu m$ 等规格。

由于单模光纤只传输主模,从而避免了模态色散,使得这种光纤的传输频带很宽,传输容量大,适用于大容量、长距离的光纤通信。通常在建筑物之间或地域分散时使用。

(2) 多模光纤(MMF)。多模光纤采用发光二极管作为光源。多模光纤可以传输若干个模式,多模光纤允许多束光在光纤中同时传播,形成模分散,模分散限制了多模光纤的带宽和距离,如图 2.13 所示,因此,多模光纤的光纤芯粗、传输速率低、距离短、整体的传输性能差,但其成本一般较低。特别适合于多接头的短距离应用场合。多模光纤的光纤芯直径一般在

$50\sim75\mu m$，包层直径为 $125\sim200\mu m$。在综合布线系统中常用光纤芯直径为 $50\mu m$、$62.5\mu m$，包层均为 $125\mu m$，也就是通常所说的 $50\mu m$、$62.5\mu m$。多模光纤常用于建筑物内干线子系统、水平子系统或建筑群之间的布线。

图 2.12　单模光纤　　　　　　图 2.13　多模光纤

2）按工作波长分类

按光纤的工作波长分类，有短波长光纤、长波长光纤和超长波长光纤。多模光纤的光源一般采用 LED（发光二极管），多模光纤的工作波长为短波长 850nm 和长波长 1300nm，单模光纤的光源采用激光，工作波长为长波长 1310nm 和超长波长 1550nm。

3．光纤通信系统

目前，在局域网中实现的光纤通信是一种光电混合式的通信结构。通信终端的电信号与光缆中传输的光信号之间要进行光电转换，光电转换通过光电转换器完成，光纤通信系统是以光波为载体、光导纤维为传输介质的通信方式。这种通信方式起主导作用的是光源、光纤、光发射机和光接收机，如图 2.14 所示。

图 2.14　光纤通信系统组成

（1）光源。光波产生的根源。

（2）光纤。传输光波的载体。实际上计算机网络通信时，光纤是成对出现的（无源光网络是单芯既负责接收也负责发送），即双光纤通信系统。通常一根光缆是由多芯光纤组成，每根光纤称为一芯。

（3）光发射机和光接收机。通常合在一起，如光电转换器、光纤网卡、交换机/路由器的光模块。其中光发射机负责产生光束，将电信号转换成光信号，再把光信号导入光纤。光接收机负责接收从光纤上传输过来的光信号，并将它转变成电信号，经解码后再做相应的处理。

利用光纤传递光脉冲可以完成通信。光源被放置在发送端，光源可以是发光二极管或半导体激光发射器，使光源在电脉冲的作用下产生光脉冲，在接收端利用发光二极管制成光检测器，可以检测到光脉冲时便可还原出电脉冲。

4．光纤的传输性能

目前，世界数据通信传输量的 80% 以上是由光通信系统完成传输的。因此，光纤的传输性能在光通信系统中是非常重要的。多模光纤的传输性能包括光源与光纤的耦合、光纤的数值孔径、光纤的损耗、光纤的模式带宽、光纤的色散、截止波长。

5．光缆及其结构

光纤传输系统中直接使用的是光缆而不是光纤。光缆结构的主旨在于想方设法保护内部的光纤,不受外界机械应力和水、潮湿的影响。因此,在光缆设计、生产时,需要按照光缆的应用场合、敷设方法设计光缆结构。光纤的最外面是缓冲保护层、光缆加强元件和光缆护套。

（1）光纤。光缆的核心是光纤,光纤在前面已经介绍过。

（2）缓冲保护层。在光纤涂覆层外面还有一层缓冲保护层,给光纤提供附加保护。在光缆中这层保护分为紧套管缓冲和松套管缓冲两类。

① 紧套管缓冲。紧套管是直接在涂覆层外加的一层塑料缓冲材料,约 $650\mu m$,与涂覆层合在一起,构成一个 $900\mu m$ 的缓冲保护层。

紧套管缓冲光缆主要用于室内布线。由于它的尺寸较小,所以使用灵活,并在安装过程中允许有大的弯曲半径,使得安装起来比较容易。

② 松套管缓冲。松套管缓冲光缆使用塑料套管作为缓冲保护层,套管直径是光纤直径的几倍,在这个大的塑料套管的内部有一根或多根已经有涂覆层保护的光纤。光纤在套管内可以自由活动,并且通过套管与光缆的其他部分隔离开来。

松套管缓冲一般用于室外布线,光缆的结构可以防止室外电缆管道内的长距离牵引带来的损害,同时还可以适应室外温度变化较大的环境特点。此外,大多数厂家还在松套管上加了一层防水凝胶,以利于光纤隔离外界潮湿。

（3）光缆加强元件。为保护光缆的机械强度和刚性,光缆通常包含一个或几个加强元件。在光缆被牵引的时候,加强元件使得光缆有一定的抗拉强度,同时还对光缆有一定的支持保护作用。光缆加强元件有芳纶砂、钢丝和纤维玻璃棒三种。

（4）光缆护套。光缆护套是光缆的外围部件,它是非金属元件,作用是将其他的光缆部件加固在一起,保护光纤和其他光缆部件免受损害。

6．光纤标准

从标准使用上来看,长途干线系统多采用 ITU/TG65X 系列标准。综合布线系统多采用 ISO 11801.1—2017 标准。

在 ISO 11801.1—2017 标准中将多模光纤分为 OM1、OM2、OM3、OM4、OM5 5 类,主要用于局域网和数据中心。表 2.5 列出了光纤标准等级。

表 2.5　光纤标准等级

光纤类型	纤芯直径/μm	光纤等级	波长/nm	外护套颜色	应　　用
多模光纤	62.5/125	OM1	850/1300	橙色	1Gbps
	50/125	OM2	850/1300	橙色	1Gbps
	50/125	OM3	850/1300	浅绿色	10Gbps
	50/125	OM4	850/1300	浅绿色	10Gbps、40Gbps 和 100Gbps
	50/125	OM5	850/1300	石灰绿	40Gbps 和 100Gbps

7．光缆的分类

光缆的分类有多种方法,通常的分类方法如下。

• 按照应用场合分类:室内光缆、室外光缆、室内外通用光缆等。

- 按照敷设方式分类：架空光缆、直埋光缆、管道光缆、水底光缆等。
- 按照结构分类：紧套管光缆、松套管光缆、单一套管光缆等。
- 按照光缆缆芯结构分类：层绞式、中心束管式、骨架式和带状式 4 种基本形式。
- 按照光缆中光纤芯数分类：4 芯、6 芯、8 芯、12 芯、24 芯、36 芯、48 芯、72 芯……144 芯等。

2.2.4 对绞电缆连接器件

在综合布线系统中除了需要使用传输介质外，还需要与传输介质对应的连接器件，这些器件用于端接或直接连接电缆，从而组成一个完整的信息传输通道。

对绞电缆的主要连接器件有配线架、信息插座和接插软线（跳接线）。信息插座采用信息模块和 RJ-45 插头连接。在电信间，对绞电缆端接至配线架，再用跳接线连接。

1. RJ 插头

常用 RJ 插头有 RJ-11 插头（语音）、RJ-45 插头（数据，支持 5 类、5e 类、6 类、6_A 类对绞电缆，传输 500MHz 以下）等几类。在这里我们介绍 RJ-45 插头。

RJ-45 插头是一种塑料接插件，又称 RJ-45 水晶头、RJ-45 接头、R5-45 连接器（本书统称 RJ-45 插头），由铜合金刀片和塑料外壳构成，用于制作对绞电缆跳线，实现与配线架、信息插座、网卡或其他网络设备（如集线器、交换机、路由器等）的连接。8 位模块通用插座的性能应符合 YD/T 926.3 的要求。

根据端接的对绞电缆的类型，有 5 类、5e 类、6 类、6_A 类 RJ-45 插头；有非屏蔽 RJ-45 插头和屏蔽 RJ-45 插头。图 2.15 所示为非屏蔽 5e 类 RJ-45 插头，图 2.16 所示为非屏蔽 6 类 RJ-45 插头，图 2.17 所示为屏蔽 5e 类 RJ-45 插头，图 2.18 所示为屏蔽 $6/6_A$ 类 RJ-45 插头。

图 2.15 非屏蔽 5e 类 RJ-45 插头　　　　图 2.16 非屏蔽 6e 类 RJ-45 插头

图 2.17 屏蔽 5e 类 RJ-45 插头　　　图 2.18 屏蔽 $6/6_A$ 类 RJ-45 插头

2. RJ-45 信息模块

信息插座中的信息模块通过配线子系统与楼层配线架相连，通过工作区跳线与应用综合布线的终端设备相连。信息模块的类型必须与配线子系统和工作区跳线的缆线类型一致。RJ-45 信息模块是根据国际标准 ISO/IEC 11801、TIA/EIA 568 设计制造的,该模块为 8 线式插座模块,适用于对绞电缆的连接。RJ-45 信息模块除了安装到信息插座外,还可以安装到模块化配线架中。

RJ-45 信息模块用于端接水平电缆,模块中有 8 个与电缆导线连接的接线。要辨别一个插孔上的金属针针位,可以拿起插孔,面对着模块式插头要连接的那一面,确信有卡条的那一面是朝下的。这时,金属针 1 就是最左边的一根,金属针 8 就是最右边的一根。

图 2.19 分别是 RJ-45 信息模块的正视图、侧视图、立体图。

(a) 正视图　　　　　　(b) 侧视图　　　　　　(c) 立体图

图 2.19　RJ-45 信息模块的正视图、侧视图、立体图

RJ-45 插头插入 RJ-45 信息模块后,与那些接线物理连接在一起。RJ-45 信息模块与 RJ-45 插头的 8 根针状金属片具有弹性连接,且有锁定装置,一旦插入连接很难直接拔出,必须解锁后才能顺利拔出。RJ-45 信息模块应具有 45°斜面,并具有防尘、防潮护板功能。

信息模块用绝缘位移式连接(IDC)技术设计而成。信息模块上有与单根电缆导线相连的接线块(狭槽),通过打线工具(110 打线工具)或活连接器帽盖将对绞电缆压倒接线块里。卡接端子可以穿过导线的绝缘层直接与连接器物理接触。对绞电缆与信息模块的接线块连接时,应按色标要求的顺序进行卡接。

综合布线所用的信息模块多种多样,不同厂商的信息模块的接线结构和外观也不一致,但不管怎样,信息模块都应在底盒内部做固定线连接。

(1) 等级不一样。RJ-45 信息模块的类型是与对绞电缆的类型相对应的,比如根据其对应的对绞电缆的等级,RJ-45 信息模块可以分为 3 类、5 类、5e 类、6 类、6_A 类 RJ-45 信息插座等。

(2) 打线方式不同。信息模块打线方式有两种:一种为 90°(图 2.20),另一种为 180°(图 2.21)。

(3) 打线方式不同。根据端接对绞电缆的方式,信息模块有 110 打线式和免打线时两类。如图 2.20 所示为打线式信息模块,须用专用的 110 打线工具将对绞电缆导线压倒信息模块的接线块里;免打线式信息模块如图 2.22 所示,只用连接器帽盖将对绞电缆的导线压倒信息模块的接线块里。

(4) 是否屏蔽。信息模块也有非屏蔽式和屏蔽式两种,如图 2.23 所示。屏蔽信息模块通过屏蔽外壳将外部电磁波与内部申路完全隔离。因此它的屏蔽层需与双绞线的屏蔽层连接后,形成完整的屏蔽结构。对于模块而言,屏蔽外壳是防护电磁干扰的屏障,其材料有铝、铜、塑料镀(涂)金属等几类。屏蔽外壳的造型、厚度和品质直接影响屏蔽模块的抗电磁干扰性能和与屏蔽电缆端接的方式。在端接完毕后,屏蔽外壳完全包裹了屏蔽模块的 5 个面,只有模块正面没有全部封闭(通过屏蔽跳线的插头封闭)。

图 2.20 非屏蔽 5e 类 RJ-45 插座　图 2.21 非屏蔽 RJ-45 插座　图 2.22 免打线式信息模块　图 2.23 屏蔽信息模块

3. GG-45 接头和 GG-45 插座

GG-45 是由 Nexans 发展的高速 CAT7/7$_A$ 综合布线系统工程所采用的铜缆连接器类型的一种,这个布线系统在 2001 年被标准化为 IEC 60603-7:2020EN-FR,随后被选择作为布线标准 ISO/IEC 11801 所采用的 CAT7 和 CAT7$_A$ 连接器类型。GG-45 的概念核心是连接器内部的导体接触点。

GG-45 为了传输超过频率 500MHz 的传输,在 RJ-45 上增加 4 个连接触点,形成一个 12 个触点的连接器,如图 2.24 所示。如果插入 RJ-45 插头,GG-45 插座(图 2.25)的 1~8 号触点工作,最高传输 500MHz。如果插入 GG-45 插头,GG-45 插座切换到 1、2、3′、4′、5′、6′、7、8 这 8 个触点工作,最高传输频率为 2000MHz。

4. 电配线设备

电信间 FD 的配线模块可以分为水平侧、设备侧和干线侧几类模块,模块可以采用 IDC 连接模块(以卡接方式连接线对的模块)和快速插接模块(RJ-45)。

1) IDC 配线架

IDC 配线架需要和 11 连接块配合使用,用于端接配线电缆或干线电缆,并通过跳线连接配线子系统和干线子系统。IDC 配线架是由高分子合成阻燃材料压模而成的塑料件,它的上面装有若干齿形条,每行最多可端接 25 对线。对绞电缆的每根线压入齿形条的槽缝里,利用充压工具就可以把线压入 110 连接块上。

(1) 110 型。IDC 模块有 3 类、5 类、5e 类和 6 类产品可以用来支持语音和数据通信网络的应用。各生产厂家所生产模块的容量会有所区别,在选用时应加以注意,如图 2.26 所示。

图 2.24 GG-45 接头　图 2.25 GG-45 插座　图 2.26 110 型配线模块

IDC 配线模块有 25 对、100 对、300 对等多种规格,此模块卡接水平对绞电缆和插入跳线插头的位置均在正面。但水平对绞电缆与跳线之间的 IDC 模块有 4 对与 5 对端子的区分,如采用 4 对 IDC 模块,则 1 个 100 对模块可以连接 24 根水平对绞电缆;但采用 5 对 IDC 模块时则只能连接 20 根水平电缆。

(2) 回线式(8 回线与 10 回线)终接模块。该模块的容量有 8 回线和 10 回线两种,如图 2.27 所示。每回线包括两对卡线端子、1 对端子卡接进线、1 对端子卡接出线,称为 1 回线。

(3) 25 对卡接式模块。此种模块呈长条形,具有 25 对卡线端子。卡接水平对接端子与插接跳线的端子处于正、反两个部位,每个 25 对模块可卡接 5 根水平对绞电缆,如图 2.28 所示。

图 2.27　4 对和 5 对 IDC 卡线模块

图 2.28　110A 机架 110D 配线架

2) 模块化快速配线架

模块化快速插接配线架模块。数据配线架都是模块化快速配线架,又称快接式(插拔式)配线架、机柜式配线架,是一种 19in 的模块化嵌座配线架。它通过背部的卡线连接水平或垂直干线,并通过前面的 RJ-45 插头将工作区终端连接到网络设备。相应地,许多厂商都有自己的产品系列,并且对应 3 类、5 类、5e 类、6 类和 7 类缆线分别有不同的规格和型号。

按安装方式,模块化快速配线架有壁挂式和机架式两种。常用的配线架通常在 1U 或 2U 的空间可以提供 24 个或 48 个标准的 RJ-45 接口。

模块化快速配线架中还有混合多功能型配线架,它只提供一个配线架空板,用户可以根据自己的应用情况选择 6 类、5e 类、5 类模块或光纤模块进行安装,并且可以混合安装。

图 2.29 所示为一款 48 口模块化快速配线架,图 2.30 所示为一款 24 口面板可翻转模块化快速配线架。

图 2.29　48 口模块化快速配线架

图 2.30 24 口面板可翻转模块化快速配线架

数据中心的配线架常用的还有角型或凹型配线架。角型配线架的结构是中间突出,端口向两侧倾斜的设计。使跳线可以直接跟两侧的垂直理线槽进行理线,省去理线架,提高机柜的安装密度。凹型配线架则采用凹陷的设计,能减少配线架前面的占用空间,有利于跳线的理线。

和屏蔽对绞电缆配套使用的是屏蔽配线架,屏蔽配线架上具有接地汇接排和接地端子,汇接排将屏蔽模块的金属壳体连接在一起。屏蔽模块的金属壳体通过接地汇接排连至机柜的接地汇接排完成接地。屏蔽配线架可为屏蔽模块十配线架组合和一体化两类结构。图 2.31 所示是一款 6 类屏蔽模块化配线架。

图 2.31 6 类屏蔽模块化配线架

角型高密度配线架允许缆线直接从水平方向进入垂直的缆线管理器,而不需要水平缆线管理器,从而增加了机柜的密度,可以容纳更多的信息点数量。角型高密度配线架的构成如图 2.32 所示。

图 2.32 角型高密度配线架的构成

5. 信息插座面板和底座

信息插座面板用于在信息出口位置安装固定信息模块。插座面板有单口、双口型号。面板一般为平面插口,也有斜口插口的。

信息插座底盒一般为塑料材质,预埋在墙体里的底盒也有金属材料的。底盒都预留了穿线孔,有的底盒穿线孔是通的,有的底盒在多个方向预留有穿线位,安装时凿穿与线管对接的穿线位即可。

2.2.5　光纤连接器件

光纤的连接主要在设备间/电信间完成,连接器件主要有配线架、端接架、接线盒、光缆信息插座、各种连接器(如 ST、SC、FC 等)以及用于光缆与电缆转换的器件。它们的作用是实现光缆线路的端接、接续、交连和光缆传输系统的管理,从而形成综合布线系统光缆传输系统通道。

1. 光纤连接器

光纤连接器是光纤通信中使用量最多的光无源器件,是用来端接光纤的。光纤连接器的首要功能是把两条光纤的芯子对齐,提供低损耗的连接。

光纤连接器按接头结构可分为 ST、SC、FC、LC、MT-RJ、MU、VF-45 等各种形式。其中,LC 型、MT-RJ 型、VF-45 型、MU 型等属于 SFF 型光纤连接器。

(1) ST 型光纤连接器。ST 型光纤连接器外壳呈圆形,是双锥型连接器。图 2.33 所示为 ST 型光纤连接器。ST 型光纤连接器采用卡扣式锁定机构。在新的布线工程中不推荐使用 ST 型光纤连接器。

(2) SC 型光纤连接器。SC 型光纤连接器外壳呈矩形,紧固方式采用插拔销闩式,轻微的压力就插入或拔出,无须旋转。图 2.34 所示为 SC 型光纤连接器。适用于工作区、水平布线和管理区。

(3) FC 型光纤连接器。FC(Ferrule Connector)型光纤连接器如图 2.35 所示。外部采用金属套,紧固方式为螺丝扣。此类连接器结构简单,操作方便,制作容易,多用于电信光纤网络。

(4) LC 型光纤连接器。LC 产品是一款新型的 SFF 产品,如图 2.36 所示。LC 型光纤连接器是著名 Bell 研究所研究并开发出来的,采用操作方便的模块化插孔闩锁机理制成,其所采用的插针和套筒的尺寸是普通 SC、FC 等所用尺寸的一半,为 1.25mm,这样可以提高光缆配线架中光纤连接器的密度,主要应用于 SFP(Small From Pluggable)模块连接。

图 2.33　ST 型光纤　　图 2.34　SC 型光纤　　图 2.35　FC 型光纤　　图 2.36　LC 型光纤
连接器　　　　　　　连接器　　　　　　　连接器　　　　　　　连接器

(5) MT-RJ SFF 型光纤连接器。MT-RJ SFF 型光纤连接器带有与 RJ-45 插头相同的闩锁结构通过安装力型套管两侧的导向对准光纤,对用于数据传输的高密度光纤连接器,如图 2.37 所示。

(6) MU 型光纤连接器。MU(Miniature Unit Coupling)型光纤连接器是一种直插式连接方式的连接器,实际上是 SC 型光纤连接器的小型化,是以目前使用最多的 SC 型光纤连接器为基础,由 NTT 研制开发出来的世界上最小的单芯光纤连接器,其体积约为 SC 型光纤连接器的 2/5。图 2.38 所示为 MU 型光纤连接器。该连接器采用 1.25mm 直径的套管和自保持机构,能实现高密度安装。

(7) VF-45 型光纤连接器。在 VF-45 型光纤连接器中,光纤通过注塑成型的热塑 V 形槽来进行对准,并被悬挂在间隙为 4.5mm 的缝隙中,双芯一体化,由连接器外壳进行保护。当插入插座时,光纤稍微弯曲以构成物理接触,如图 2.39 所示。

图 2.37　MT-RJ SFF 型光纤连接器　　图 2.38　MU 型光纤连接器　　图 2.39　VF-45 型光纤连接器

2. 光纤跳线和光纤尾纤

1) 光纤跳线

光纤跳线是由一段 1～10m 的互联光缆与光纤连接器组成,用在配线架上交接各种链路。光纤跳线有单芯和双芯、单模和多模之分。由于光纤一般只是单向传输,需要进行全双工通信的设备需要连接两根光纤来完成收发工作,因此如果使用单芯跳线,就需要两根跳线。

根据光纤跳线两端的连接器的类型,光纤跳线有以下多种类型。

(1) ST-ST 跳线。两端均为 ST 型光纤连接器的光纤跳线,如图 2.40 所示。

(2) SC-SC 跳线。两端均为 SC 型光纤连接器的光纤跳线。

(3) FC-FC 跳线。两端均为 FC 型光纤连接器的光纤跳线,如图 2.41 所示。

(4) LC-LC 跳线。两端均为 LC 型光纤连接器的光纤跳线,如图 2.42 所示。

图 2.40　双芯 ST 光纤跳线　　图 2.41　双芯 FC 光纤跳线　　图 2.42　LC 光纤跳线

(5) ST-SC 跳线。一端为 ST 型光纤连接器,另一端为 SC 型光纤连接器的光纤跳线。

(6) ST-FC 跳线。一端为 ST 型光纤连接器,另一端为 FC 型光纤连接器的光纤跳线。

(7) FC-SC 跳线。一端为 FC 型光纤连接器,另一端为 SC 型光纤连接器的光纤跳线。

2) 光纤尾纤

光纤尾纤只有一端有连接头,另一端是一根光缆纤芯的断头,通过熔接可与其他光缆纤芯相连。它常出现在光纤终端盒内,用于连接光缆与光纤收发器。同样有单芯和双芯、单模和多模之分。一条光纤跳线剪断后就形成两条光纤尾纤。

3. 光纤适配器(耦合器)

光纤适配器(Fiber Adapter)又称光纤耦合器,实际上就是光纤的插座,它的类型与光纤连接器的类型对应,有 ST、SC、FC、LC、MU 等几种,和光纤连接器是对应的,图 2.43 所示为常见的几种。光纤耦合器一般安装在光纤终端箱上,提供光纤连接器的连接固定。市场上有单售的光纤耦合器,供网络布线人员在现场将其安装到终端盒上,也有的厂家在光电转换器、光纤网卡上已经安装了光纤耦合器,用户只需插入光纤连接器即可。

(a) ST光纤耦合器   (b) SC光纤耦合器   (c) FC光纤耦合器   (d) LC光纤耦合器

图 2.43   光纤耦合器

图 2.44 所示为两端为不同连接口的光纤耦合器。

图 2.44   两端为不同连接口的光纤耦合器

一根光纤安装光纤连接器后插入光纤耦合器的一端,另一根光纤安装光纤连接器后插入光纤耦合器的另一端(光纤连接器和光纤耦合器的类型对应),插接好后就完成了两根光纤的连接。

4. 光纤配线设备

光纤配线设备是光缆与光通信设备之间的配线连接设备,用于光纤通信系统中光缆的成端和分配,可方便地实现光纤线路的熔接、跳线分配等功能。

光纤配线设备主要分为室内配线设备和室外配线设备两大类。其中,室内配线设备包括机架式(光纤配线架、混合配线架)、机柜式(光纤配线柜、混合配线柜)和壁挂式(光纤配线箱、光纤终端盒、综合配线箱);室外配线设备包括光缆交接箱、光纤接续盒、光纤配线箱。这些配线设备主要由配线单元、熔接单元、光缆固定开剥保护单元、存储单元及连接器件组成。

(1) 机架式光纤配线架。光纤配线架是用于室内光缆与光设备的连接设备,具有光缆的固定、分支、接地保护,以及光纤的分配、组合、连接等功能。随着目前光纤配线架终端技术的改进,光纤配线架在配线中的应用越来越普遍,如图 2.45 所示。

(2) 光缆交接箱。光缆交接箱是一种为主干层光缆、配线层光缆提供光缆成端、跳接的交接设备。光缆引入光缆交接箱后,经固定、端接、配纤后,使用跳纤将主干层光缆和配线层光缆连通,如图 2.46 所示。

　　光缆交接箱是安装在室外的连接设备,对它最根本的要求就是能够抵受剧变的气候和恶劣的工作环境。它要具有防水汽凝结、防水和防尘、防虫害和鼠害、抗冲击损坏能力强的特点。

　　光缆交接箱的容量是指光缆交接箱最大能成端纤芯的数目。实际上,通常所说的光缆交接箱的容量应该是指它的配纤容量,即主干光线配纤容量与分支光线配纤容量之和。光缆交接箱的容量实际上应包括主干光缆直通容量、主干光线配线容量和分支光缆配线容量三部分。

　　(3)光纤接续盒。在光缆布线中有时需要将两根光缆连接起来,也是采用将光缆剥开露出光纤,然后进行熔接的方法,并对光纤熔接点进行保护,防止外界环境的影响,这时就要用到光纤接续盒。光纤接续盒的功能是将两段光缆连接起来,它具备光缆固定和熔接功能,内设光缆固定器、熔接盘和过线夹。光纤接续盒分为室内和室外两种类型,室外光纤接续盒可以防水,但也可以用到室内,如图 2.47 所示。

图 2.45　机架式光纤配线架　　　　图 2.46　光缆交接箱　　　　图 2.47　光纤接续盒

　　(4)光纤配线箱。光纤配线箱适用于光缆与光通信设备的配线连接,通过配线箱内的适配器,用光跳线引出光信号,实现光配线功能。适用于光缆和配线尾纤的保护性连接,也适用于光纤接入网中的光纤终端点采用,如图 2.48 所示。

　　(5)光缆终端盒。光缆终端盒主要用于光缆终端的固定,光缆与尾纤的熔接及余纤的收容和保护,如图 2.49 所示。

图 2.48　光纤配线箱　　　　　　　图 2.49　光缆终端盒

5. 光纤信息插座

　　光纤到桌面时,需要在工作区安装光纤信息插座。光纤信息插座的作用和基本结构与使用 RJ-45 信息模块的对绞电缆信息插座一致,是光缆布线在工作区的信息出口,用于光纤到桌面的连接,如图 2.50 所示。实际上就是一个带光纤耦合器的光纤面板。光缆敷设到光纤信息插座的底盒后,光缆与一条光纤尾纤熔接,尾纤的连接器插入光纤面板上的光纤耦合器的一端,光纤耦合器的另一端用光纤跳线连接计算机。

图 2.50　光纤面板

为了满足不同应用场合的要求,光纤信息插座有多种类型。例如,如果配线子系统为多模光纤,则光纤信息插座中应选用多模光纤模块;如果配线子系统为单模光纤,则光纤信息插座中应选用单模光纤模块。另外,还有 SC 信息插座、LC 信息插座、ST 信息插座等。

2.2.6　机柜

机柜具有增强电磁屏蔽、削弱设备工作噪声、减少设备占地面积等优点,被广泛用于综合布线配线设备、网络设备、通信设备等安装工程中。

从不同的角度可以将机柜进行不同的分类。

(1) 根据外形可将机柜分为落地机柜、挂墙机柜和开放机架三种。落地机柜主要用于设备间。挂墙机柜主要用于没有独立房间的楼层配线间。与机柜相比,开放机架具有价格便宜、管理操作方便、搬动简单的优点。机架一般为敞开式结构,不像机柜采用全封闭或半封闭结构,所以自然不具备增强电磁屏蔽、削弱设备工作噪声等特性。同时在空气洁净程度较差的环境中,设备表面更容易积灰。机架主要适合一些要求不高和要经常性对设备进行操作管理的场所,用它来叠放设备减少了占地面积。目前,各高校建立的网络技术实验室/实训室和综合布线实验室/实训室大多采用开放式机架来叠放设备。

(2) 从应用对象来看,除可分为布线型机柜(又称为网络型机柜)、服务器型机柜两种类型。

布线型机柜就是 19in 的标准机柜,它的宽度为 600mm、深度为 600mm。服务器型机柜由于要摆放服务器主机、显示器、存储设备等,和布线型机柜相比要求空间要大,通风散热性能更好。所以它的前门门条和后门一般都带透气孔,风扇也较多。根据设备大小和数量多少,宽度和深度一般要选择 600mm×800mm、800mm×600mm、800mm×800mm 机柜,甚至要选购更大尺寸的产品。

在 19in 标准布线型机柜内,设备安装所占高度用一个特殊单位 U 表示,1U＝44.45mm,使用 19in 的标准机柜的设备面板一般都是按 nU 的规格制成,机柜的容量通常用 nU 来表示,多少个 U 的机柜表示能容纳多少个 U 的配线设备和网络设备。立式机柜和挂墙式机柜的产品规格如表 2.6 所示。

表 2.6　立式机柜和挂墙式机柜的产品规格

种　类	规　格	高度/m	种　类	规　格	高度/m
立式机柜	47U	2.2	立式机柜	22U	2.0
	42U	2.0		27U	1.8
	37U	1.8	挂墙式机柜	12U	0.8
	32U	1.6		7U	0.6
	27U	2.2			

2.2.7　综合布线产品市场现状

综合布线最早是从美国引入我国的,因此,市场上最早的综合布线产品主要是美国品牌,随着市场的发展,欧洲、澳洲等地的产品相继进入中国市场。近年来,国内综合布线市场呈现一片繁荣景象,国内一些厂商根据国际标准和国内标准,结合我国国情,吸取国外产品的先进经验,自行开发研制出了适合我国使用的产品,打破了国外厂商在综合布线产品领域的垄断,价格也在逐年下降。

据统计,目前进入国内市场的国外布线厂家有30多家。北美地区主要有康普、西蒙、泛达、AT&T、欧博、百盛、安普、IBDN、3M、百通等品牌;欧洲地区主要有罗格朗、罗森伯格、MMC、莱尼、耐克森、德特威勒、施耐特、科龙等品牌;澳洲主要有奇胜等品牌。这些厂家以生产和销售具有高性能的高端产品所著称,在行业内有着很高的品牌知名度和行业认知度,价格也相对较高。

同时,在内地还活跃着一些港台布线厂家,如友讯、万泰、鼎志等,它们生产的产品具有良好的性价比,介于高端和低端之间。

面临市场的激烈竞争,我国的布线厂家正在打造国内布线知名品牌,而且已经进入国际市场。如清华同方、大唐电信、南京普天天纪、TCL、VCOM、鸿雁电器、宁波东方、浙江兆龙、宁波能士通信、万泰科技、宁波韩电、北京航天易联等。这些厂家的产品趋于多元化,能将布线产品和智能化产品紧密结合,并提供整体智能化解决方案。

2024年中国智能建筑综合布线十大品牌:

(1) COMMSCOPE 康普[康普通讯技术(中国)有限公司]。

(2) SIEMON 西蒙公司[西蒙通讯产品(上海)有限公司]。

(3) Legrand 罗格朗[罗格朗(上海)管理有限公司]。

(4) DATWYLER 德特威勒[德特威勒(苏州)信息技术科技有限公司]。

(5) 天纪 Telege(南京普天天纪楼宇智能有限公司)。

(6) 清华同方(同方股份有限公司)。

(7) 欢联 Enjoylink(广东欢联电子科技有限公司)。

(8) 烽火 FiberHome(烽火通信科技股份有限公司)。

(9) 天诚 TC(江苏天诚智能集团股份有限公司)。

(10) 一舟 SHIP(浙江一舟电子科技股份有限公司)。

习　　题

一、选择题

1. 对绞电缆的每个线对都有颜色编码,4 对对绞电缆的 4 种颜色编码是(　　　)。

　　A. 蓝色、橙色、绿色和紫色　　　　　　　B. 蓝色、橙色、绿色和红色

　　C. 蓝色、橙色、绿色和棕色　　　　　　　D. 蓝色、白色、绿色和紫色

2. 在下列传输介质中,抗电磁干扰性最好的是(　　　)。

　　A. 对绞电缆　　　　　B. 同轴电缆　　　　　C. 光缆　　　　　D. 无线介质

3. 在下列传输介质中,典型传输速率最高的是(　　　)。

　　A. 对绞电缆　　　　　B. 同轴电缆　　　　　C. 光缆　　　　　D. 无线介质

4. 屏蔽对绞电缆的英文为( )。

    A. SDP   B. UDP   C. UTP   D. STP

5. 5e 类对绞电缆支持的最大带宽是( )MHz。

    A. 100   B. 200   C. 250   D. 600

6. 6 类对绞电缆支持的最大带宽是( )MHz。

    A. 100   B. 200   C. 250   D. 600

7. 常用的 $50/125\mu m$ 多模光纤中的 $50\mu m$ 是指( )。

    A. 光纤芯外径   B. 包层后外径   C. 包层厚度   D. 涂覆层厚度

8. 单模光纤波长一般为( )。

    A. 850nm   B. 1500nm   C. 1300nm   D. 专利

9. 单模光纤和多模光纤主要区别在于( )。

    A. 光折射方式   B. 模的数量   C. 名称   D. 传输距离

10. ( )用于端接对绞电缆或干线电缆,并通过跳线连接配线子系统和干线子系统。

    A. 模块化配线架   B. 110 型配线架   C. 110 型连接块   D. ODF

11. 光纤的主要成分是( )。

    A. 电导体   B. 石英   C. 介质   D. 塑料

12. 标准机柜是指( )。

    A. 2m 高的机柜   B. 1.8m 高的机柜   C. 18in 机柜   D. 19in 机柜

二、填空题

1. 对绞电缆的每个线对都有颜色编码,以易于区分连接。4 对对绞电缆的 4 种颜色编码依次为_____、_____、_____和_____。

2. 对绞电缆按其包缠的是否有金属屏蔽层,可以分为_____和_____两大类。在目前的综合布线系统工程中,除了某些特殊场合外,通常都采用_____。

3. 超 5 类对绞电缆的传输频率为_____,6 类对绞电缆支持的带宽为_____,7 类对绞电缆支持的带宽高达_____。

4. 信息插座通常由_____、_____和_____三部分组成。

5. 对绞电缆内,不同线对具有不同的扭绞长度,这样可以_____串音。一般来讲,导线扭绞得越_____,其抗干扰能力就越强。

6. _____是综合布线系统推荐的光缆,_____常用于传输距离大于 2000m 的建筑群子系统。

7. 按传输模式分类,光纤可以分为_____和_____两类。

8. 单模室内光缆的颜色是_____,多模室内光缆的颜色是_____。

三、思考题

1. 在综合布线系统中,常见的传输介质有哪些?各有什么特点?各自适合应用在什么环境?

2. 屏蔽对绞电缆和非屏蔽对绞电缆在性能与应用上有什么差别?

3. UTP 电缆如何划分?分别适用于什么样的频率?

4. 在双绞线的外护套上有哪些文字标识?其中长度标识的含义及作用是什么?

5. 屏蔽对绞电缆有哪几种?

6．对绞电缆连接器有哪些？

7．信息插座面板有哪几类？

8．简述光纤光缆的结构。

9．光缆如何分类？

10．什么是单模光纤？什么是多模光纤？

11．常用的光纤连接器有哪几类？这些连接器如何与光缆连接，从而构成一条完整的通信链路？

12．光纤跳线和尾纤有什么区别？

13．实际观察单模光纤和多模光纤，区别一下室内和室外型光缆，看看光缆外护套上标注了哪些特性指标。

四、实训题

1．到市场上调查目前市场常用的 5 个品牌的 4 对 5e 类和 6 类非屏蔽对绞电缆，观察对绞电缆的结构和标记，对比两种对绞电缆的价格和性能指标。

2．到市场上或互联网上调查目前市场常用的 5 个品牌的综合布线系统产品，并列出其生产的电缆产品系列。

3．到市场上或互联网上调查目前市场常用的 5 个品牌的综合布线系统产品，并列出其生产的光缆产品系列。

4．走访你所在的学院或所能够接触到的其他采用综合布线系统的网络，了解该综合布线系统所采用的传输介质、连接器件和布线器件，分析各种产品在综合布线系统中的作用。

模块二

综合布线系统工程设计

综合布线系统应能支持电话、数据、图文、图像等多媒体业务的需要。综合布线系统应根据《综合布线系统工程设计规范》(GB/T 50311—2016)，按照工作区、配线子系统、干线子系统、建筑群子系统、设备间、进线间和管理7部分进行设计。

任务3　综合布线工程网络方案设计

任务4　综合布线系统设计

任务5　综合布线工程施工图的绘制

综合布线工程网络方案设计

3.1 任 务 描 述

从某种意义上讲,综合布线系统布线设计不仅决定网络性能和布线成本,甚至决定网络能否正常通信。例如,采用 5e 类 UTP 电缆,通常只能支持 100Mbps 的传输速率;在相距较远的建筑间采用多模光纤,将可能导致建筑物间无法通信或不能支持高传输速率;在电磁干扰严重的场所采用非屏蔽对绞电缆,将导致通信失败。因此,在设计综合布线系统工程时,应充分考虑各个方面的因素,并严格执行各种布线标准。

那么有必要掌握在综合布线系统工程中传输介质的选择。选择屏蔽对绞电缆还是非屏蔽双绞线? 5 类、6 类、6_A 类、7 类、7_A 类不同级别对绞电缆如何选择? 对于不同系统的传输介质,是选择电缆,还是光缆?

3.2 相 关 知 识

3.2.1 综合布线系统网络拓扑结构

综合布线系统应采用星型网络拓扑结构,该结构下的每个分支子系统都是相对独立的单元,对每个分支单元系统改动都不影响其他子系统。只要改变节点连接就可使网络在星型、总线型、环型等各种类型间进行转换。

综合布线系统采用的开放式星型网络拓扑结构应能支持当前普遍采用的各种计算机网络系统,如快速以太网、吉比特以太网、万兆位以太网、光纤分布数据接口 FDDI、令牌环网(Token Ring)等。

1. 星型网络拓扑结构

建筑物配线架至每个楼层配线架的建筑物干线子系统的干线缆线(电缆或光缆)一般采取分别独立供线给各个楼层的方式,在各个楼层之间无连接关系。这种结构是在大楼设备间放置建筑物配线设备(BD)、楼层电信间放置楼层配线设备(FD)的结构,每个楼层配线设备(FD)连接工作区的若干个信息点(TO),也就是传统的两级星型网络拓扑结构,如图 3.1 所示,它是单幢智能建筑物综合布线系统的基本形式。

2. 树型网络拓扑结构

综合布线系统的主干线路连接方式均采用星型网络拓扑结构,要求整个布线系统的干线电缆或光缆的交接次数一般不应超过两次,即从楼层配线设备(FD)到建筑群配线设备(BD)之间,只允许经过一次配线设备,称为 FD-BD-CD 的结构形式。这是采用两级干线系统(建筑

图 3.1　星型网络拓扑结构

物干线子系统和建筑群配线子系统)进行布线的情况。

　　以建筑群配线设备(CD)为中心,若干建筑物配线设备(BD)为中间层,相应地有再下一层的楼层配线设备(FD)和配线子系统,构成树型网络拓扑结构,也就是常用的三级星型网络拓扑结构,如图 3.2 所示。这种形式在智能小区中经常使用,其综合布线系统的建设规模较大,网络结构也较复杂。

图 3.2　树型网络拓扑结构

　　第一级由建筑群总配线设备(CD)通过建筑群主干缆线连接至建筑物配线设备(BD);第二级由建筑物配线设备(BD)通过建筑物主干缆线连接至电信间的楼层配线设备(FD);第三级由电信间的楼层配线设备(FD)通过水平缆线连接至工作区的信息点(TO);并且同一级的配线设备之间(BD 与 BD 之间、FD 与 FD 之间)可以建立直通的路由。

　　有时为了使综合布线系统网络的结构具有更高的灵活性和可靠性,允许在同级的配线设备(如 BD 或 FD)之间增加直通连接缆线,如图 3.2 中的虚线。同时采用简化的综合布线系统结构时,可以将 CD 与 FD 或 BD 与 TO 直接相连。

3.2.2　综合布线系统的实际工程结构

综合布线系统的实际工程结构

　　通常每个园区有一个建筑群配线设备(CD),每个楼宇有一个建筑物配线设备(BD),每个楼层有一个楼层配线设备(FD)。如果建筑物仅包含单个楼宇并且规模小到仅由单个建筑物配线设备(BD)提供服务即可,那么不需要建筑群子系统。同样,大型建筑群可能由多个建筑物配线设备(BD)提供服务,它们之间通过 CD 进行互连。标准规范的设备配置分为建筑物 FD-BD 一级干线布线系统结构和建筑群 FD-BD-CD 两级干线布线系统结构两种形式,但在实际工程中,往往会根据管理的要求、设备间和配线间的空间要求、信息点的分布等多种情况对建筑物综合布线系统进行灵活的设备配置。

1．建筑物标准 FD-BD 结构

建筑物标准 FD-BD 结构是两次配线点设备配置方案，这种结构是在大楼设备间放置建筑物配线设备（BD）、电信间放置楼层配线设备（FD）的结构，每个楼层配线设备（FD）连接若干个信息点（TO），也就是传统的两级星型网络拓扑结构，是国内普遍使用的典型结构，也可以说是综合布线系统基本的设备配置方案之一，如图 3.3 所示。

图 3.3　建筑物标准 FD-BD 结构

这种结构只有建筑物子系统和配线子系统，不会设置建筑群子系统和建筑群配线架。主要适用于单幢的中小型智能化建筑，其附近没有其他房屋建筑，不会发展成为智能化建筑群体。这种结构较常用，只有两级，具有网络拓扑结构简单、维护管理简单、调度较灵活等优点。

2．建筑物 FD-BD 结构

建筑物 FD-BD 结构是一次配线点设备配置方案，这种结构是大楼没有电信间，只配置建筑物配线设备（BD），将建筑物子系统和配线子系统合二为一，缆线从建筑物配线设备（BD）直接连接到工作区的信息点（TO），如图 3.4 所示。它主要适用于以下场合。

（1）建设规模很小，楼层层数不多，且其楼层平面面积不大的单幢智能化建筑。

（2）用户的信息业务要求（数量和种类）均较少的住宅建筑。

（3）当建筑物不大但信息点很多时，且信息点（TO）至建筑物配线设备（BD）之间电缆的最大长度不超过 90m，为便于管理维护和减少对空间占用的目的也可采用这种结构。例如，高校旧学生宿舍楼的综合布线系统，每层楼信息点很多，而旧大楼大多在设计时没有考虑综合布线系统，如果占用房间作为电信间，势必占用宿舍资源。

高层房屋建筑和楼层平面面积很大的建筑均不适用。这种结构具有网络拓扑结构简单（只有一级），设置配置数量少，工程建设费用和维护开支少，维护工作和人为故障机会均有所减少等优点。但灵活调度性差，有时使用不便。

图 3.4　建筑物 FD-BD 结构

3. 建筑物 FD-BD 共用电信间结构

建筑物 FD-BD 共用电信间结构也是两次配线点设备配置方案(中间楼层供给相邻楼层)，根据每个楼层需要进行配置楼层配线设备(FD)，采取每 2～4 个楼层设置楼层配线设备(FD)分别供线给相邻楼层的信息点(TO)，要求所有最远的 TO 到 FD 之间的水平缆线的最大长度不应超过 90m 的限制，如超过则不应采用本方案，如图 3.5 所示。

图 3.5　建筑物 FD-BD 共用电信间结构

这种结构主要适用于单幢的中型智能化建筑中,其楼层面积不大,用户信息点数量不多或因各个楼层的用户信息点分布极不均匀,有些楼层用户信息点数量极少(如地下室),为了简化网络结构和减少接续设备,可以采取这种结构的设备配置方案。但在智能化建筑中用户信息点分布均匀且较密集的场合不应使用。

这种结构具有网络拓扑结构简单、楼层配线设备数量少和工程建设费用低以及维护开支等优点。

4．综合建筑物 FD-FD-BD 结构

综合建筑物 FD-FD-BD 结构既可以采用两次配线点,也可以采用三次配线点。这种结构需要设置二级交接间和二级交接设备,视客观需要可采取两次配线点或三次配线点,如图 3.6 所示。在图 3.6 中有两种方案。

图 3.6 综合建筑物 FD-FD-BD 结构

(1) 第 3 层楼层为两次配线点,建筑物干线子系统的缆线直接连到二级交接间的楼层配线设备(FD)上,不经过干线交接间的楼层配线设备(FD),这种方案为两次配线点。

(2) 第 2、4、5、6 层楼层为三次配线点,建筑物干线子系统的缆线均连接到干线交接间的 FD_1,然后连接到二级交接间的 FD_2 上,形成三次配线点的方案。

这种结构适用于单幢大中型的智能化建筑,楼层面积较大(超过 $1000\mathrm{m}^2$)或用户信息点较多,因受干线交接面积较小,无法装设容量大的配线设备等限制。为了分散安装缆线和配线设备,有利于配线和维修,且楼层中有设置二级交接间条件的场合。

这种结构具有缆线和设备分散设置、增加安全可靠性、便于检修和管理、容易分隔故障等优点。

5. 综合建筑物 FD-BD-CD 结构

综合建筑物 FD-BD-CD 结构是三次配线点设备配置方案,在建筑物的中心位置设置建筑群配线设备(CD),各分座分区建筑物中设置建筑物配线设备(BD)。建筑群配线设备(CD)可以与所在建筑中的建筑物配线架合二为一,各个分区均有建筑群子系统与建筑群配线设备(CD)相连,各分区建筑物干线子系统、配线子系统及工作区布线自成体系,如图 3.7 所示。

图 3.7 综合建筑物 FD-BD-CD 结构

这种结构适用于单幢大型或特大型的智能化建筑,即当建筑物是主楼带附楼结构,楼层面积较大,用户信息点数量较多时,可将整幢智能建筑进行分区,将各个分区视为多幢建筑物组成的建筑群。建筑物中的主楼、裙楼 A 和裙楼 B 被视作多幢建筑,在主楼设置建筑群配线架,在裙楼 A 和裙楼 B 的适当位置设置建筑物配线设备(BD),主楼的建筑物配线设备(BD)可与建筑群配线设备(CD)合二为一,这时该建筑物包含在同一建筑物内设置的建筑群子系统。

这种结构具有缆线和设备合理配置,既有密切配合又有分散管理,便于检修和判断故障,网络拓扑结构较为典型。组合的建筑群相对集中,只需一处设置入口设施。

6. 建筑群 FD-BD-CD 结构

建筑群 FD-BD-CD 结构适用于建筑物数量不多、小区建设范围不大的场合。选择位于建筑群中心的建筑物作为各建筑物通信线路和对公用通信网络连接的汇接点，并在此安装建筑群配线设备(CD)，建筑群配线设备(CD)可与该建筑物的建筑物配线设备(BD)合设，达到既能减少配线接续设备和通信线路长度，又能降低工程建设费用的目的。各建筑物中装设建筑物配线设备(BD)作为中间层，敷设建筑群子系统的主干线路并与建筑群配线设备(CD)相连，相应地有再下一层的楼层配线架和配线子系统，构成树型网络拓扑结构，也就是常用的三级星型网络拓扑结构，如图 3.8 所示。

图 3.8　建筑群 FD-BD-CD 结构

分散设置的建筑群各幢房屋建筑内都需设置入口设施，其引入缆线的结构如图 3.9 所示。

3.2.3　综合布线系统的链路和信道

1. 信道的定义和范围

根据国家标准《综合布线系统工程设计规范》(GB/T 50311—2016)的规定，在综合布线系统中的信道是指连接两个应用设备的端到端的传输通道，即信道是 LAN 交换机/集线器等设备与 TE 之间的传输路径。典型的信道包括配线子系统、设备缆线、快接跳线或压接跳线以及

图 3.9　分散设置的建筑群入口设施

工作区设备缆线,如图 3.10 所示。

图 3.10　综合布线系统由信道、永久链路、CP 链路构成

信道可以由两个或两个以上的子系统(包括工作区和设备缆线)构成。信道的部署使用了:

(1) 仅配线子系统。

(2) 仅干线子系统。

(3) 仅建筑群子系统。

(4) 以上的组合。

在 1.2.4 小节介绍综合布线系统的构成时,曾讲到综合布线系统典型应用中配线子系统信道为对绞电缆信道,干线子系统和建筑群子系统为光纤信道。

2. 链路的定义和范围

国家标准《综合布线系统工程设计规范》(GB/T 50311—2016)规定:链路是一个 CP 链路或一个永久链路。永久链路是指信息点到楼层配线设备之间的传输线路,它不包括工作区缆线和连接楼层配线设备的缆线或跳线,但可以包括一个 CP 链路。CP 链路是指楼层配线设备与集合点(CP)之间,包括各端的连接器件在内的永久型链路。

3. 电缆布线系统的分级、类别及支持的应用

国标 GB 50311—2016 按照系统支持的带宽和使用的对绞电缆的类别不同,参照 ISO/IEC 11801 也将综合布线电缆布线系统分为 A、B、C、D、E、F、Ⅰ、Ⅱ 等级,电缆等级表示由电缆和连接器件组成的链路和信道中的每一对对绞电缆所能支持的传输带宽,用频率"Hz"表示,如表 3.1 所示。实际工程中,可用等级也可用类别来表示综合布线系统,例如 E 级综合布线系统就是 6 类综合布线系统。

表 3.1　对绞电缆布线系统的分级与类别

系统分级	支持带宽/Hz	支持应用器件		系统分级	支持带宽/Hz	支持应用器件	
		电　缆	连接硬件			电　缆	连接硬件
A	100k	—	—	E_A	500M	6_A 类（屏蔽和非屏蔽）	6_A 类
B	1M	—	—	F	600M	7 类（屏蔽）	7 类
C	16M	3 类（大对数）	3 类	F_A	1000M	7_A 类（屏蔽）	7_A 类
D	100M	5/5e 类（屏蔽和非屏蔽）	5/5e 类	Ⅰ	2000M	8.1 类（屏蔽）	8.1 类兼容 6_A 类
E	250M	6 类（屏蔽和非屏蔽）	6 类	Ⅱ	2000M	8.2 类（屏蔽）	8.2 类兼容 7 类

注：3 类、5/5e 类（超 5 类）、6 类、7 类、8 类布线系统应能支持向下兼容的应用。

对绞电缆支持的应用如表 3.2 所列。

表 3.2　对绞电缆支持的应用

系统分级	应　　用	时间	辅　助　名　称
A 类	—		
C 类	以太网 10BASE-T	1990	10M 对绞电缆以太网 IEEE 802.3i
D 类 1995	以太网 100BASE-TX	1995	100M 对绞电缆以太网 IEEE 802.3u
	POE Type 1	2015	以太网供电
D 类 2002	以太网 1000BASE-T	1999	千兆以太网 IEEE 802.3ab
	POE Type 2	2015	以太网供电
	POE Type 2	2018	以太网供电 IEEE 802.3bt
	POE Type 2	2018	以太网供电 IEEE 802.3bt
E_A	以太网 2.5GBASE-T	2016	对绞电缆 2.5 千兆位以太网 IEEE 802.3bz
	以太网 5GBASE-T	2016	对绞电缆 5 千兆位以太网 IEEE 802.3bz
	以太网 10GBASE-T	2006	对绞电缆万兆位以太网 IEEE 802.3an
F_A 类 2008	以太网 25GBASE-T	2016	对绞电缆 25 千兆位以太网 IEEE 802.3bq
	以太网 40BASE-T	2016	对绞电缆 40 千兆位以太网 IEEE 802.3bq
Ⅰ 类 2017	以太网 25GBASE-T	2016	对绞电缆 25 千兆位以太网 IEEE 802.3bq
	以太网 40BASE-T	2016	对绞电缆 40 千兆位以太网 IEEE 802.3bq
Ⅱ 类 2017	以太网 25GBASE-T	2016	对绞电缆 25 千兆位以太网 IEEE 802.3bq
	以太网 40BASE-T	2016	对绞电缆 40 千兆位以太网 IEEE 802.3bq

4. 光纤信道分级与组成

在国标 GB/T 50311—2016 中规定,综合布线系统光纤信道应采用标称波长为 850nm 和 1300nm 的多模光纤（OM1、OM2、OM3、OM4）,标称波长为 1310nm 和 1550nm（OS1）,1310nm、1383nm 和 1550nm（OS2）的单模光纤。

光纤信道的构成

注意：OM1 是指 850/1300nm 满注入带宽在 200/500MHz·km 以上的 $50\mu m$ 或 $62.5\mu m$ 芯径多模光纤。OM2 是指 850/1300nm 满注入带宽在 500/500MHz·km 以上的 $50\mu m$ 或 $62.5\mu m$ 芯径多模光纤。OM3 和 OM4 是 850nm 激光优化的 $50\mu m$ 芯径多模光纤,在采用

850nm VCSEL 的 10Gbps 以太网中,OM3 光纤传输距离可以达到 300m,OM4 光纤传输距离可以达到 550m。

在实际工程中,综合布线系统采用光纤光缆传输系统时,其网络结构和设备配置可以简化。例如,在建筑物内各个楼层的电信间可不设置传输或网络设备,甚至可以不设楼层配线接续设备。光纤信道构成方式应符合规定如下。

1) 光纤信道构成(一)

光缆经电信间楼层配线设备(FD)光纤跳线连接,也称"配接型"组合信道。

水平光缆和主干光缆都敷设到楼层电信间的光纤配线设备(FD),通过光纤跳线连接构成光纤信道,并应符合如图 3.11 所示的连接方式。

图 3.11　光缆经电信间 FD 光纤跳线连接

在图 3.11 中,光纤信道的构成,水平光缆在电信间不作延伸。在一般情况下,信息的传递通过计算机网络设备经主干端口下传。主干光缆中并不包括水平光缆的容量在内,它只满足工作区接入终端设备电端口所需的接入至电信间计算机网络设备骨干光端口所需求的光纤容量。

2) 光纤信道构成(二)

光缆在电信间楼层配线设备(FD)做端接,也称"接合型"组合信道。

水平光缆和主干光缆在楼层电信间应经端接构成。水平光缆和主干光缆在楼层电信间应经端接(熔接或机械连接)构成,楼层配线设备(FD)只设光纤之间的连接点,如图 3.12 所示。

图 3.12　光缆在电信间 FD 做端接

在图 3.12 中,水平缆线和主干光缆在 FD 处做端接,光纤的连接可以采用光纤熔接或机械连接。水平光缆经主干光缆延伸,主干光缆光纤应包括网络设备主干端口和水平光缆所需求的容量。

3) 光纤信道构成(三)

光缆经过电信间楼层配线设备(FD)直接连接至设备间建筑物配线设备(BD),也称"直连型"组合信道。

水平光缆经过电信间直接连至大楼设备间光配线设备构成。水平光缆经过电信间直接连至大楼设备间。光配线设备构成光纤信道,如图 3.13 所示。

图 3.13 光缆经过电信间 FD 直接连接至设备间 BD

在图 3.13 中,水平光缆直接路经电信间,连接至设备间建筑物配线设备,中间不做任何处理。

当有些用户需要其工作区的用户终端设备或某些工作区域的企业网络设备直接与公用数据网互相连接沟通时,为了简化网络拓扑结构,宜将光纤光缆直接从工作区敷设到智能化建筑内的入口设施处与光纤配线设备连接,以便与公用通信网引入的光纤光缆连接。此时要求智能化建筑内所用的光纤光缆的类型与品种应与公用通信网的引入光纤光缆保持一致,通常宜采用单模光纤光缆,如图 3.14 所示。

图 3.14 工作区光纤光缆直接与公用通信网光缆相连接

3.2.4 综合布线系统缆线长度划分

综合布线系统缆线长度划分是极为丰富且复杂的,是系统中极为重要的技术指标。无论哪一个缆线部分都有一定的极限数值,不得超标,以保证综合布线系统传送信息的质量。

综合布线系统缆线长度包含有信道的传输距离(长度)、综合布线系统的全程长度、水平布线长度和主干布线长度以及各级设备处的跳线、设备缆线、工作区缆线的长度等。

在《综合布线系统工程设计规范》(GB/T 50311—2016)中列出了以下长度要求。

(1) 在国家标准 GB 50311—2016 中规定,综合布线系统由信道、永久链路、CP 链路组成。如图 3.10 所示。

(2) 配线子系统信道的最大长度不应大于 100m,如图 3.10 所示。信道应由长度不大于 90m 的水平缆线、10m 的跳线和设备缆线及最多 4 个连接器件组成;永久链路则由长度不大于 90m 水平缆线及最多 3 个连接器件组成。但 F 级的永久链路仅包括 90m 水平缆线和 2 个连接器件(不包括 CP 连接器件)。光纤在实际工程应用中一般不会受到 90m 长度的限值。配线子系统信道长度应符合表 3.3 的规定。

表 3.3　配线子系统缆线长度

连 接 类 型	最小长度/m	最大长度/m
FD-CP	15	85
CP-TO	5	—
FD-TO(无 CP)	15	90
工作区设备缆线①	2	5
跳线	2	—
FD 设备缆线②	2	5
设备缆线与跳线总长度	—	10

注：① 此处没有设置跳线时,设备缆线的长度不应小于 1m。

② 此处不采用交叉连接时,设备缆线的长度不应小于 1m。

① 配线子系统信道应由永久链路的水平缆线和设备缆线组成,可包括跳线和 CP 缆线,通常可采用 4 种方式,如图 3.15 所示。

图 3.15　配线子系统信道连接方式

② 为适配具有不同插入损耗的工作区线缆、CP 线缆、跳线和设备跳线,配线子系统信道内线缆长度应通过表 3.4 所示计算公式计算得出。

表 3.4　配线子系统信道内线缆长度计算方法

连接模型	对应图号	信道等级		
		D	E 或 E$_A$	F 或 F$_A$
FD 互连-TO	图 3.15(a)	$H=109-FX$	$H=107-3-FX$	$H=107-2-FX$
FD 交叉-TO	图 3.15(b)	$H=107-FX$	$H=106-3-FX$	$H=106-3-FX$
FD 互连-CP-TO	图 3.15(c)	$H=107-FX-CY$	$H=106-3-FX-CY$	$H=106-3-FX-CY$
FD 交叉-CP-TO	图 3.15(d)	$H=105-FX-CY$	$H=105-3-FX-CY$	$H=105-3-FX-CY$

注：① 计算公式中，H 为水平缆线的最大长度(m)；F 为楼层配线设备(FD)缆线和跳线及工作区设备缆线总长度(m)；C 为集合点(CP)缆线的长度(m)；X 为设备缆线和跳线的插入损耗(dB/m)与水平缆线的插入损耗(dB/m)之比；Y 为集合点(CP)缆线的插入损耗(dB/m)与水平缆线的插入损耗(dB/m)之比；2 和 3 为余量，以适应插入损耗值的偏离。

② 水平电缆的应用长度应受到工作环境温度的影响。当工作环境温度超过 20℃时，屏蔽电缆长度按每摄氏度减少 0.2%计算，对非屏蔽电缆长度则按每摄氏度减少 0.4%(20～40℃)和每摄氏度减少 0.6%(40～60℃)计算。

③ 主干缆线。建筑物或建筑群配线设备之间(FD 与 BD、FD 与 CD、BD 与 BD、BD 与 CD 之间)组成的信道出现 4 个连接器件时，主干缆线的长度不应小于 15m。

④ 干线子系统信道长度应符合下列规定。

干线子系统信道应由主干缆线、跳线和设备缆线组成，如图 3.16 所示。

图 3.16　干线子系统信道组成

干线子系统信道长度计算方法应符合表 3.5 的规定。

表 3.5　干线子系统信道长度计算方法

类别	信道等级							
	A	B	C	D	E	E$_A$	F	F$_A$
5	2000	$B=250-FX$	$B=170-FX$	$B=105-FX$				
6	2000	$B=260-FX$	$B=185-FX$	$B=111-FX$	$B=105-3-FX$			
6$_A$	2000	$B=260-FX$	$B=189-FX$	$B=114-FX$	$B=108-3-FX$	$B=105-3-FX$		
7	2000	$B=260-FX$	$B=190-FX$	$B=115-FX$	$B=109-3-FX$	$B=107-3-FX$	$B=105-3-FX$	
7$_A$	2000	$B=260-FX$	$B=192-FX$	$B=117-FX$	$B=111-3-FX$	$B=105-3-FX$	$B=105-3-FX$	$B=105-3-FX$

注：① 计算公式中，B 为主干缆线的长度(m)；F 为设备缆线与跳线总长度(m)；X 为设备缆线的插入损耗(dB/m)与主干缆线的插入损耗(dB/m)之比；3 为余量，以适应插入损耗值的偏离。

② 当信道包含的连接点大于或小于 6 个时，缆线敷设长度应减少或增加。减少与增加缆线长度的原则为：5 类电缆，按每个连接点对应 2m 计；6 类、6$_A$ 类和 7 类电缆，按每个连接点对应 1m 计。而且宜对 NEXT、RL 和 ACR-F 予以验证。

③ 主干电缆(连接 FD-BD、BD-BD、FD-CD、BD-CD)的应用长度会受到工作环境温度的影响。当工作环境的温度超过 20℃时，屏蔽电缆长度按每摄氏度减少 0.2%计算，对非屏蔽电缆长度则按每摄氏度减少 0.4%(20～40℃)和每摄氏度减少 0.6%(40～60℃)计算。

同样当干线子系统、建筑群子系统也采用铜缆布线时，同样遵循图 3.10 所示的信道长度限制。当干线子系统、建筑群子系统的长度超过电缆的传输距离时，就需要采用光缆传输系统。

（3）布线系统在网络的应用中，可选择不同类型的电缆和光缆，因此，在相应的网络中所能支持的传输距离是不相同的。在表 3.6 中列出电缆在通信业务网中的应用等级与传输距离，在表 3.7 中分别列出光纤在 100M、1G、10G 以太网中支持的传输距离（两个有源设备之间的最大距离），仅供设计者参考。

表 3.6　电缆在通信业务网中的应用等级与传输距离

应 用 网 络	布线类别	应用距离/m	备 注
10BASE-T 以太网	CAT3,5,6,6_A	100	
100BASE-T 以太网	CAT5,6,6_A	100	
1000BASE-T 以太网	CAT5,6,6_A	100	
2.5GBASE-T 以太网	CAT5e,6,6_A	100	
5GBASE-T 以太网	CAT6,6_A	100	
10GBASE-T 以太网	CAT6_A	100	30m/6 类
IEEE Std 802.3 PoE	CAT5,6,6_A	100	
ADSL	CAT3,5,6,6_A	5000	1.5～9Mbps
VDSL	CAT3,5,6,6_A	5000	1500m 时，12.9Mbps 300m 时，52.8Mbps

表 3.7　100M、1G、10G 以太网中光纤的应用传输距离

光纤类别		多 模 光 纤					单模光纤	
		62.5/125μm (OM1)		50/125μm (OM2)		50/125μm (OM3/OM4)		OS1、OS2
应 用 网 络	波长/nm	850	1300	850	1300	850	1300	1310	1550
10/100BASE-SX	应用距离	300		300		300			
100BASE-FX	应用距离		2000		2000		2000		
1000BASE-SX	应用距离	275		550		800			
1000BASE-LX	应用距离		550		550		550	5000	
1000BASE-LX4	应用距离		300		300		300		
10GBASE-SR	应用距离	33		82		300			
10GBASE-LX4	应用距离		300		300		300	10000	
10GBASE-LR/LW	应用距离							2000	
10GBASE-LRM	应用距离		220		220		300		
10GBASE-ER/EW	应用距离								2000

3.2.5　综合布线系统缆线方案选择

1. 屏蔽系统与非屏蔽系统的选择

随着布线系统的发展，屏蔽布线系统的物理带宽已经超过了非屏蔽布线系统，非屏蔽布线系统的最高产品等级为 6_A 类，屏蔽布线系统的最高产品等级为 8 类。

综合布线系统的产品有非屏蔽和有屏蔽两种。这两种系统产品的优劣，综合布线系统中是否采用屏蔽结构的布线系统，一直有不同的意见。在欧洲屏蔽系统是消费主流，而且已成为地区的法规，而以北美为代表的其他国家则更喜欢非屏蔽系统(UTP)。我国最早从美国引入综合布线系统，所以工程中使用最多的是非屏蔽系统(UTP)。

当建筑物在建或已建成但尚未投入使用时,为确定综合布线系统的选型,首先应做好需求分析,应测定建筑物周围环境的干扰强度,对系统与其他干扰源之间的距离是否符合规范要求进行摸底,根据取得的数据和资料,用规范中规定的各项指标要求进行衡量,选择合适的器件和采取相应的措施。

我们必须熟悉不同系统的电气特性,以便在实际综合布线系统工程中根据用户需求和现场环境等条件,选择合适的非屏蔽系统或屏蔽系统产品。

1) 选择非屏蔽系统

采用非屏蔽系统主要基于以下考虑。

(1) UTP 缆线结构设计可以很好地抗干扰。由于 UTP 对绞电缆中的线对采取完全对称的平衡传输技术,其结构本身安排科学合理,各线对双绞的结构使得电磁场耦合产生的互相干扰影响相等,从而彼此抵消和有效去除,可以将线对的干扰减少到最低限度,甚至可忽略不计。

(2) 电缆传输数据速率不高。UTP 对绞电缆主要用在综合布线系统中接入桌面的配线子系统,网络接入层是 100Mbps 快速以太网或 1000Mbps 及比特以太网,使用 5e 或 6 类 UTP 对绞电缆就可以了。

(3) 管槽系统的屏蔽作用。在配线子系统中,UTP 对绞电缆都是敷设在钢筋混凝土结构的房屋内,如果 UTP 对绞电缆再敷设在金属线槽、金属桥架或金属线管中,则形成了多层屏蔽层。因此,配线子系统的电缆所受到的电磁干扰的影响必然会大大地降低,一般布线的环境中电磁干扰场强的指标值绝大部分是低于标准规定的限值(3V/m)的。

(4) 安装维护方便,整体造价低。由于非屏蔽系统具有重量轻、体积小、弹性好、种类多、价格便宜,技术比较成熟和安装施工简便等很多优点,并且,现在的 5e 类或 6 类布线系统也支持 1000Mbps。所以,目前大部分综合布线系统大都采用非屏蔽系统。

(5) 当综合布线工程现场的电磁干扰场强低于防护标准的规定,或采用非屏蔽布线系统能满足安装现场条件对电缆的间距要求时,综合布线系统宜采用非屏蔽布线系统。

(6) 屏蔽系统安装困难、技术要求较高和工程造价较高。屏蔽系统整体造价比非屏蔽系统高,在安装施工中,要求屏蔽系统的所有电缆和连接硬件的每一部分,都必须是完全屏蔽而无缺陷,并要求有正确的接地系统,才能取得理想的屏蔽效果。

2) 选择屏蔽系统

针对不同的应用场景,相关的标准也提出了屏蔽布线系统的应用场合。如《公共建筑电磁兼容设计规范》(DG/TJ 08—1104—2005)规定:"银行、证券交易所的市级总部办公楼、结算中心以及备份中心的计算机网络宜采用屏蔽布线系统。""在医技楼、专业实验室等特殊建筑内必须设置大型电磁辐射发射装置、核辐射装置或电磁辐射较严重的高频电子设备时,计算机网络宜采用屏蔽布线系统。"

在实际工程中应综合平衡价格、性能、施工、测试、维护等诸多因素,选择适当的布线产品。

在 GB/T 50311—2016 中规定,当遇到下列情况之一时可采用屏蔽系统。

(1) 当综合布线区域内存在的电磁干扰场强高于 3V/m 时,宜采用屏蔽系统进行防护。

(2) 用户对电磁兼容性有电磁干扰和防信息泄露等较高的要求时,或有网络安全保密的需要时,如在政府机关、金融机构和军事、公安等重要部门,宜采用屏蔽系统。

(3) 采用非屏蔽系统无法满足安装现场条件对绞电缆的间距要求时,宜采用屏蔽系统。

(4) 当布线环境温度影响到非屏蔽系统的传输距离时,宜采用屏蔽系统。

(5) 布线系统电缆作为 PoE 供电应用时,根据 IEEE 802.3at 提出的要求,每一对线的功耗将会达到 30W,使线对的温度达到 45℃,在此情况下建议采用屏蔽布线系统。

屏蔽电缆可在 F/UTP、U/FTP、SF/UTP、S/FTP 中选择,不同结构的屏蔽电缆会对高频、低频的电磁辐射产生不同的屏蔽效果。对于具有线对屏蔽结构的(如 U/FTP)屏蔽电缆主要可以抵御线对之间的电磁辐射干扰,但是线对屏蔽＋电缆总屏蔽结构的(如 S/FTP)屏蔽电缆则可以同时抵御线对之间和来自外部的电磁辐射干扰,也可以减少线对对外部的电磁辐射干扰。因此,屏蔽布线工程有多种形式的电缆可以选择。

并且当采用屏蔽系统时,应选用相互适应的屏蔽电缆和连接器件,采用的电缆、连接器件、跳线、设备电缆都应是屏蔽的,并应保持屏蔽层的连续性。同时为保证良好屏蔽性能,电缆的屏蔽层与屏蔽连接器件之间必须做好 360°的连接。

并且当采用屏蔽系统时应保证屏蔽系统采用的电缆、连接器件、跳线、设备电缆都应是屏蔽的,并应保持屏蔽层的连续性。

2. 超 5 类与 6/6_A 类布线系统选择

目前,5e 类和 6/6_A 类非屏蔽对绞电缆在综合布线系统中被广泛应用于配线子系统,在综合布线工程中常常存在是选择超 5 类还是选择 6/6_A 类布线系统的问题。综合布线系统是信息化平台的基础部分,系统的性能对整个信息化进程产生直接的影响,如何选择一套投资合理、满足需求、适当超前的布线系统是布线工程师在规划和设计阶段就得思考的问题。

1) 5 类布线系统的网络应用

5 类对绞电缆主要用于 100Mbps 的网络,能支持到 1000Mbps,不支持万兆位以太网技术。但超 5 类在应用于吉比特以太网时,使用全部 4 对线,4 对线都在全双工的模式运行,每对线支持 250Mbps 的数据速率(每个方向),如图 3.17 所示。

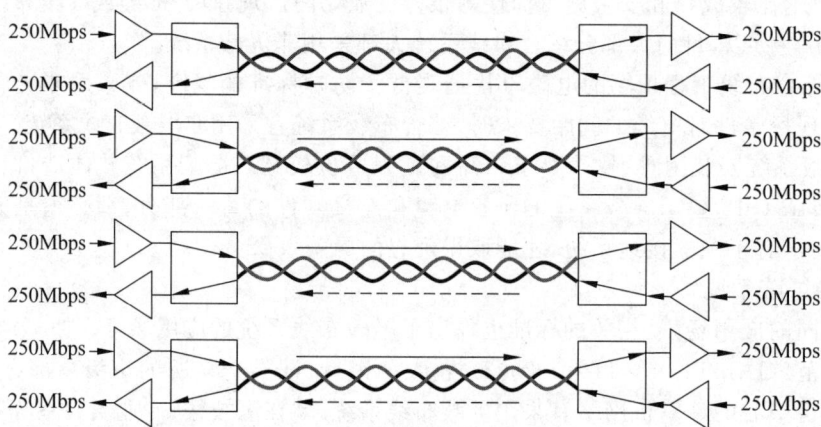

图 3.17   1000BASE-T 的传输模型

2) 6 类/6_A 类布线系统的网络应用

为了克服 1000BASE-T 高成本的问题,千兆以太网标准 1000BASE-TX 定义了一种使用 6 类产品的千兆以太网技术 1000BASE-TX。该技术使用 4 对线单工传输,其中两对线用于发送,另外两对线用于接收,每对线平均传输速率提高到 500Mbps,如图 3.18 所示。1000BASE-TX 在每对线上需要 125MHz 带宽,需要有更好的 6 类布线系统来支持。由于 1000BASE-TX 采用单工传输方式,解决了 1000BASE-T 因采用双工传输方式而产生的噪声过高问题,因而在网络设备上不必采用昂贵的 DSP 芯片来消除回波,显著降低了网络设备的电缆复杂程度,1000BASE-TX 网络设备制造成本较 1000BASE-T 降低了大约 50%。

IEEE 802.3ab 中标准 1000BASE-T 定义,可以采用 5 类、6 类对绞电缆,IEEE 802.3an 支

持 6_A 类对绞电缆铜缆。

3) 5 类、6 类、6_A 和 7 类布线系统的选用

CAT5 类和 CAT6 类是百兆和千兆上的比较,而 CAT6 类和 $CAT6_A$ 类则是千兆和万兆上的较量。对于千兆以太网而言,6 类系统是一个很好的平台,而不能很好地支持万兆网络所需的性能,支持万兆就需要 6_A 类电缆。表 3.8 列出了 $5/6/6_A/7$ 类线的性能。

表 3.8　$5/6/6_A/7$ 类线的性能

分　类	CAT5 网线	CAT6 网线	$CAT6_A$ 网线	CAT7 网线
传输速度/bps	1000M	10G	10G	10G
传输距离/m	100	37~55	100	100
频率带宽/MHz	100	250	500	600
连接器类型	RJ-45	RJ-45	RJ-45	GG-45
线规标准		CAT6>$CAT6_A$	CAT6>$CAT6_A$>CAT7	串扰最少

图 3.18　1000BASE-TX 的传输模型

3. 对绞电缆与光缆的选择

光纤与对绞电缆相比具有更高的带宽,允许的距离更长,安全性更高,完全消除了 FRI 和 EMI,允许更靠近电力电缆,而且不会对人身健康产生辐射威胁。

综合布线系统光纤信道应采用标称波长为 850nm 和 1300nm 的多模光纤(OM1、OM2、OM3、OM4)及标称波长为 1310nm 和 1550nm(OS1),1310nm、1383nm 和 1550nm(OS2)的单模光纤。

单模和多模光缆的选用应符合网络的构成方式、业务的互联方式、以太网交换机端口类型及网络规定的光纤应用传输距离。在楼内宜采用多模光缆,超过多模光纤支持的应用长度,需要直接与电信业务经营者通信设施相连时,宜采用单模光缆。

1) 吉比特以太网的光纤选择

吉比特以太网包括 1000BASE-SX、1000BASE-LX、1000BASE-LH 和 1000BASE-ZX 4 个标准。其中,SW 为短波,LW 为长波,LH 和 ZX 为超长波,1000BASE-SX 和 1000BASE-LX 既可使用单模光纤,也可使用多模光纤;而 1000BASE-LH 和 1000BASE-ZX 则只能使用单模光纤。

吉比特以太网在多模和单模上的规定距离如表 3.7 所示。可根据表中的数据,根据光纤布线距离选择合适的光纤型号。

2）10Gbps 以太网的光纤选择

10Gbps 光纤以太网中光纤在不同应用网络类型下的有效网络传输距离如表 3.7 所示。

3）光纤布线的使用

目前,在绝大多数的综合布线系统工程中,数据主干都采用光缆,主要有以下优点。

(1) 干线用缆量不大。

(2) 用光缆不必为升级疑虑。

(3) 处于电磁干扰较严重的弱电井,光缆比较理想。

(4) 光缆在弱电井布放,安装难度较小。

(5) 对于光纤到桌面(FTTD)来说,光缆布线可以考虑省去 FD,直接从 BD 引至桌面。

(6) 光纤布线长度可以比铜缆长,几层楼合用光纤集线器(或交换机)的范围大。

正是由于具有以上优势,加上小型化(SFF)光纤连接器、理想的 VCSEL(垂直腔表面发射激光)光源和光电介质转换器等发展,极大地促进了光纤在综合布线系统的使用。

但是光纤布线还不能完全取代对绞电缆,主要体现在以下几方面。

(1) 价格高。使用光缆布线会大幅度增加成本,不但光纤布线系统(光缆、光纤配线架、耦合器、光纤跳线等)本身价位比铜缆高,而且使用光纤传输的网络连接设备,如带光纤端口的交换机、光纤网卡等价格也较高。

(2) 难度大。光纤安装施工技术要求高以及安装难度大。

(3) 需选择。从目前和今后几年的网络应用水平来看,并不是所有的桌面都需要 1000Mbps 的传输速率。

光纤的应用和发展是一个循序渐进的过程,从光纤到路边、光纤到楼、光纤到户发展到光纤到桌面,实现全光网络,也许还需要时间。因此,光纤主干系统＋对绞电缆配线子系统,还是相当长一段时间内综合布线系统的首选方案。

3.2.6　系统应用

综合布线系统工程设计应按照近期和远期的通信业务、计算机网络拓扑结构等需要,选用合适的布线器件与设施。选用产品的各项指标应高于系统指标,才能保证系统指标,得以满足和具有发展的余地,同时也应考虑工程造价及工程要求,对系统产品选用应恰如其分。

1. 同一布线信道及链路的缆线和连接器件应保持系统等级与阻抗的一致性

对于综合布线系统,电缆和接插件之间的连接应考虑阻抗匹配和平衡与非平衡的转换适配。在工程(D 级至 F 级)中特性阻抗应符合 100Ω 标准。在系统设计时,应保证布线信道和链路在支持相应等级应用中的传输性能,如果选用 6 类布线产品,则缆线、连接硬件、跳线等都应达到 6 类,才能保证系统为 6 类。如果采用屏蔽布线系统,则所有部件都应选用带屏蔽的硬件。

2. 综合考虑建筑物要求

综合布线系统工程的产品类别及链路、信道等级的确定应综合考虑建筑物的性质、功能、应用网络和业务对传输带宽及缆线长度的要求、业务终端的类型、业务的需求及发展、性能价格、现场安装条件等因素,并应符合表 3.9 的规定。

表 3.9　布线系统等级与类别的选用

业务种类		配线子系统		干线子系统		建筑群子系统	
		等　级	类　别	等　级	类　别	等　级	类　别
语音		D/E	5/6(4 对)	C	3/5(大对数)	C	3(室外为大对数)
数据	电缆	D/E/E_A/F/F_A	5/6/6_A/7/7_A(4 对)	D/E/F	6/6_A/7/7_A(4 对)	—	在不超过 90m 时,也可采用室外 4 对对绞电缆
	光缆	OF-300 OF-500 OF-2000	OM1、OM2、OM3、OM4 多模缆;OS1、OS2 单模光缆	OF-300 OF-500 OF-2000	OM1、OM2、OM3、OM4 多模光缆;OS1、OS2 单模光缆	OF-300 OF-500 OF-2000	OS1、OS2 单模光缆
其他应用		可采用 5/6/6_A 类 4 对对绞电缆和 OM1、OM2、OM3、OM4 多模光缆;OS1、OS2 单模光缆及相应等级连接器件					

注: 其他应用是指数字监控摄像头、楼宇自控现场控制器(DDC)、门禁系统等采用网络端口传送数字信息时的应用。

在表 3.9 中,"其他应用"一栏应根据系统对网络的构成、传输缆线的规格、传输距离等要求选用相应等级的综合布线产品。

3. 单模光缆和多模光缆的选用

单模光缆和多模光缆的选用应符合网络的构成方式、业务的互联方式、以太网交换机端口类型及网络规定的光纤应用传输距离。在楼内宜采用多模光缆,超过多模光纤支持的应用长度或需直接与电信业务经营者通信设施相连时宜采用单模光缆。

3.2.7　工业环境布线系统

在高温、潮湿、电磁干扰、撞击、振动、腐蚀气体、灰尘等恶劣环境中应采用工业环境布线系统,并应支持语音、数据、图像、视频、控制等信息的传递。

(1) 工业环境布线系统设置规定。

① 工业及连接器件应用于工业环境中的生产区、办公区域或控制室与生产区之间的交界场所,也可用于室外环境。

② 在工业设备较为集中的区域应设置现场配线设备。

③ 工业环境中的配线设备应根据环境条件确定防护等级。

(2) 工业环境布线系统应由建筑群子系统、干线子系统、配线子系统、中间配线子系统组成,如图 3.19 所示。

图 3.19　工业环境布线系统组成

(3) 工业环境布线系统的各级配线之间宜设置备份或互通的路由,并应符合下列规定。

① 建筑群配线设备(CD)与每一建筑物配线设备(BD)之间应设置双路由,其中一条应为备份路由。

② 不同的 BD 与 BD,本建筑物配线设备(BD)与另一栋建筑物配线设备(BD)之间可设置

互通的路由。

③ 本建筑物不同楼层配线设备(FD)与FD,本楼层配线设备(FD)与另一楼层 ID 之间可设置互通路由。

④ 楼层内 ID 与 ID,ID 与非本区域的 TO 之间可设置互通的路由。

(4) 布线信道中,含有中间配线子系统时,网络设备与 ID 配线模块之间应采用交叉或互连的连接方式。

(5) 在工程应用中,工业环境的布线系统应由光纤信道和对绞电缆信道构成,中间配线设备 ID 至工作区 TO 信息点之间对绞电缆信道应采用 D、E、E_A、F、F_A 等级的 5、6、6_A、7、7_A 布线产品,不限等级不低于 D 级。光纤信道可分为塑料光纤信道 OF-25、OF-50、OF-100、OF-200,石英多模光纤信道 OF-100、OF-300、OF-500 及单模光纤信道 OF-2000、OF-5000、OF-10000 的信道等级。

(6) 工业环境布线系统中,中间配线子系统、干线子系统等链路等级、链路长度应符合规定。

3.2.8　以太网供电

1. 以太网供电

以太网供电(Power over Ethernet,PoE)是一种将供电集成到标准局域网设备中的技术。它可通过使用同一根用于网络连接的电缆,将电源供应到网络设备上,例如,IP 电话机、网络摄像机或无线 AP 等。这样一来,在摄像机所在位置就无须再通过电源插座对摄像机进行供电,可通过集中使用 UPS 的方式来确保设备 7×24h 不间断运行,同时简化了管理。

PoE 技术遵循 IEEE 802.3af 标准,并且在不降低网络数据通信性能、缩小网络范围的基础上对网络设备进行供电。

在各种温度条件下,布线系统 D、E、F 级信道线对每一导体最小的传送直流电流应为 0.175A。

在各种温度条件下,布线系统 D、E、F 级信道的任何导体之间应支持 48V 直流工作电压,每一线对的输出功率应为 15.4W,末端为 13W 受电设备。

2. 以太网供电(PoE)的工作方式

网络中的链路需要在某一位置接入电源。通常有两种方法,一种是通过使用供电交换机或中间跨度设备实现。在线以太网供电(PoE)采用由具有供电功能的以太网网络交换机 SW,通过叠加在数据传输线对 1 和 2、3 和 6 向受电设备供电,或 1、2/3、6 信号,4、5/7、8 供电。

另一种方法是在交换机和配线架之间连接一台中间跨度设备(通常称为模块配线架式供电设备 SB),通过非数据线对 4 和 5、7 和 8 向受电设备提供电源。模块配线架式供电设备 SB 应兼容 IEEE 802.3af 标准,满足网络交换机协议,应能识别受电设备的正确供电电压,向受电设备不间断地提供要求的电源,受电设备有情况立即断电,当受电设备断开后停止供电。

3.3　综合布线系统链路缆线选择

3.3.1　综合布线各系统链路缆线选择

在任务 1 已经介绍过,在《综合布线系统工程设计规范》(GB/T 50311—2016)中 3 个子系统为建筑群子系统、干线子系统和配线子系统,即建筑群子系统把分布层的各交换设备连接到核心层的交换设备上,干线子系统把各接入层的交换设备连接到本楼宇分布层的交换设备上,配线子系统把工作区的信息插座和接入层的交换设备的端口上。

在进行综合布线系统缆线的选择时,首先需要考虑用户需求;其次再考虑传输距离;最后考虑成本。

在任务 1 中已经介绍过,综合布线系统的对象分为两大类:一类是单幢建筑物,大都采用二层网络结构;另一类是由若干建筑物组成的建筑群,大都采用三层网络结构,在信息点较少的情况下也可采用二层网络结构。建筑群综合布线系统就是单幢建筑物综合布线系统和建筑群子系统的合集。

表 3.10 列出了单幢建筑物各子系统缆线的选择。表 3.11 列出了建筑群各子系统缆线的选择。

表 3.10 单幢建筑物各子系统缆线的选择

用户需求	干线子系统		配线子系统		信道技术方案
	带宽/速率	缆线	带宽/速率	缆线	
主干万兆,千兆到桌面	万兆	单/多模光缆	千兆	单/多模光缆	光缆
			千兆	6 类 UTP	光缆+电缆
	万兆	6_A 类对绞电路	千兆	6 类 UTP	电缆
主干万兆,百兆到桌面	万兆	单/多模光缆	百兆	单/多模光缆	光缆
			百兆	5e/6 类 UTP	光缆+电缆
	万兆	6_A 类对绞电缆	百兆	5e/6 类 UTP	电缆
主干千兆,百兆到桌面	千兆	单/多模光缆	百兆	5e/6 类 UTP	光缆+电缆
	千兆	$6/6_A$ 类对绞电缆	百兆	5e/6 类 UTP	电缆
主干百兆,百兆到桌面	百兆	单/多模光缆	百兆	5e/6 类 UTP	光缆+电缆
	百兆	$5e/6/6_A$ 类对绞电缆	百兆	5e/6 类 UTP	电缆

表 3.11 建筑群各子系统缆线的选择

用户需求	建筑群子系统		干线子系统		配线子系统		信道技术方案
	带宽/速率	缆线	带宽/速率	缆线	带宽/速率	缆线	
主干万兆,千兆到桌面	万兆	单模光缆	万/千兆	单/多模光缆	千兆	单/多模光缆	光缆
			万/千兆	单/多模光缆	千兆	6 类 UTP	光缆+光缆+电缆
			万/千兆	6_A 类 UTP	千兆	6 类 UTP	光缆+电缆+电缆
			千兆	6 类 UTP	千兆	6 类 UTP	光缆+电缆+电缆
	万兆	多模光缆	万/千兆	多模光缆	千兆	6 类 UTP	光缆+光缆+电缆
			万/千兆	6_A 类 UTP	千兆	6 类 UTP	光缆+电缆+电缆
			千兆	6 类 UTP	千兆	6 类 UTP	光缆+电缆+电缆
主干万兆,百兆到桌面	万兆	单模光缆	万/千兆	单/多模光缆	百兆	单/多模光缆	光缆
			万/千兆	单/多模光缆	百兆	5e/6 类 UTP	光缆+光缆+电缆
			万/千兆	6_A 类 UTP	百兆	5e/6 类 UTP	光缆+电缆+电缆
			千兆	6 类 UTP	百兆	5e/6 类 UTP	光缆+电缆+电缆
	万兆	多模光缆	万/千兆	单/多模光缆	百兆	单/多模光缆	光缆
			万/千兆	多模光缆	百兆	5e/6 类 UTP	光缆+光缆+电缆
			万/千兆	6_A 类 UTP	百兆	5e/6 类 UTP	光缆+电缆+电缆
			千兆	6 类 UTP	百兆	5e/6 类 UTP	光缆+电缆+电缆

续表

用户需求	建筑群子系统		干线子系统		配线子系统		信道技术方案
	带宽/速率	缆线	带宽/速率	缆 线	带宽/速率	缆 线	
主干千兆,百兆到桌面	千兆	单模光缆	千兆	单/多模光缆	百兆	单/多模光缆	光缆
			千兆	单/多模光缆	百兆	5e/6 类 UTP	光缆＋光缆＋电缆
			千兆	6/6_A 类 UTP	百兆	5e/6 类 UTP	光缆＋电缆＋电缆
			百兆	5e/6 类 UTP	百兆	5e/6 类 UTP	光缆＋电缆＋电缆
	千兆	多模光缆	千兆	多模光缆	百兆	多模光缆	光缆
			千兆	6/6_A 类 UTP	百兆	5e/6 类 UTP	光缆＋电缆＋电缆
			百兆	5e/6 类 UTP	百兆	5e/6 类 UTP	光缆＋电缆＋电缆

3.3.2　全光缆布线方案

由表 3.10 和表 3.11 可以看到,综合布线系统选用缆线的技术方案有全光缆布线方案、光缆＋电缆布线方案和全电缆布线方案等几种,首先介绍全光缆布线方案。

1．全光缆布线方案结构图

在智能建筑或建筑群的综合布线系统中,所有缆线全部采用光纤光缆的布线方案组成了光纤信道。在建筑群子系统、干线子系统、配线子系统分别采用不同模式、不同芯数的光纤光缆。

光纤信道的构成和连接方式可参考 3.2.3 小节的图 3.11~图 3.13。

2．全光缆布线方案的缆线长度

综合布线系统在网络的应用中,可选择不同类型的电缆和光缆,因此,在相应的网络中所能支持的传输距离是不相同的。在表 3.3 和表 3.4 中分别列出光纤在 100M、1G、10G 以太网中支持的传输距离(两个有源设备之间的最大距离),仅供设计者参考。

3.3.3　光缆＋电缆布线方案

光缆＋电缆布线方案有三层网络结构和二层网络结构两种。其中,三层网络结构有光缆(建筑群子系统)＋光缆(干线子系统)＋电缆(配线子系统)、光缆(建筑群子系统)＋电缆(干线子系统)＋电缆(配线子系统)两种。二层网络结构为光缆(干线子系统)＋电缆(配线子系统)。

1．光缆＋光缆＋电缆布线方案

在表 3.13 和表 3.14 中可以看到,光缆＋光缆＋电缆布线方案也就是在建筑群子系统和干线子系统采用光缆,在配线子系统采用电缆。这时整个综合布线系统会设有 1~2 个设备间作为网络中心机房及分机房,其余各楼宇不单独设设备间,而是将给楼宇的 BD 配线设备和交换设备放置在楼宇中间层次的电信间,也就是将 BD 和 FD 合并使用,如图 3.5 所示。

在选择光缆建筑物干线光缆、建筑群干线光缆的类型时参考表 3.3 和表 3.4,根据网络类型选择合适的光缆类型。

和 3.3.2 小节全光缆布线方案中不同的是配线子系统,在这里配线子系统采用对绞电缆,也就是采用了铜缆综合布线系统,其长度限制等请参看 3.2.4 小节。

2．光缆＋电缆＋电缆布线方案

同样在表 3.10 和表 3.11 中可以看到,光缆＋电缆＋电缆布线方案也就是在建筑群子系统采用光缆,在干线子系统和配线子系统采用电缆。这时整个综合布线系统会设有 1~2 个设备间作为网络中心机房及分机房,其余各楼宇不单独设设备间,而是将给楼宇的 BD 配线设备和交换设备放置在楼宇中间层次的电信间,也就是将 BD 和 FD 合并使用。其网络拓扑图和图 3.5 类似。

所不同的是建筑物干线子系统采用电缆,这样除了在兼作 BD 的电信间需要光纤终端盒外,其他电信间不需要光纤终端盒。建筑物干线电缆可以采用多条 4 对对绞电缆,也可选用大对数电缆。

3. 光缆＋电缆布线方案

光缆＋电缆布线方案通常在一幢建筑物中使用,没有建筑群子系统。其网络拓扑图如图 3.20 所示的上部建筑物 A。

图 3.20　光缆＋电缆综合布线系统布线方案

3.3.4　全电缆布线方案

全电缆布线方案通常使用在一幢建筑物或特大型的智能化建筑,即当建筑物是主楼带附楼结构。

如果是一幢建筑物,通常为二层网络结构,干线子系统和配线子系统全部采用双绞线电缆。如果是一幢建筑物是主楼带附楼结构,则也可采用三层网络结构,即建筑群子系统、建筑物干线子系统、配线子系统。

建筑群子系统、建筑物干线子系统、配线子系统全部采用电缆,缆线的长度限制可参考 3.2.5 小节。

习　题

一、选择题

1. 50/125μm 多模光纤传输 1Gbps 网络的最长传输距离是( )m。

　A. 500　　　　　　B. 550　　　　　　C. 2000　　　　　　D. 5000

2. 62.5/125μm 多模光纤传输 1Gbps 网络的最长传输距离是( )m。

　A. 500　　　　　　B. 550　　　　　　C. 2000　　　　　　D. 5000

二、思考题

1. 综合布线系统中,信道和链路有何区别?

2. 在综合布线系统中,光纤系统信道分为几个级别?

3. 综合布线系统中铜缆系统信道分为几个级别?

4. 综合布线系统设计时各子系统的布线距离有什么限制? 和采用的网络应用系统有什么关系?

5. 综合布线系统应如何选用布线器件?

6. 屏蔽系统和非屏蔽系统相比有哪些优势?

7. 在综合布线系统中如何选择屏蔽系统或非屏蔽系统?

8. 在综合布线系统中如何选择 5e 类或 6 类布线系统?

9. 在综合布线系统中如何选择对绞电缆或光纤系统?

三、实训题

实地考察你所在的学校的校园网综合布线系统中光纤链路采用了哪些种类的光纤及其连接器。

综合布线系统设计

4.1 任务描述

综合布线系统设计是整个网络工程建设的蓝图和总体框架结构。综合布线系统按照工作区、配线子系统、干线子系统、建筑群子系统、设备间、进线间和管理 7 部分进行设计。

首先需要了解组成综合布线系统设计的工作区、配线子系统、干线子系统、建筑群子系统、设备间、进线间和管理 7 部分等主要内容。

4.2 相关知识

4.2.1 综合布线系统设计流程

网络综合布线系统设计是整个网络工程建设的蓝图和总体框架结构,网络方案的质量将直接影响到网络工程的质量和性价比。那么在设计综合布线系统方案时,应该遵循什么样的设计原则? 从哪里入手呢?

1. 综合布线系统设计原则

综合布线系统以一套单一的配线系统,可以综合通信网络、信息网络及控制网络,以协助解决所面临的多种业务设备配线上的不便,并为未来的综合业务数字网络和宽带业务应用打下基础,有着极其广阔的应用前景。

综合布线系统设计一般以《综合布线系统工程设计规范》(GB 50311—2016)的要求,结合行业其他规范来设置设计综合布线系统,其基本原则主要包括以下内容。

(1)综合布线系统的设施及管线的建设,应纳入建筑与建筑群相应城区的规划之中。对于园区还应将综合布线的管网纳入规划的综合管线统一考虑,以做到资源共享。在土木建筑、结构的工程设计中对综合布线信息插座箱体的安装、管线的敷设、电信间、设备间的面积需求和场地设置都要有所规划,防止今后增设或改造时造成工程的复杂和费用的浪费。

(2)综合布线系统工程在建筑改建、扩建中要区别对待,设计时既要考虑实用,又要兼顾发展,在功能满足需求的情况下,尽量减少工程投资。

(3)综合布线系统应是开放式结构,应能支持语音、数据、图像及监控等系统的需要,宜与大楼的信息网络、通信网络、设备监控与管理等系统统筹规划。

(4)综合布线工程设计时,应根据工程项目的性质、功能、环境条件和近、远期的通信业务,计算机网络拓扑结构,建筑智能化系统等用户需求进行设计,所选用各类产品的单项指标应高于系统指标。

（5）为了便于管理、维护和扩充,综合布线系统的设计均应采用符合国家或国际标准的网络通信产品。除应符合国家标准外,还必须符合国家现行的相关强制性或推荐性标准规范的规定。

（6）综合布线系统应采用星型/树型结构,用层次管理原则,同一级节点之间应避免线缆直接连通。建成的网络布线系统应能根据实际需求变化,进行各种组合和灵活配置,方便地改变网络应用环境,所有的网络形态可以借助跳线完成。

（7）综合布线系统作为建筑的公共电信配套设施在建设期应考虑一次性投资建设,能适应多家电信业务经营者提供通信与信息业务服务的需求,保证电信业务在建筑区域内的接入、开通和使用;使得用户可以根据自己的需要,通过对入口设施的管理选择电信业务经营者,避免造成将来建筑物内管线的重复建设而影响到建筑物的安全与环境。因此,在管道与设施安装场地等方面,工程设计中应充分满足电信业务市场竞争机制的要求。

2. 综合布线系统设计流程

对于一个综合布线系统工程,用户单位总是要有使用目的和需求,但用户单位不设计、不施工,因此设计人员要认真、详细地了解工程项目的实施目标和要求。应根据建筑工程项目范围来设计。通常,设计一个合理的综合布线系统一般有以下几个步骤。

1）用户需求分析

通常,一个单位或一个部门要建设计算机网络总有自己的目的,也就是说要解决什么样的问题。用户(建设方)的问题往往是实际存在的问题或是某种要求。建设方在提出综合布线系统需求的时候,受自身经验和知识等方面的限制,往往是求大、求全、求新。事实证明,这样做会带来投资规模超出控制,最后完成的系统不能满足实际使用需求等很多问题。综合布线系统是一项精密的系统工程,各个组成部分必须紧密地、有机地结合在一起,必须采取正确的方法才能获得合理的用户需求。

（1）确定工程实施的范围,主要包括以下内容。

- 实施综合布线系统工程的建筑物数量。
- 各建筑物的各类信息点数量及分布情况。
- 各建筑物电信间和设备间的位置。
- 整个建筑群中心机房的位置。

（2）确定系统的类型。确定本工程是否包括计算机网络通信、电话语音通信、有线电视系统、闭路视频监控等系统,并要求统计各类系统信息点的分布和数量。

（3）确定各类信息点接入要求,主要包括以下内容。

- 信息点接入设备类型。
- 未来预计需要扩展的设备数量。
- 信息点接入的服务要求。

（4）确定系统业务范围,主要包括以下内容。

- 确定用户所需服务器的容量,并估算该部门的信息量,从而确定服务器。
- 确定选择网络操作系统。
- 确定选择网络服务软件,如 Web、E-mail、FTP、视频等。

2）了解地理布局

对于地理位置布局,工程施工人员必须到现场查看,其中要注意的要点有以下几个。

- 用户数量及其位置。
- 任意两个用户之间的最大距离。
- 在同一楼内,用户之间的从属关系。
- 楼与楼之间布线走向,楼层内布线走向。
- 用户信息点数量和安装的位置。
- 建筑物预埋的管槽分布情况。
- 建筑物垂直干线布线的走向。
- 配线(水平干线)布线的走向。
- 特殊布局要求或限制。
- 与外部互联的需求。
- 设备间所在的位置。
- 设备间供电问题与解决方式。
- 电信间所在位置。
- 电信间供电问题与解决方式。
- 进线间所在位置。
- 交换机供电问题与解决方式。
- 对工程施工材料的要求。

3）获取工程相关的资料

要尽可能全面地获取工程相关的资料,包括:

（1）了解用户设备类型：要确定用户有多少,目前个人计算机有多少台,将来最终配置多少台个人计算机,需要配些什么设备,数量等问题。

（2）了解网络服务范围,包括以下内容。

- 数据库、应用程序共享程度。
- 文件的传送存取。
- 用户设备之间的逻辑连接。
- 网络互联(Internet)。
- 电子邮件。
- 多媒体服务要求程序。

（3）通信类型,主要包括以下内容。

- 数字信号。
- 视频信号。
- 语音信号(电话信号)。
- 通信是否是 X.25 分组交换网。
- 通信是否是数字数据网(DDN)。
- 通信是否是帧中继网。
- 通信是否是综合业务数字网(ISDN)。

- 是否包括多服务访问技术虚拟专用网(VPN)。

(4) 网络拓扑结构,选用星型网络拓扑结构、总线型网络结构或其他结构。

(5) 网络工程经费投资,包括以下内容。

- 设备投资(硬件、软件)。
- 网络工程材料费用投资。
- 网络工程施工费用投资。
- 安装、测试费用投资。
- 培训与运行费用投资。
- 维护费用投资。

4) 实地考察现场或获取建筑物平面图

一个好的网络方案,必须通过实地考察,确定建筑群的中心机房、各建筑物的设备间位置,以中心机房进行建筑群缆线的估算,以设备间为中心,进行缆线长度的估算,垂直干线的估算,以及缆线到工作区的路由选择等,从而建立起完整的系统结构。

5) 设计网络拓扑结构,确定系统结构

根据用户的具体需求,结合现场实际和设备间的位置,设计网络拓扑结构。现在的网络拓扑结构,一般为星型网络拓扑结构,比较复杂的网络布线,可以采用全光纤或光纤+电缆的组合布线方案,在 4.2.1 小节已经介绍过。

6) 进行可行性论证

在可行性论证时,必须注意环境是否可行,性价比是否最优,从而选择一个技术先进、经济合理的系统方案。

7) 绘制综合布线施工图

方案经过论证后可行,就要按照方案绘制出施工图,方便施工人员现场的组织施工。

8) 编制综合布线材料预算清单

根据设计方案,首先进行材料数量计算,例如,对绞电缆需要多少箱,模块需要多少个,面板需要多少,光纤需要多少米,电缆配线架、光缆配线架、机柜等各需要多少。其次进行品牌选择,如 AMP、康普、IBDN 等;再根据各个厂家的产品供货价,编制出材料预算清单。最后根据最新的施工定额,进行施工费用的计算,得出工程的费用清单。

一个完善而又合理的综合布线系统,其目标是,在既定时间以内,允许在有新需求的集成过程中,不必再去进行水平布线,以免损坏建筑装饰而影响美观。

4.2.2　工作区子系统设计

1. 工作区子系统的设计范围

在综合布线系统中,一个独立的、需要设置终端设备的区域宜划分为一个工作区。工作区是指办公室、写字间、工作间、机房等需要电话和计算机等终端设施的区域。

工作区由终端设备连接到配线子系统的信息插座之间的连线组成,应包括信息插座模块(TO)、终端设备处的连接缆线及适配器。

目前,建筑物的功能类型较多,大体上可以分为办公、文化(图书馆、文化馆、档案馆)、博物馆、商店、旅馆、观演(剧场、电影院、广电电视业务)、体育、会展、金融、医疗、教育、交通和通用工业建筑等类型,因此,工作区面积划分应根据应用的场合做具体的分析后确定,工作区面积划分可参照表 4.1 所示的内容。

表 4.1 工作区面积划分

建筑物类型及功能	工作区面积/m²
网管中心、呼叫中心、信息中心等终端设备较为密集的场地	3～5
办公区	5～10
会议、会展	10～60
商场、生产机房、娱乐场所	20～60
体育场馆、候机室、公共设施区	20～100
工业生产区	60～200

注：① 对于应用场合，如终端设备的安装位置和数量无法确定时或使用彻底为大客户租用并考虑自设置计算机网络时，工作区面积可按区域(租用场地)面积确定。

② 对于 IDC 机房(为数据通信托管业务机房或数据中心机房)可按生产机房每个配线架的设置区域考虑工作区面积。对于此类项目，涉及数据通信设备的安装工程，应单独考虑实施方案。

为了满足不同功能与特点的建筑物的需求，综合布线系统工作区面积划分与信息点配置数量可参照 GB/T 50311—2016 中内容。由于篇幅所限，在此仅列出常用的 3 种建筑物工作区面积划分与信息点配置，参见表 4.2～表 4.4。

表 4.2 办公建筑工作区面积划分与信息点配置

项 目		办 公 建 筑	
		行政办公建筑	通用办公建筑
每一个工作区面积/m²		5～10	5～10
每一个用户单元区域面积/m²		60～120	60～120
每一个工作区信息插座类型与数量	RJ-45	一般：2 个；政务：2～8 个	2 个
	光纤到工作区 SC 或 LC	2 个单工或 1 个双工或根据需要设置	

表 4.3 教育建筑工作区面积划分与信息点配置

项 目		教 育 建 筑		
		高 等 学 校	高 级 中 学	初级中学或小学
每一个工作区面积/m²		办公：5～10；教室：30～50；多功能教室：20～50；实验室：20～50；公共区域：30～120；公寓、宿舍：每一套房/每一个床位	办公：5～10；教室：30～50；多功能教室：20～50；实验室：20～50；公共区域：30～120；公寓、宿舍：每一个床位	办公：5～10；教室：30～50；多功能教室：20～50；实验室：20～50；公共区域：30～120；宿舍：每一套房
每一个用户单元区域面积		公寓	公寓	—
每一个工作区信息插座类型与数量	RJ-45	2～4 个	2～4 个	2～4 个
	光纤到工作区 SC 或 LC	2 个单工或 1 个双工或根据需要设置		

表 4.4　住宅建筑工作区面积划分与信息点配置

项　目		住 宅 建 筑
每一个房屋信息插座 类型与数量	RJ-45	电话：客厅、餐厅、主卧、次卧、厨房、卫生间各 1 个；书房 2 个 数据：客厅、餐厅、主卧、次卧、厨房各 1 个；书房 2 个
	同轴	有线电视：客厅、主卧、次卧、厨房各 1 个
	光纤到桌面 SC 或 LC	根据需要，客厅、书房各 1 个双工
光纤到住宅用户		满足光纤用户要求，每一用户配置一个家具配线箱

2．工作区适配器的选用原则

信息插座必须具有开放性，即能兼容多种系统的设备连接要求。一般来说，工作区应安装足够的信息插座，以满足计算机、电话机、电视机等终端设备的安装使用。例如，工作区配置 RJ-45 信息插座以满足计算机连接，配置 RJ-11 以满足电话机和传真机等电话话音设备的连接，配置有线电视 CATV 插座以满足电视机连接。随着三网融合的技术实施，语音、数据和视频将被统一为一种接口，即 RJ-45 信息插座。

一般来讲，工作区的电话和计算机等终端设备可用跳接线直接与工作区的信息插座相连接，但当信息插座与终端连接电缆不匹配时，需要选择适当的适配器或平衡/非平衡转换器进行转换，才能接到信息插座上。工作区适配器的选用应符合下列要求。

（1）设备的连接插座应与连接电缆的插头匹配，不同的插座与插头之间互通时应加装适配器。

（2）在连接使用信号的数/模转换、光/电转换、数据传输速率转换等相应的装置时，应采用适配器。

（3）对于网络规程的兼容，应采用协议转换适配器。

（4）各种不同的终端设备或适配器均应安装在工作区的适当位置，并应考虑现场的电源与接地。

3．工作区子系统的设计步骤

工作区子系统设计步骤

工作区是综合布线系统不可缺少的一部分，尽管工作区布线很简单，一般纳入综合布线系统范畴，但工作区的设计是后续各部分设计的基础，因此是十分重要的。

工作区在设计时的步骤一般为首先与用户进行充分技术交流，了解建筑物的用途；其次进行工作区信息的统计；最后确定工作区信息点的位置。

步骤 1：用户信息需求的调查和分析。综合布线系统工程用户需求的调查、分析主要是针对信息点(通信引出端)的数量、位置以及通信业务需要进行的，如果建设单位能够提供工程中所有信息点的翔实资料，且能够作为设计的基本依据，可不进行这项工作。通常，对于不同的综合布线系统，其建设规模、使用功能、业务性质、人员数量、组成成分以及对外联系的密切程度都会有所区别。因此，用户需求的调查、预测是一项非常复杂，又极为细致、烦琐的工作。

用户信息调查、分析的结果是综合布线系统规划设计的基础数据，它的准确和详尽程度将会直接影响综合布线系统的网络结构、缆线分布、设备配置以及工程投资等一系列重要问题。

综合布线系统工程的用户需求调查、分析的主要内容包含以下内容。

（1）用户信息点的种类。

（2）用户信息点的数量。

（3）用户信息点的分布情况。

（4）原有系统的应用及分布情况。

（5）设备间的位置。

（6）进行综合布线施工建筑物的建筑平面图以及相关管线分布图。

需求分析首先从整栋建筑物的用途开始；其次按照楼层进行分析；最后到楼层的各个工作区或者房间，逐步明确和确认每层和每个工作区的用途与功能，分析这个工作区的需求，规划工作区的信息点数量和位置。

需要注意的是，目前的建筑物往往有多种用途和功能。例如，一幢 12 层的教学主楼，1～7 层为多媒体教室，8～12 层为学院行政机关办公室。又如，一幢 18 层的写字楼，地下 1 层为停车场，1、2 层为商铺，3、4 层为餐厅，5～11 层为写字楼，12～18 层为宾馆。

步骤 2：与用户进行技术交流。在前期用户需求分析的基础上，与用户进行技术交流。包括用户技术负责人、项目或行政负责人。进一步了解用户的需求，特别是未来的发展需求。在交流中，要重点了解每个房间或者工作区的用途，工作区域、工作台位置、设备安装位置等详细信息，并做好详细的书面记录。

步骤 3：阅读建筑物图纸和工作区编号。索取和阅读建筑物设计图纸，通过阅读建筑物图纸掌握建筑物的土建结构、强电路径、弱电路径，特别是主要电气设备和电源插座的安装位置，重点了解在综合布线路径上的电气设备、电源插座、暗埋管线等。在阅读图纸时，进行记录或标记，这有助于将信息插座设计在合适的位置，避免强电或电气设备对综合布线系统的影响。

为工作区信息点命名和编号是非常重要的一项工作，命名首先必须准确表达信息点的位置或者用途，要与工作区的名称相对应，这个名称从项目设计开始到竣工验收以及后续维护要一致，如果在后续使用中改变了工作区名称或者编号，必须及时制作名称变更对应表，作为竣工资料保存。

步骤 4：工作区信息点的配置。在表 4.1 中已经根据建筑物的用途不同，划分了工作区的面积。每个工作区需要设置一个数据点和电话点，或者按用户需要设置。也有部分工作区需要支持数据终端、电视机及监视器等终端设备。

每一个工作区（或房间）信息点数量的确定范围比较大，从现有的工程实际应用情况分析，有时有 1 个信息点，有时可能会有 10 个信息点；有时只需铜缆信息模块，有时还需预留光缆备份的信息插座模块。

每个工作区信息点数量可按用户的性质、网络构成和需求来确定。表 4.5 中列出一些分类，仅提供给设计者参考。具体可参考 GB/T 50311—2016。

表 4.5　信息点数量配置

建筑物功能区	信息点数量（每一工作区）			备　　注
	电　话	数　据	光纤（双工端口）	
办公区（一般）	1 个/区	1 个/区		包括写字楼集中办公
办公区（重要）	1 个/区	2 个/区	1 个/区	对数据信息有较大的需求，如网管中心、呼叫中心、信息中心
出租或大客户区	2 个或 2 个以上	2 个或 2 个以上	1 个或 2 个以上	指整个区域配置量
办公区（政务工程）	2～5 个/区	2～5 个/区	1 个/区或 1 个/区以上	涉及内外网时

　　单个工作区至少应提供两个 TO;第一个 TO 应按要求端接四对平衡线缆;第二个 TO 可能是按要求端接的光纤或按要求端接的四对平衡线缆;每个 TO 应具有用户可见的永久标识。

　　用于端接 5 类、6 类、6_A 类和 8.1 类四对平衡线缆的信息点应采用 8 位模块通用插座(RJ-45),用于端接 7 类、7_A 类和 8.2 类四对平衡线缆的信息点应采用 8 位 GG-45 插座。用于端接光纤的信息点宜采用 SFF 小型光纤连接器及适配器。

　　除了工作区的信息点配置外,还应考虑工程所需的各项服务。

　　(1) 访问控制。

　　① 门禁管理:为了能够与访问控制系统通信,在建筑物的每个门上方宜预留至少一个 TO,宜放置在房间里(例如,安装在门禁系统的安全侧)。

　　② 监控摄像机:监控摄像机有两个基本目的:调查和威慑。TO 宜安装在:a. 建筑物中的部分或全部出入口。b. 建筑物内的独立区域过渡点。c. 重要业务、高风险或高价值区域。d. 建筑物内部或外部的偏僻区域。

　　在规划室外监控摄像机时,在建筑物的每个外立面宜至少安装一个 TO。若有条件的情况下,TO 宜安装在室内。如果摄像机需要额外的照明,宜额外增加 TO。

　　③ 考勤监控:为了方便考勤管理,在员工入口处宜安装至少一个 TO。

　　(2) 防盗报警。为了支持防盗报警系统,TO 宜安装在建筑物的每个开口处(即门或窗),以及建筑物内的主要走道和建筑物内划分的独立区域。

　　(3) 射频识别。为方便 RFID 系统使用,宜为每个天线至少预留一个 TO。根据系统的粒度,天线通常被放置在房间门上或楼宇区域之间。

　　(4) 音视频。

　　① 音频。为方便使用音响和音乐系统,宜在多人工作场所预留至少一个 TO。

　　② 视频。在所有会议室,宜至少预留两个 TO 用于视频或网络转换连接投影仪。

　　(5) 楼宇信息系统。

　　① 中央时钟系统。为方便中央时钟系统的工作,宜在多人工作场所预留至少一个 TO。

　　② 电子指示牌。对于通用电子指示牌,TO 宜设置在接待区或楼内区域过渡带;对于会议室的电子指示牌,TO 宜在楼宇内的每个会议室外设置一个。

　　③ 分布式传感器系统。为了能够监控到建筑物内的空间和房间,传感器宜放置在能覆盖建筑物空间的每个网格中。网格划分宜足够密集,以便能提供空间使用的详细信息。建议每个网格的半径为 1.5~3m。

　　(6) 环境控制。

　　① 加热和冷却。为了监控温度,每个房间宜至少安装一个 TO。

　　② 窗户和百叶窗控制。为了进行对窗户和百叶窗的开合的监控,宜在楼宇的每个窗户上安装一个 TO。

　　③ 湿度监控。为了监控湿度,每个房间宜至少安装一个 TO。

　　④ 气流监测。为监测 HVAC 系统中的气流,宜在每个风门位置放置一个 TO。

　　⑤ 空气质量监控。为了监控空气质量,通常需要在每个房间内部署二氧化碳传感器。每个房间宜至少安装一个 TO。

　　⑥ 气象站。为了能够部署气象站以监视外部条件,并为其他系统(如供热通风与空气调节 HVAC、百叶窗)提供数据,宜至少安装一个 TO。

（7）共享信息技术服务。

① 无线访问点。连接到 TO 的无线访问点（WAP）为两个不同的网络应用提供接口，包括线缆支持的应用和服务于特定区域的无线应用。

TO 的数量和放置位置宜保证半径 12m 的最大覆盖区域网格内的连接。

TO 可以放置在与接入点分布不同类型的网格上（如正方形网格）。

② 分布式天线系统。可以安装 DAS 为以下应用建立室内覆盖。为了确保 DAS 提供良好的服务水平，室内信号应超过楼宇外部的信号。因此，应将支持 DAS 的 TO 放置在楼宇的外围，如果需要，宜在楼宇内部安装其他 TO。

③ 室内定位系统。定位系统通常依赖 WAP、RFID 或近场通信（NFC）等无线技术和三角测量；因此，为了始终保证至少三个天线的连接，需要一个密集的天线网络。

步骤5：工作区信息点点数统计。工作区信息点点数统计表简称点数表，是设计和统计信息点数量的基本工具与手段。在需求分析和技术交流的基础上，首先确定每个房间或者区域的信息点位置和数量，然后制作和填写点数统计表。点数统计表首先是按照楼层；其次是按照房间或者区域逐层逐房的规划和设计网络数据、光纤口、语音信息点数；最后把每个房间规划的信息点数量填写到点数统计表对应的位置。每层填写完毕，就能够统计出该层的信息点数，全部楼层填写完毕，就能统计出该建筑物的信息点数。

点数统计表能够一次准确、清楚地表示和统计出建筑物的信息点数量。点数表的格式如表 4.6 所示。房间按照行表示，楼层按照列表示。

表 4.6　建筑物网络综合布线信息点点数统计表

楼层编号	房间或者区域编号										数据点数合计	光纤点数合计	语音点数合计	信息点数合计
	01			03			...		09					
	数据	光纤	语音	数据	光纤	语音		数据	光纤	语音				
16 层	2		2	2					3					
		1												
15 层														
⋮														
1 层														
合计														

在填写点数统计表时，从楼层的第一个房间或者区域开始，逐间分析需求和划分工作区，确认信息点数量和大概位置。在每个工作区首先确定网络数据信息点的数量；其次考虑电话语音信息点的数量，同时还要考虑其他控制设备的需要，例如，在门厅和重要办公室入口位置考虑设置指纹考勤机、门警系统网络接口等。

根据点数统计表计算出每层支持语音（电话）的信息点的数量（用 T_{pn} 来表示）和每层支持数据（计算机）的信息点的数量（用 T_{dn} 来表示），并由此得出建筑物内支持数据的信息点的数量（T_d）和支持语音的信息点的数量（T_p）。

步骤 6：确定跳线及 RJ-45 插头所需的数量。接插跳线可以订购也可以现场压制。对于数据通信来说，一个数据信道需要两条跳线，一条用于从配线架到交换机的连接；另一条用于从信息插座到计算机的连接。

现场压制接插跳线时，RJ-45 插头的需求量一般用下述方式计算：

$$m = n \times 4 + n \times 4 \times 15\%$$

式中：m——RJ-45 插头的总需求量；

n——信息点的总量；

$n \times 4 \times 15\%$——留有的富余量。

步骤 7：确定信息插座数量。信息插座中的部件因布线系统不同而不同。就 AMP 布线系统来说，主要包括墙盒(或者地盒)、面板、信息模块。如果工作区配置单孔信息插座，那么信息插座、信息模块、面板数量应与信息点的数量相当。如果工作区配置双孔信息插座，那么信息插座、面板数量应为信息模块数量的一半。信息模块的需求量一般为

$$p = n + n \times 3\%$$

式中：p——实际需要信息模块数量；

n——信息点的总量；

$n \times 3\%$——富余量。

步骤 8：工作区信息点安装位置。

(1) 信息插座安装方式。信息插座安装方式分为嵌入式和表面安装式两种，用户可根据实际需要选用不同的安装方式以满足不同的需要。

通常情况下，新建筑物采用嵌入式安装信息插座；已建成的建筑物则采用表面安装式信息插座。另外，还有固定式地板插座、活动式地板插座，这些还应考虑插座盒的机械特性(如机械强度、抗震强度等)。

① 新建筑物。新建筑物的信息点地盒必须暗埋在建筑物的墙里，一般使用金属底盒。

② 已建成的建筑物。已建成的建筑物增加网络综合布线系统时，设计人员必须到现场勘察，根据现场使用情况具体设计信息插座的位置、数量。旧建筑物增加信息插座一般为明装86 系列插座。

(2) 信息插座安装位置。安装在房间内墙壁或柱子上的信息插座、多用户信息插座或集合点配线模块装置，其底部离地面的高度宜为 300mm，以便维护和使用。如有高架活动地板时，其离地面高度应以地板上表面计算高度，距离也为 300mm。

工作区信息点的安装位置宜以工作台为中心进行，通常有以下几种情况。

① 如果工作台靠墙布置，信息插座一般设计在工作台侧面的墙面，通过跳线直接与工作台上的计算机、电话等连接。避免信息插座远离工作台，这样网络跳线比较长，既不美观，又可能影响网络传输性能。

② 如果工作台布置在房间的中间位置，没有靠墙，信息插座一般设计在工作台下的地面，地面插座底盒低于地面。在设计时必须准确估计工作台的位置，避免信息插座远离工作台。

③ 如果是集中或者开放办公区域，即需要进行二次分割和装修的区域，宜在四周墙面设置，也可以在中间的立柱上设置。然后以每个工位的工作台和隔断为中心，将信息插座安装在地面或隔断上。目前，市场销售的办公区隔断上都预留有两个 86 系列信息插座和电源插座安装孔。

新建项目选择在地面安装信息插座时,适合在办公家具和设备到位前综合布线系统竣工,也适合工作台灵活布局和随时调整,但是地面安装信息插座施工难度大,成本高。对于办公家具已经到位的工作区,宜在隔断上安装信息插座。

④ 在大门入口或者重要办公室门口宜设计门禁系统用信息插座。在公司大门或者门厅设计指纹考勤机、电子屏幕使用的信息插座。高度宜参考设备的安装高度设置。

⑤ 会议室信息点设计。在会议主席台、发言席、投影机位置等处至少各设计 1 个信息点,便于设备的连接和使用。在会议室墙面的四周也可以考虑一些信息点。

⑥ 学生宿舍信息点设计。随着高校信息化建设的发展,学生宿舍也开始配备信息接口,以满足学生的需要。这样在设计学生公寓建设时,就要考虑信息点的布局,设置信息点的学生公寓的学生人员多为 4 人,按 1 点/人设置。一般情况下,宿舍床铺的下部为学习区,安装有课桌和衣柜等,上面为床。这样就要根据床和课桌的位置安装信息插座,宜在非承重的隔墙两面对称安装。

⑦ 学校教学楼多媒体教室。多媒体教室中信息插座一般要靠近讲台放置计算机的位置,可安装在墙面或地面。

⑧ 大厅、展厅等在设备安装区域的地面宜设置足够的信息插座。超市、商场的收银区一般都靠近柱子,应将信息插座安装在柱子上。银行营业的大厅、ATM 自助区信息插座的设置要考虑隐蔽性和安全性,不能暴露在外。

步骤 9:工作区信息点图纸设计。综合布线系统工作区信息点图纸设计是综合布线系统设计的基础工作,直接影响工程造价和施工难度,大型工程也直接影响工期,因此,工作区信息点图纸设计非常重要。在一般的综合布线系统工程设计中,不会单独设计工作区信息点布局图,而是综合在网络系统图纸中。

步骤 10:工作区电源插座的设置。工作区电源插座的设置除应遵循国家有关的电气设计规范外,还可参照表 4.7 的要求进行设计,一般情况下,每组信息插座附近宜配备 220V 电源三孔插座为设备供电,暗装信息插座与其旁边的电源插座应保持 200mm 的距离,电源插座应选用带保护接地的单相电源插座,保护接地与中性线应严格分开。

表 4.7　工作区电源插座设计要求

设计等级	总容量/ ($V \cdot A/m^2$)	插座数量/ (个/100m²)	单个插座容量/ ($V \cdot A$)	插座类型	备　　注
甲级	≥60	≥20	≥300	带有接地极扁圆孔多用插座	建筑内保护线(PE)与电源中性线严格分开
乙级	≥45	≥15	≥300		
丙级	≥35	≥10	≥300		

4.2.3　配线子系统设计

1. 配线子系统的设计范围

配线子系统又称水平布线子系统。配线子系统从工作区的信息点延伸到电信间的楼层配线设备,由工作区的信息插座模块、信息插座至电信间楼层配线设备(FD)的水平缆线、电信间楼层配线设备(FD)、设备缆线和跳线等组成。

配线子系统的布线路由遍及整个智能建筑,与每个房间和管槽系统密切相关,是综合布线系统工程量最大、最难施工的一个子系统。

因此,在设计配线子系统时,应充分考虑线路冗余、网络需求和网络技术的发展。配线子系统的设计宜最广泛支持现有的和新兴的应用,从而提供最长的工作寿命,这将最大限度地降低工作区内中断和重新布缆的高昂成本。配线子系统的设计涉及配线子系统的网络拓扑结构、布线路由、管槽设计、缆线类型选择、缆线长度确定、缆线布放、设备配置等内容。

配线子系统通常采用星型网络拓扑结构,它以电信间楼层配线设备(FD)为主节点,各工作区信息点为分节点,二者之间采用独立的线路相互连接,形成以 FD 为中心向各工作区信息点辐射的星型网络,如图 1.2 所示。

2. 配线子系统缆线选择

选择配线子系统的缆线,要根据建筑物信息的类型、容量、带宽和传输速率来确定。按照配线子系统对缆线及长度的要求,在配线子系统电信间楼层配线设备(FD)到工作区的信息点(TO)之间,对于计算机网络和电话语音系统,应优先选择 4 对非屏蔽双绞线电缆;对于屏蔽要求较高的场合,可选择 4 对屏蔽对绞电缆;对于要求传输速率高、保密性要求高或电信间到工作区超过 90m 的场合,可采用室内多模光缆(OM1、OM2、OM3、OM4)或单模光缆(OS1、OS2)直接布设到桌面的方案。

按照 GB 50311—2016 国家标准的规定,水平缆线属于配线子系统,并对缆线的长度作了统一规定,配线子系统各缆线长度应符合 3.2.4 小节图 3.10 的划分,长度应符合表 3.3 的规定。水平布缆应提供 E 级或更高信道性能。推荐使用 EA 级或以上性能等级,以支持数据速率超过 1000 兆比特的应用。水平布缆组件的选择取决于布缆系统应到达的等级要求,对绞电缆支持的应用见表 3.2,对绞电缆布线系统的分级与类别见表 3.1。

3. 水平管槽系统设计

管槽系统是综合布线系统的基础设施之一,对于新建筑物,要求与建筑设计和施工同步进行。所以,在综合布线系统总体方案决定之后,对于管槽系统需要预留管槽的位置和尺寸、洞孔的规格和数量以及其他特殊工艺要求(如防火要求或与其他管线的间距等)。这些资料要及早提交给建筑设计单位,以便建筑设计中一并考虑,使管槽系统能满足综合布线系统缆线敷设和设备安装的需要。

管槽系统建成后,与房屋建筑成为一个整体,属于永久性设施,因此,它的使用年限应与建筑物的使用年限一致。这说明管槽系统的使用年限应大于综合布线系统缆线的使用年限。这样,管槽系统的规格尺寸和数量要依据建筑物的终期需要从整体和长远角度来考虑。

管槽系统由引入管路、电缆竖井和槽道、楼层管路(包括槽道和工作区管路)、联络管路等组成。它们的走向、路由、位置、管径和槽道的规格以及与设备间、电信间等的连接,都要从整体和系统的角度来统一考虑。此外,对于引入管路和公用通信网的地下管路的连接,也要相互衔接、配合协调,不应产生脱节和矛盾等现象。

目前,常用的水平缆线敷设方法有天花板吊顶内敷设和在地板下敷设两大类。

1) 天花板吊顶内敷设缆线方式

天花板吊顶内敷设缆线方式适合于新建筑物和有天花板吊顶的已建建筑的综合布线系统工程。通常有以下 3 种。

(1) 吊顶内分区方式。吊顶内设置集合点的分区布线法适用于大开间工作环境,通过集合点将线缆布至各信息插座,比较经济灵活。集合点宜设置在检修口附近,便于更改和维护。将天花板内的空间分成若干各小区,敷设大容量电缆。从电信间利用管道或直接敷设到每个分区中心,由小区的分区中心分别把线缆经过墙壁或立柱引到信息点,也可在中心设置适配器,将大容量电缆分成若干根小电缆再引到信息点,如图4.1所示。

(2)吊顶内部布线方式。吊顶内部布线方式是指从电信间将电缆直接辐射到工作区的信息点,如图4.2所示。适合于楼层面积不大,信息点不多的一般办公室和家居环境,吊顶内缆线保护宜选用金属管或金属槽盒。

图4.1 吊顶内设置集合点的敷设方式

图4.2 吊顶内部布线方式

(3)吊顶槽盒、管道与墙内保护管相结合的敷设方式。适用于大型建筑物或布线系统较复杂的场合。设计时将槽盒安装在走廊的吊顶内,去各房间的支管适当集中敷设在检修口附近,以便于维修。一般走廊处在整个建筑物的中间位置,布线平均距离最短。因此,这种方法既便于施工,工程造价也较低,为综合布线工程普遍采用。

沿墙而下直到信息出口;或沿墙而上,在上一层楼板钻一个孔,将电缆引到上一层的信息出口,最后端接在用户的信息点上,如图4.3所示。

图4.3 吊顶内电缆槽道布线法

在弱电线槽中,能布放综合布线系统、公用天线系统、闭路电视系统及楼宇自控系统信号线等弱电缆线。但上述缆线和线槽布放时,各系统电缆束间应采用金属板隔开,也称"同槽分隔"。总体而言,工程造价较低。同时由于支管经房间内吊顶沿墙而下至信息出口,在吊顶与别的系统管线交叉施工时,减少了工程协调量。

2) 在地板下敷设缆线方式

目前,在地板下的布线方式主要有暗埋管布线法、地面线槽布线法、高架地板布线法等。可根据客观环境条件予以选用。上述几种方法既可单独使用,也可混合使用。

(1) 暗埋管布线法。地板下暗埋管布线法是将金属管道或阻燃高强度 PVC 管直接埋入混凝土楼板或墙体中,并从电信间向各信息点敷设,如图 4.4 所示。暗埋管布线法和新建筑物同时设计施工。暗管的转弯角度应大于 90°,在路径上每根暗管的转弯角度不得多于 2 个,并不应有 S 弯出现,有弯头的管道长度超过 20m 时,应设置管线过线盒装置;在有 2 个弯时,不超过 15m 应设置过线盒。

图 4.4   暗埋管布线法

设置在墙面的信息点布线路经宜使用暗埋钢管或 PVC 管,对于信息点较少的区域管线可以直接铺设到楼层的电信间机柜内,对于信息点比较多的区域先将每个信息点管线分别铺设到楼道或者吊顶上,然后集中接入楼道或者吊顶上安装的线槽或者桥架。

新建公共建筑物墙面暗埋管的路径一般有两种做法:第一种做法是从墙面插座向上垂直埋管到横梁,然后在横梁内埋管到楼道本层墙面出口,如图 4.5 所示。第二种做法是从墙面插座向下垂直埋管到横梁,然后在横梁内埋管到楼道下层墙面出口,如图 4.6 所示。

(2) 地面线槽布线法。地面线槽布线法就是由电信间出来的缆线走地面线槽到地面出线盒或由过线盒出来的支管到墙上的信息出口。由于地面出线盒和过线盒不依赖于墙或柱体直接走地面垫层,因此这种方式比较适用于大开间或需要打隔断的场合。

地面线槽布线法将长方形的线槽打在地面垫层中(垫层厚度应≥6.5cm),每隔 4~8m 设置一个过线盒或出线盒(在支路上出线盒也起分线盒的作用),直到信息出口的接线盒。地面

图 4.5　同层配线子系统暗埋管

图 4.6　不同层配线子系统暗埋管

线槽布线法如图 4.7 所示。强弱电可以走同路由相邻的线槽,而且可以接到同一出线盒的各自插座,金属线槽应接地屏蔽,这种方式要求楼板较厚,造价较贵,多用于高档办公楼。走线槽有两种规格:70 型和 50 型,其中,70 型外形尺寸为 70mm×25mm(宽×厚);50 型外形尺寸为 50mm×25mm。分线盒与过线盒有单槽、两槽和三槽三种,均为正方形,每面可接一根、两根或三根地面线槽。因为正方形有四面,过线盒均有将 2~3 个分路汇成一个主路的功能或起到 90°转弯的功能。四槽以上的分线盒都可由两槽或三槽过线盒拼接。若楼层信息点较多,应同时采用地面线槽与天花板吊顶内敷设线槽相结合的方式。

图 4.7　地面线槽布线法

(3) 预埋金属线槽与电缆沟槽结合布线法。预埋金属线槽与电缆沟槽结合布线法是地面线槽布线法的扩展,适用于大开间或需要隔断的场所,如图 4.8 所示。沟槽内电缆为主干布线路由,分束引入各预埋线槽,再在线槽上的出口处安装信息插座,不同种类的缆线应分槽或同槽分室(用金属板隔开)布放,线槽高度不宜超过 25mm,电缆沟槽的宽度宜小于 600mm。

其与地面线槽布线法相似,但其容量较大,适用于电缆条数较多的场合。缺点是安装施工难度大,造价也高。

(4) 地板下线槽布线法。地板下线槽布线法是由电线间出来的缆线走线槽到地面出线盒或墙上的信息插座,如图 4.9 所示。强弱电线槽宜分开,每隔 4~8m 或转弯处设置一个分线

图 4.8 预埋金属线槽与电缆沟槽结合布线法

盒或出线盒。这种方法可提供良好的机械性保护、减少电气干扰、提高安全性,但安装费用较贵,并增加了楼面负荷,适用于大型建筑物或大开间工作环境。

图 4.9 地板下线槽布线法

(5) 高架地板布线法。高架地板布线法和地板下线槽布线法类似,但安装费用较低,且外观良好,适用于普通办公室和家居布线,如图 4.10 所示。

3) 水平管槽路由设计

(1) 路由方式。水平配线管路主要是在各个楼层平面布置的,其分布方式主要取决于建筑结构体系、平面房间布置、楼层中信息点的密度分布(包括数量和位置)、应用业务的性质和

图 4.10　高架地板布线法

对信息的要求等因素。由于智能建筑的业务性质和使用功能有所不同,其内部房间大小和办公家具布置都有差别,所以水平配线管路的分布方式也有区别。常用的分布方式有蜂窝分布式、鱼骨分布式、梳状分布式、星状分布式等,如图 4.11 所示。

(a) 蜂窝分布式　　(b) 鱼骨分布式　　(c) 梳状分布式　　(d) 星状分布式

□—分线盒　■—插座盒　●—接线盒

图 4.11　水平配线管路常用的分布方式

在同一工程中不能简单地采用同一种分布方式,需要根据各个楼层的不同情况采用一种或多种分布方式的结合,同时还要考虑线路敷设方式的不同。水平路由设计,不但影响整个系统以后的传输性能,而且该部分所投资金在整个系统中所占比重相当大。另外,在设计时还必须仔细研究其他系统的设计图纸,如水、电、暖等的施工图纸,特别是强电系统及其他弱电系统,应该与综合布线的设计统筹考虑,以寻求最合理的走线路由,这对于节省水平缆线长度,避免、减少与其他系统的冲突是非常必要的。

(2) 路由要求。预埋管线应尽可能采用直线管道,最大限度地避免采用弯曲管道,两个端口之间应当尽可能地采用直路径。

整个管道路径 90°,拐角不能超过 2 个,整个管道路径的最大长度为 90m。当直线管道超过 30m 后仍需延长,应当设置引线盒,以便于敷设时牵引电缆。当需要采取弯曲管道时,要求每隔 15m 设置一个引线盒。另外,在 U 形弯处也必须设置引线盒。

4. 水平管槽明敷设布线方法

明敷设布线方式主要用于既没有天花板吊顶又没有预埋管槽的建筑物综合布线系统,适用于已建建筑物。在现有建筑物中选用和设计新的缆线敷设方法时,必须注意不应损害原有建筑物的结构强度和影响建筑物内部布局风格。

通常采用走廊槽式桥架和墙面线槽相结合的方式设计布线路由。通常水平布线路由从电信间的 FD 开始,经走廊槽式桥架,用支管到各房间,再经墙面线槽将缆线布放至信息插座(一般为明装)。当布放的缆线较少时,从电信间到工作区信息插座布线时也可全部采用墙面线槽方式。

图 4.12　走廊槽式桥架方式

1) 走廊槽式桥架方式

走廊槽式桥架是指将线槽用吊杆或拖臂架设在走廊的上方,如图 4.12 所示。线槽一般采用镀锌或镀彩两种金属线槽,镀锌线槽相对较便宜,镀彩线槽抗氧化性能好。

当缆线较少时也可采用高强度 PVC 线槽。槽式桥架方式设计施工方便,其最大的缺陷是线槽明敷,影响建筑物的美观。

目前,各高校校园网建设,企事业单位内部局域网建设中,老式学生宿舍、办公楼既没有预埋管道又没有天花板时,通常采用这种方式。

2) 墙面线槽方式

墙面线槽方式适用于既没有天花板吊顶又没有预埋槽管的已建建筑物的水平布线,如图 4.13 所示。墙面线槽的规格有 20mm×10mm、40mm×20mm、60mm×30mm、100mm×30mm 等型号,根据缆线的多少选择合适的线槽,主要用在房间内布线,当楼层信息点较少时也用于走廊布线,和走廊槽式桥架方式一样,墙面线槽设计施工方便,但线槽明敷影响建筑物的美观。

图 4.13　墙面线槽方式

3) 护壁板管道布线法

护壁板管道是一个沿建筑物墙壁护壁板或踢脚板以及木墙裙内敷设的金属或塑料管道,如图 4.14 所示。这种布线结构便于直接布放电缆。通常用在墙壁上装有较多信息插座的楼层区域。电缆管道的前面盖板是可活动的,插座可装在沿管道附近位置上。当选用金属管道时,电力电缆和通信电缆由连接接地的金属隔板隔离开来,可防止电磁干扰。

4) 地板导管布线法

采用这种布线方式时,地板上的胶皮或金属导管可用来保护沿地板表面敷设的裸露电缆,如图 4.15 所示。在这种方式中,电缆穿放在这些导管内,导管又固定在地板上,而盖板紧固在导管基座上。信息插座一般以墙上安装为主,地板上的信息插座应设在不影响活动的位置。地板导管布线法具有快速和容易安装的优点,适于通行量不大的区域(如各个办公室等)和不是通道的场合(如靠墙壁的区域),工程费用较低。一般不要在过道上主楼层区使用这种布线方式。

图 4.14　护壁板管道布线法

图 4.15　地板导管布线法

5. 开放型办公室布线方法

所谓大开间,是指由办公用具或可移动的隔断代替建筑墙面构成的分隔式办公环境。一般是指办公楼、综合楼等商用建筑物或公共区域大开间的场地,由于其使用对象数量的不确定性和流动性等因素,宜按开放办公室综合布线系统要求进行设计,将缆线和相关的连接件配合使用,就会有很大的灵活性,节省安装时间和费用。开放型办公室布线系统设计方案有两种:多用户信息插座设计方案和集合点设计方案。

1) 多用户信息插座设计方案

多用户信息插座(Multi-User Telecommunications Outlet,MUTO)是指将多个多种信息模块组合在一起的信息插座,处于配线子系统水平电缆的终端点,它相当于将多个工作区的信息插座集中设置于一个汇聚的箱体,完成水平电缆的集线,在业务使用时再通过工作区的设备缆线延伸至终端设备。按照从配线间到 MUTO,然后从 MUTO 到工作区设备的链路连接方式进行连接,每个 MUTO 最多管理 12 个工作区(24～36 个信息点),如图 4.16 所示。通常,多用户信息插座安装在吊顶内,然后用接插软线沿隔断、墙壁或墙柱而下,或安装在墙面或柱子等固定结构上,然后接到终端设备上。

采用多用户信息插座时,每一个多用户信息插座包括适当的备用量在内,宜能支持 12 个工作区所需的 8 位模块通用插座。

2) 集合点设计方案

集合点(CP)与多用户信息插座布线设计的不同点主要为设置位置不一样,集合点设置于水平电缆的路由位置。它相当于将水平电缆一截为二,并为此引出了 CP 链路(CP 至 FD)和 CP 缆线(CP 至 TO)的内容,而且,CP 点对于电缆/光缆链路都是适用的。FD 和任何 TO 之间允许一个 CP。CP 应仅包含无源连接硬件,且不应用于交叉连接。

在工程实施中,实际上将水平缆线分成两个阶段完成,CP 链路在前期土建施工阶段布放,CP 缆线在房屋装修时安装。

采用集合点设计时应注意以下几点。

(1) 集合点配线设备与 FD 之间水平缆线的长度应大于 15m。

(2) 集合点配线设备容量宜以满足 12 个工作区信息点需求设置。

(3) 同一个水平电缆路由不允许超过一个集合点。

图 4.16   开放型办公室布线系统设计

（4）从集合点引出的 CP 缆线应终接于工作区的信息插座或多用户信息插座上。

（5）集合点可用模块化表面安装盒（6 口、12 口）、配线架、区域布线盒（6 口）等。

（6）CP 点由无跳线的连接器件组成，在电缆与光缆的永久链路中都可以存在。

设置集合点的目的是针对那些偶尔进行重组的场合，不像多用户信息插座所针对时重组非常频繁的办公区，集合点应该容纳尽量多的工作区。

集合点配线箱目前没有定型的产品，但箱体的大小应考虑至少满足 12 个工作区所配置的信息点所连接 4 对对绞电缆的进出箱体的布线空间和 CP 卡接模块的安装空间。

3）地板布线方式

高架地板是一种模块化的活动地板，是指在建筑地板上搭立一个金属支架（固定在建筑物地板上的铝质或钢质锁定支架），在金属支架上放置一定规格的具有一定强度的木质或塑料或其他材料的方块地板，其中某些地板留有信息出口，做地盒安装时使用。典型的架空地板一般是在钢地板胶粘多层泡花木板，然后敷贴上一层磨耗层贴砖或聚乙烯贴砖。任何一块方板都能活动，以便维护检修或敷设拆除电缆。架空地板常用于计算机机房、设备间或大开间办公室。高架地板布线法如图 4.10 所示。

在架空地板下敷设线路的主要目的是适应线路及信息点位置的经常改变，要考虑防止移动通信线路时损坏缆线，因此最理想的架空地板下布线方法是使用金属（或塑料）软管，并使用活动的模块化信息安装盒。

从竖井出来的水平配线接入房间后，不用穿槽进管，而是直接甩在地板上，拉伸到地板上的信息出口即可。当然，如果地板比较潮湿（这种情况在南方省份比较多），而电缆又不具有防潮功能，那么，最好还是在电缆下面垫上一层防潮的物质，或让电缆走塑料管。

6. 配线子系统设计规定

（1）系统配置。配线子系统应根据工程提出的近期和远期终端设备的设置要求、用户性质、网络构成及实际需要确定建筑物各层（区）需要安装信息插座模块的数量及其位置，配线应留有发展余地。

① 每一个工作区信息插座模块数量不宜少于 2 个，并应满足各种业务的需求。

② 底盒数量应由插座盒面板设置的开口数确定,并应符合下列规定。

- 每一个底盒支持安装的信息点(RJ-45 模块或光纤适配器)数量不宜大于 2 个。
- 光纤信息插座模块安装的底盒大小与深度应充分考虑到水平光缆(2 芯或 4 芯)终接处的光缆预留长度的盘留空间和满足光缆对弯曲半径的要求。
- 信息插座底盒不应作为过线盒使用。

③ 工作区的信息插座模块应支持不同的终端设备接入,每一个 8 位模块通用插座应连接 1 根 4 对对绞电缆(不允许将 1 条 4 对对绞电缆的线对终接在 2 个或 2 个以上 8 位模块通用插座);每一个双工或 2 个单工光纤连接器件及适配器连接 1 根 2 芯光缆。

④ 从电信间至每一个工作区的水平光缆宜按 2 芯光缆配置。至用户群或大客户使用的工作区域时,备份光纤芯数不应小于 2 芯,水平光缆宜按 4 芯或 2 根 2 芯光缆配置。

(2) 缆线选择。在本节前面介绍过。

(3) 连接方式。电信间 FD(设备间 BD、进线间 CD)处,通信缆线和计算机网络设备与配线设备之间的连接方式应符合规定。详见 4.2.5 小节电信间设计。

(4) 信息点设置。各类功能建筑物的工作区信息点配置详见 4.1.2 小节的表 4.1~表 4.4。

(5) 缆线容量与模块。详见 4.2.5 小节。

7. 配线子系统的设计过程

配线子系统的设计,首先进行需求分析,与用户进行充分的技术交流并了解建筑物的用途;其次要认真阅读建筑物设计图纸,在工作区信息点数量和位置已确定的,并考虑与其他管线的间距的基础上,确定每个信息点的水平布线路由,根据缆线类型和数量确定水平管槽的规格。

(1) 用户需求分析。

需求分析是综合布线系统涉及的首项重要工作。配线子系统是综合布线系统中工程量最大的一个子系统,使用的材料最多、工期最长、投资最大,也直接决定了每个信息点的稳定性和传输速率。主要涉及布线距离、布线路径、布线方式和材料的选择,对后续配线子系统的施工是非常重要的,也直接影响综合布线系统工程的质量、工期,甚至影响最终工程造价。

智能化建筑每个楼层的使用功能往往不同,甚至同一楼层不同区域的功能也不相同,有多种用途和功能,这就需要针对每个楼层,甚至每个区域进行分析和设计。例如,地下停车场、商场、超市、写字楼、宾馆、教学楼、学生公寓等楼层信息点的配线子系统有非常大的区别。需求分析首先按照楼层进行分析,分析每个楼层的电信间到工作区信息点的布线距离、布线路径,逐步明确和确认每个工作区信息点的布线距离和路径。

(2) 技术交流。

在进行需求分析后,要与用户进行技术交流,这是非常必要的。由于配线子系统往往覆盖每个楼层的立面和平面,布线路径也经常与照明线路、电气设备线路、电气插座、消防线路、暖气或空调线路有多次的交叉或者平行,因此,不仅要与技术负责人进行交流,也要与项目负责人或者行政负责人进行交流。通过交流了解每个信息点路径上的电路、水路、气路和电气设备的安装位置等详细信息,做好书面记录并及时整理。

(3) 阅读建筑图纸。

通过阅读建筑物设计图纸掌握建筑物的土建结构、强电路经、弱电路径,特别是主要电气设备和电源插座的安装位置,重点了解在综合布线路径上的电气设备、电源插座、暗埋管线等。在阅读建筑图纸时,进行记录或标记,正确处理配线子系统布线与电路、水路、气路和电气设备的直接交叉或者路径冲突问题。

（4）确定缆线、槽、管的数量和类型。

① 管道利用率计算规定。

预埋暗敷的管路宜采用对缝钢管或具有阻燃性能的 PVC 管，且直径不能太大，否则对土建设计和施工都有影响。根据我国建筑结构的情况，一般要求预埋在墙壁内的暗管内径不宜超过 50mm，预埋在楼板中的暗管内径不宜超过 25mm，金属线槽的截面高度也不宜超过 25mm。

在配线子系统中，缆线必须安装在线槽或者线管内。缆线布放在线管与线槽内的管径和截面利用率，应根据不同类型的缆线做不同的选择。在管槽中敷设电缆时，应当留有一定的余量，以便于布线施工，并避免电缆受到挤压，使对绞电缆的扭绞状态发生变化，保证电缆的电气性能。在国家标准 GB/T 50311—2016 和 GB 50312—2007 中规定如下。

- 预埋线槽宜采用金属线槽，预埋或密封线槽的截面利用率应为 30%～50%。
- 敷设暗管宜采用钢管或阻燃聚氯乙烯硬质管。布放大对数主干电缆及 4 芯以上光缆时，直线管道的管径利用率应为 50%～60%，弯管道应为 40%～50%。暗管布放 4 对对绞电缆或 4 芯及以下光缆时，管道的截面利用率应为 25%～30%。
- 管道的总体容量在遇到一个 90°拐角时就要减少 15%，两个 90°拐角会使管道容量减少 30%。

② 管道内敷设缆线的数量。

可以采用管径和截面利用率的公式进行计算管道内允许敷设的缆线数量。

穿放缆线的暗管管径利用率的计算公式：

$$管径利用率 = \frac{d}{D}$$

式中：d——缆线的外径；

D——管道的内径。

在暗管中布放的电缆为屏蔽电缆(具有总屏蔽层和线对屏蔽层)或扁平型缆线(可为 2 根非屏蔽 4 对对绞电缆或 2 根屏蔽 4 对对绞电缆组合及其他类型的组合)；主干电缆为 25 对及以上，主干光缆为 12 芯及以上时，宜采用管径利用率进行计算，选用合适规格的暗管。

穿放缆线的暗管截面利用率的计算公式：

$$截面利用率 = \frac{A_1}{A}$$

式中：A——管的内截面积；

A_1——穿在管内缆线的总截面积(包括导线的绝缘层的截面)。

在暗管中布放的对绞电缆采用非屏蔽或总屏蔽 4 对对绞电缆及 4 芯以下光缆时，为了保证线对扭绞状态，避免缆线受到挤压，宜采用管截面利用率公式进行计算，选用合适规格的暗管。

可以采用以下简易公式计算应当采用的管槽尺寸：

$$N = \frac{管(槽)截面积 \times 70\% \times (40\% \sim 50\%)}{缆线截面积}$$

式中：N——容纳对绞电缆最多数量；

70%——布线标准规定允许的空间；

40%～50%——缆线之间浪费的空间。

③ 根据缆线的型号和根数决定管槽的尺寸和数量。

利用公式(长×宽)÷(3.14×R^2)×0.6 得出线数即可。其中，长×宽＝桥架面积；3.14

是圆周率 π；0.6 是填充系数（表示只估算 60% 的线量，如果 100% 表示无法穿线）；$3.14 \times R^2 =$ 单根线的面积。

标准的线槽容量计算方法为根据水平线的外径来确定线槽的容量，即缆线的横截面积之和 $\times 1.8$。计算公式为

$$\text{管材直径}^2 = \text{缆线直径}^2 \times \text{缆线根数} \times \text{因数}（\text{因数一般选 1.8，线槽留有约 35% 余量；}$$
$$\text{因数最少选 1.6，线槽最少留有约 20% 余量}）$$

④ 布线弯曲半径要求。

布线中如果不能满足最小弯曲半径要求，对绞电缆的缠绕节距会发生变化，严重时，电缆可能会损坏，直接影响电缆的传输性能。例如，在铜缆布线系统中，布线弯曲半径会直接影响回波损耗值，严重时会超过标准规定值。在光缆布线系统中，会导致高衰减。因此，在设计布线路径时，尽量避免和减少弯曲，增加电缆的弯曲率半径值。

（5）确定电缆的类型和长度。

详见 4.2.3 小节中配电子系统缆线选择。

（6）确定配线子系统的布线方案。

详见 4.2.3 小节中水平管槽系统设计、水平管槽明敷设布线方法。

（7）确定电信间配线设备配置。

详见 4.2.3 小节中配线子系统设计、4.2.5 小节电信间设计。

（8）配线子系统缆线用量计算。

① 配线子系统水平电缆用量计算。

配线子系统水平电缆各部分之间的相互关系如图 4.17 所示。

图 4.17 配线子系统水平电缆各部分之间的相互关系

根据电信间及各信息插座的位置，计算出各层配线子系统水平电缆总长度，再计算出建筑物内配线子系统水平电缆总长度及总用量。

各层配线子系统水平电缆的平均长度：

$$L_{hn} = (L_{hn1} + L_{hn2}) \div 2 + \Delta L_{C1}$$

式中：L_{hn}——第 n 层水平电缆的平均长度；

L_{hn1}——第 n 层电信间至最近信息点水平电缆的长度；

L_{hn2}——第 n 层电信间至最远信息点水平电缆的长度；

ΔL_{C1}——在电信间电缆预留长度，长度一般为 $0.5 \sim 2\text{m}$。

各层配线子系统水平电缆的总长度：

$$L_{hzn} = L_{hn} \times T_n$$

式中：L_{hzn}——第 n 层水平电缆的总长度。

建筑物内配线子系统水平电缆的总长度：

$$L_{hz} = \sum L_{hzn}$$

式中：L_{hz}——建筑物内水平电缆的总长度。

建筑物内配线子系统水平电缆的总用量：

$$X_{\mathrm{h}}=L_{\mathrm{hz}}\div305$$

式中：X_{h}——建筑物内配线子系统水平电缆的总用量(取整数值)(箱)；

      305——每箱电缆的长度(m/箱)。

② 配线子系统水平光缆用量计算。

配线子系统水平光缆各部分之间的相互关系和水平电缆类似，计算方法也一样。

4.2.4　干线子系统设计

1. 干线子系统的设计范围

干线子系统是综合布线系统中非常关键的组成部分，应由设备间与电信间的主干缆线、安装在设备间的建筑物配线设备(BD)及设备缆线和跳线等组成。两端分别连接在设备间和电信间的配线架上。它是建筑物内综合布线的主馈缆线，是建筑物设备间和电信间之间垂直布放(或空间较大的单层建筑物的水平布线)缆线的统称。

干线子系统包括：

(1) 供各条干线接线间之间的电缆走线用的竖向或横向通道。

(2) 主设备间与计算机中心间的电缆。

干线子系统宜根据通用布缆系统的服务生命周期进行设计。通常采用面向当前和可预见的应用发展作为要求来进行设计，尤其是路径和空间比较宽裕且易扩充时。当路径和空间扩充受限时，应采用比楼宇主干电缆更长期的方法，尤其是在路径访问受限的情况下。

2. 干线子系统缆线类型的选择

通常情况下应根据建筑物的结构特点以及应用系统的类型，决定所选用的干线缆线类型。在干线子系统设计时通常使用以下缆线。在干线子系统设计时通常使用多模(OM1、OM2、OM3、OM4)光纤和单模(OS1、OS2)光纤及100Ω对绞电缆[包括 4 对和大对数(25 对、50 对、100 对等)]。

主干对绞电缆应提供 A～F_A 级信道性能。给定各级别信道内所用线缆的长度应由表 3.4 所示的公式来确定。对于 D 级、E 级、E_A 级、F 级和 F_A 级，一般适用下列限值。

(1) 信道的物理长度不应超过 100m。

(2) 当信道内使用 4 个连接时，主干线缆的物理长度宜至少为 15m。

主干线缆的最大长度将取决于信道内所支持的跳线的总长度。在设计阶段期间，应设置跳线的最大长度和所要求的管理系统，以保证布缆系统工作期间不超过这些长度。

在下列场合，应首先考虑选择光缆。

- 带宽需求量较大，如银行等系统的干线。
- 传输距离较长，如园区或校园网主干线。
- 保密性、安全性要求较高，如保密、安全国防部门等系统的干线。
- 雷电、电磁干扰较强的场合，如工厂环境中的主干布线。

在性能方面光缆具有许多电缆无法比拟的优点。

3. 干线子系统的结合方式

通常，干线子系统缆线的结合方式有三种：点对点端接、分支递减端接和电缆直接端接。设计人员要根据建筑物结构和用户要求，确定采用哪些结合方法。

干线子系统
的结合方式

1) 点对点端接

点对点端接是最简单、最直接的结合方法，如图 4.18 所示。首先要选择一根对绞电缆或光缆，其容量(电缆对数或光纤芯数)可以支持一个楼层的全部信息插座需要，而且这个楼层只设一个电信间。其次从设备间引出这根电缆，经过干线通道，端接于该楼层的一个指定电信间的连接件。这根电缆到此为止,不再往别处延伸。这根电缆的长度取决于它要连往哪个楼层以及端接的电信间与干线通道之间的距离。

图 4.18　点对点端接

选用点对点端接方法,可能引起干线中的各根电缆长度各不相同(每根电缆的长度要足以延伸到指定的楼层和配线架,并留有端接的余地),而且粗细也可能不同。在设计阶段,电缆的材料清单应反映出这一情况。另外,在施工图上还应该详细说明哪根电缆接到哪一楼层和哪个电信间。

点对点端接方法可以避免使用特大对数电缆(一定程度上起到化整为零的作用)。在系统不是特别大的情况下,应首选这种端接方法。另外,该方法不必使用昂贵的绞接盒。缺点是穿过电信间的电缆数目较多。

2) 分支递减端接

分支递减端接是用一根大对数干线电缆来支持若干个电信间的通信容量,经过电缆接头保护箱分出若干根小电缆,它们分别延伸到相应的电信间,并终接于目的地的配线设备,如图 4.19 所示。

图 4.19　分支递减端接

当各电信间只用作通往二级交接间的电缆的过往点时,采用单楼层结合方法是比较合适的。也就是说,在这些电信间,没有提供端接 I/O 用的连接硬件。一根电缆通过干线通道而到达某个指定楼层,其容量足以支持该楼层所有电信间的所有连接信息插座需要。安装人员接着用一个适当大小的绞接盒把这根主电缆与粗细合适的若干根小的电缆连接起来,后者分别连往各个二级交接间。

多楼层结合方法通常用于支持 5 个楼层的信息需要(每 5 层为一组)。一根主电缆向上延伸到中间(第 3 层)。安装人员在该楼层的电信间里装上一个绞接盒,然后用它把主电缆与粗细合适的各根小电缆分别连接在一起,后者分别连往上下各两层楼。

分支递减端接方法的优点是干线中的主馈电缆总数较少,可以节省一些空间,但需要绞接盒。尽管如此,在某些场合下,分支递减端接法的成本还有可能低于点对点端接方法。

3)电缆直接端接

当设备间与计算机主机房处于不同的电信间,而且需要把语音电缆连接到设备间,把数据电缆连接到计算机机房时,可以采用电缆直接端接方法。即在设计中选取不同的干线电缆,采取各自的路由,来分别满足语音和数据的需要。相当于把语音干缆和数据干缆分开处理。可以在设备间和计算机主机房各设置一个建筑物配线设备 BD。

从设备间到主干通道与从计算机主机房到主干通道的横向通道是不一样的,但两者的垂直主干通道是一样的。一般地,把电缆或电缆组引入干线,通过干线通道下降或上升到相应的目的楼层,即到达设备间和计算机主机房。在必要时可在目的楼层的干线分出一些电缆,把它们横向敷设到各个房间,并按系统的要求对电缆进行端接。如果建筑物只有一层,没有垂直的干线通道,则可以把设备间内的端点用作计算距离的起点,然后,再估计出电缆到达二级交接间必须走过的距离。

典型的电缆直接端接如图 4.20 所示。

图 4.20　电缆直接端接

为了便于综合布线的路由管理,干线电缆、干线光缆布线的交接不应多于两次,即从楼层配线架到建筑群配线架之间只应通过一个配线架,即建筑物配线架(在设备间内)。

4. 干线缆线用量的确定

在《综合布线系统工程设计规范》(GB 50311—2016)中规定,干线子系统的设计应满足以下规定。

（1）干线子系统所需要的对绞电缆根数、大对数电缆总对数及光缆光纤总芯数，应满足工程的实际需求与缆线的规格，并应留有备份容量。

（2）干线子系统主干缆线宜设置电缆或光缆备份及电缆与光缆互为备份的路由。

（3）当电话交换机和计算机设备设置在建筑物内不同的设备间时，宜采用不同的主干缆线来分别满足语音和数据的需要。

（4）在建筑物若干设备间之间，设备间与进线间及同一层或各层电信间之间宜设置干线路由。

（5）主干电缆和光缆所需的容量要求及配置应符合规定。一般而言，在确定每层楼的干线类型和数量时，都是根据配线子系统所有的各个语音、数据、图像等信息插座的需求与数量来进行推算的。主干缆线包括大对数语音及数据电缆、多模光纤和单模光纤、4 对对绞电缆。它们的两端分别连接至 FD 与 BD 干线侧的模块，缆线与模块的配置等级与容量保持一致。

① 对于语音业务，大对数主干电缆的对数应按每 1 个电话 8 位模块通用插座配置 1 对线，并应在总需求线对的基础上预留不小于 10% 的备用线对。

② 对于数据业务，应按每台以太网交换机设置 1 个主干端口和 1 个备份端口配置。当主干端口为电接口时，应按 4 对线对容量配置，当主干端口为光端口时，应按 1 芯或 2 芯光纤容量配置。

③ 当工作区至电信间的水平光缆需延伸至设备间的光配线设备（BD/CD）时，主干光缆的容量应包括所延伸的水平光缆光纤的容量。

④ 主干缆线侧的配线设备容量应与主干缆线的容量相一致；设备侧的配线设备容量应与设备应用的光、电主干端口容量相一致或与干线配线设备容量相等，也可考虑少量冗余量，并可根据支持的业务种类选择相应连接方式的配线模块。

（6）支持数据的干线子系统光缆用量计算。

干线子系统建筑物主干线光缆各部分之间的相互关系如图 4.21 所示。

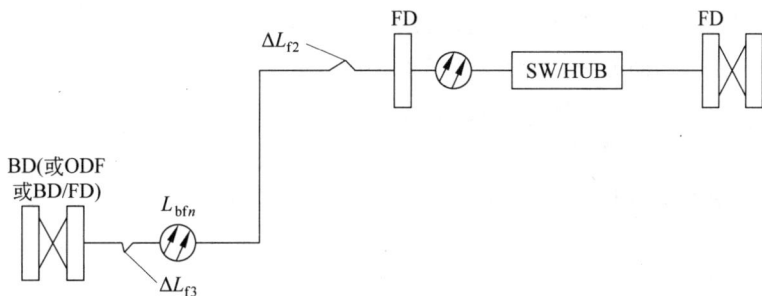

图 4.21　干线子系统建筑物主干线光缆各部分之间的相互关系

① 至各层（区）支持数据的建筑物主干光缆用量计算：

$$L_{fn} = (L_{bfn} + \Delta L_{f2} + \Delta L_{f3}) \times G_{fn}$$

式中：L_{fn}——至第 n 层（区）支持数据的干线光缆用量；

　　L_{bfn}——第 n 层（区）FD 与 BD 之间缆线路由距离；

　　ΔL_{f2}——在电信间光缆预留长度，长度一般为 3～5m；

　　ΔL_{f3}——在设备间光缆预留长度，长度一般为 3～5m；

　　G_{fn}——至第 n 层干线子系统光缆的根数。

② 建筑物内支持数据的干线子系统光缆用量计算：

$$L_f = \sum_{n=1}^{N} L_{fn}$$

式中：L_f——建筑物内支持数据的干线子系统光缆的总长度。

（7）支持数据的干线子系统 4 对对绞电缆用量计算。

支持数据的干线子系统 4 对对绞电缆各部分之间的相互关系如图 4.22 所示。

图 4.22　支持数据的干线子系统 4 对对绞电缆各部分之间的相互关系

① 至各层（区）支持数据的干线子系统 4 对对绞电缆根数计算：

$$G_{bn} = 第\ n\ 层（区）SW（或\ HUB）或\ SW\ 群（或\ HUB\ 群）的数量 + 冗余数量$$

式中：G_{bn}——第 n 层（区）支持数据的 4 对双绞线电缆的根数；

　　冗余数量——当采用 SW 群（或 HUB 群）时，每 1 个 SW 群（或 HUB 群）备用 1～2 根
　　　　　　　　4 对双绞电缆作为冗余。未采用 SW 群（或 HUB 群）时，每 2～4 台 SW
　　　　　　　　（或 HUB）备用 1 根 4 对对绞电缆作为冗余。

② 至各层（区）支持数据的干线子系统 4 对对绞电缆用量计算：

$$L_{bn} = (L_{bcn} + \Delta L_{C2} + \Delta L_{C3}) \times G_{bn}$$

式中：L_{bn}——至第 n 层（区）支持数据的 4 对双绞线电缆用量；

　　L_{bcn}——第 n 层（区）FD 与 BD 之间缆线路由距离；

　　ΔL_{C2}——在电信间光缆预留长度，长度一般为 0.5～2m；

　　ΔL_{C3}——在设备间光缆预留长度，长度一般为 3～5m；

　　G_{bn}——至第 n 层干线子系统光缆的根数。

③ 建筑物内支持数据的干线子系统 4 对对绞电缆用量计算：

$$L_b = \sum_{n=1}^{N} L_{bn}$$

式中：L_b——建筑物内支持数据的干线子系统 4 对对绞电缆的总长度。

（8）支持语音的干线子系统大对数电缆用量计算。

支持语音的干线子系统大对数电缆各部分之间的相互关系如图 4.23 所示。

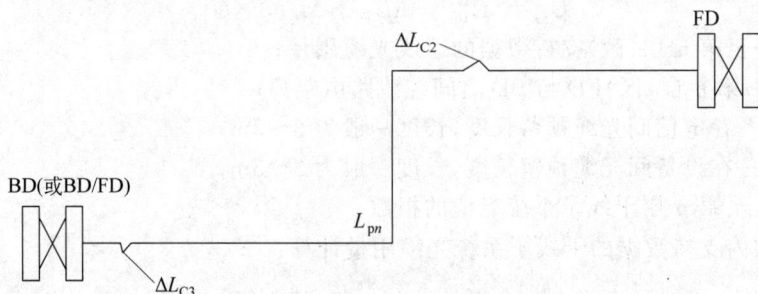

图 4.23　支持语音的干线子系统大对数电缆各部分之间的相互关系

① 至各层(区)支持数据的干线子系统 4 对对绞电缆根数计算：

$$G_{pn} = T_{pn} \times 1.1 \div 25 (\text{或 } 50 \text{、或 } 100)$$

式中：G_{pn}——至第 n 层(区)支持语音的 25 对(或 50 对、或 100 对)大对数电缆的根数,取整数值;

1.1 中的 0.1 为备份系数,一般按 10% 冗余考虑。

② 至各层(区)支持语音的干线子系统大对数电缆用量计算：

$$L_{pn} = (L_{bpn} + \Delta L_{C2} + \Delta L_{C3}) \times G_{pn}$$

式中：L_{pn}——至第 n 层(区)支持语音的 25 对(或 50 对、或 100 对)大对数电缆用量;

L_{bpn}——第 n 层(区)FD 与 BD 之间缆线路由距离;

ΔL_{C2}——在电信间光缆预留长度,长度一般为 0.5～2m;

ΔL_{C3}——在设备间光缆预留长度,长度一般为 3～5m;

G_{pn}——至第 n 层干线子系统光缆的根数。

③ 建筑物内支持数据的干线子系统大对数电缆用量计算：

$$L_p = \sum_{n=1}^{N} L_{pn}$$

式中：L_p——建筑物内支持数据的干线子系统 25 对(或 50 对、或 100 对)大对数电缆的总长度。

5. 干线子系统的布线路由设计

在建筑物若干设备间之间,设备间与进线间及同一层或各层电信间之间设置干线路由。当电话交换机和计算机设备设置在建筑物内不同的设备间时,宜采用不同的主干缆线来分别满足语音和数据的需要。

干线缆线布线路由的选择走向应选较短的、安全的路由。干线子系统的布线大多是垂直的,但也有水平的。路由的选择要根据建筑物的结构以及建筑物内预留的管道等决定。目前,垂直型的干线布线路由主要采用电缆井和电缆孔两种方法。对于单层平面建筑物水平型的干线布线路由主要有金属管道和电缆托架两种方法。

1) 电缆通道类型

干线子系统是建筑物内的主馈电缆,在大型建筑物内,都有开放型通道和弱电间。开放型通道通常是从建筑物的最底层到楼顶的一个开放空间,中间没有隔断,如通风道或电梯通道。弱电间是一连串上下对齐的小房间,每层楼都有一间。在这些房间的地板上,预留圆孔或方孔。并将它们从地板上向上延伸 25mm,为所有电缆孔建造高的护栏。在综合布线中,将方孔称为电缆井,圆孔称为电缆孔。

干线子系统通道是由一连串弱电间地板垂直对准的电缆井或电缆孔组成。弱电间的每层封闭型房间称为电信间。

2) 确定通道规模

确定干线子系统的通道规模主要就是确定干线通道和配线间的数目。确定的依据就是布线系统所要服务的可用楼层面积。如果所有给定楼层的所有信息插座都在电信间的 75m 范围之内,那么采用单干线接线系统。也就是说,采用一条垂直干线通道,且每个楼层只设一个电信间。如果有部分信息插座超出电信间 75m 范围之外,那就要采用双通道干线子系统,或者采用经分支电缆与设备间相连的二级交接间。

一般来说,同一幢大楼的电信间都是上下对齐的,如果未对齐,可采用大小合适的电缆管道系统将其连通。在电信间里,要将电缆井或电缆孔设置在靠近支持电缆的墙壁附近,但电缆井或电缆孔不应妨碍端接空间。

3) 垂直通道布线

目前,干线子系统垂直通道有下列三种方式可供选择。

(1) 电缆孔布线方法。干线通道中所用的电缆孔是很短的管道,通常是用一根或数根外径为 63~102mm 的金属管预埋在楼板内,金属管高出地面 25~50mm。电缆往往捆在钢丝绳上,而钢丝绳又固定到墙上已铆好的金属条上。当配线间上下都对齐时,一般可采用电缆孔布线方法,如图 4.24 所示。

(2) 电缆井布线方法。电缆井是指直接在地板上预留一个大小适当的长方形孔洞,孔洞一般不小于 600mm×400mm(也可根据工程实际情况确定),如图 4.25 所示。在很多情况下,电缆井不仅仅是为综合布线系统的电缆而开设的,其他许多系统比如监控系统、消防系统、保安系统等弱电系统所用的电缆也都与之共用同一个电缆井。在新建工程中,推荐使用电缆井布线方法。

图 4.24 电缆孔布线方法

图 4.25 电缆井布线方法

在电缆井中安装电缆与电缆孔差不多,也是把电缆捆在或箍在支撑用的钢绳上,钢绳靠墙上金属条或地板三脚架固定住。电缆井的选择非常灵活,可以让粗细不同的各种电缆以任何组合方式通过。对于新建筑物,首先应考虑采用电缆井布线方法。

在多层楼房中,经常需要用到横向通道,干线电缆才能从设备间连接到干线通道或在各个楼层上从二级交接间连接到任何一个楼层配线间。横向通道需用一条易于安装的方便通路。

(3) 导管或桥架方式,包括明导管或暗导管或桥架敷设。

4) 横向通道布线

对于单层平面建筑物横向通道的干线布线,主要采用金属管道和电缆桥架两种方法。

(1) 金属管道方法。金属管道方法是指在水平方向架设金属管道,金属管道对干线电缆起到支撑和保护的作用。缆线穿放在管道等保护体内,管道可沿墙壁、顶棚明敷,也可暗敷于墙壁、楼板及地板等内部,图 4.26 所示为穿越墙壁的管道。由于相邻楼层上的干线接线间存在水平方向的偏距,因而出现了垂直的偏距通道。而金属管道允许把电缆拉入这些垂直的偏距通道。在开放式通道和横向干线走线系统中(如穿越地下室),管道对电缆起机械保护作用。可以说,管道不但有防火的优点,而且它提供的密封和坚固的空间使电缆可以安全地延伸到目的地。但是,管道很难重新布置,因而不太灵活,同时造价也高。在建筑设计阶段,必须周密考虑。土建施工阶段,要将选定的管道预埋在墙壁、地板或楼板中,并延伸到正确的交接点。

干线电缆穿入管道(金属管或硬质塑料管)的填充率(管径利用率),直线管路一般为50%～60%,有弯曲的管路填充率不宜超过50%。

(2)电缆桥架方法。电缆桥架包括梯架、托架、线槽三种形式。电缆梯架一般是铝制或钢制部件,外形很像梯子,但在两侧加上了挡板,是电缆桥架的一种。若将它们安装在建筑物墙壁上,就可供垂直电缆走线;若安装在天花板上(吊顶内),就可供水平电缆走线。电缆铺在梯架上,由水平支撑件固定住,如图4.27所示。必要时还可在托架下方安装电缆绞接盒,以保证在托架上方已装有其他电缆时可以接入电缆。梯架方法最适合电缆数量很多的情况。待安装的电缆粗细和数量决定了梯架的尺寸。梯架便于安放电缆,省去了电缆管道的麻烦。但梯架及支撑件比较贵。另外,由于电缆外露,很难防火,且不美观。

图4.26　穿越墙壁的管道

图4.27　电缆桥架方法

在综合布线系统中,一般推荐使用封闭式线槽。吊装金属线槽如图4.28所示。在线槽底部与两侧的金属板上留有许多均匀的小孔,以排泄积水使用。托架主要应用于楼间的距离较短时,采用架空的方式布放缆线的场合。

5)干线路由方案设计应注意的问题。

(1)不同主干缆线之间的隔离。布线设施中服务于不同功能的主干缆线应尽可能分离成独立的路径。例如,语音和数据主干应在两条分离的主干管道系统中或两组主干管道中走线。支持视频应用的缆线和光缆应穿入相关的第三条主干管道。主干缆线分离的目的是减少不同服务线路之间电磁干扰的可能性,并为不同种类的缆线(电缆和光缆)提供一层物理保护。这种分离可以简化整体缆线系统管理,为缆线提供整齐的路径、封装和端接。缆线的分离可以通过以下方法完成。

- 不同的主干管道。
- 主干管道中独立的内部通道。

图 4.28　吊装金属线槽

注：＊为桥架顶部与楼板或梁之间应保持一定的距离，以利于缆线的布放。

- 独立的主干或套管。
- 线槽内金属隔板隔离。
- 铜通信缆线不能与强电缆线穿入同一路径，除非路径中有隔板分离通信缆线和电气缆线。整体绝缘结构的光缆可与其他缆线穿入同一路径，但也应尽量避免。

（2）垂直缆线的支撑。垂直主干缆线的正确支撑不仅对于系统的性能，而且对于专用通信间中及四周工作人员的安全是至关重要的。如果缆线过重或支撑点过少会影响系统的长期性能。

在选择垂直支撑系统时，缆线可承受的垂直距离是一个要考虑的因素，垂直距离以米为单位，它是缆线在不降低系统等级的情况下，可以承受的长期拉伸应力的线性函数。不同的缆线对所能承受的最大拉力均有明确限制，在设计和施工中应注意满足其要求。

（3）电缆井(孔)的防火。弱电竖井的烟筒效应对防火是非常不利的，因此当采用电缆井、电缆孔方式时，在缆线布放完后应该用防火材料密封所有的电缆井或电缆孔，包括其中有电缆的电缆井和电缆孔。

4.2.5　电信间设计

电信间主要为楼层安装配线设备(为机柜、机架、机箱等安装方式)和楼层计算机网络设备(HUB 或 SW)的场地，并可考虑在该场地设置缆线竖井、等电位接地体、电源插座、UPS 配电箱等设施。在场地面积满足的情况下，也可设置建筑物诸如安全技术防范、消防报警、广播、有线电视、建筑设备监控等其他弱电系统设备，以及光纤配线箱、无线信号覆盖系统等设备的布缆管槽、功能模块及柜、箱的安装。如果综合布线系统与弱电系统设备合设于同一场地，从建筑的角度出发，称为弱电间。

1. 电信间设计要求

（1）电信间的设计应符合下列要求。

① 电信间的数量应按所服务的楼层范围及工作区信息点密度与数量来确定。

②　同楼层信息点数量不大于 400 个,水平缆线长度在 90m 范围以内,宜设置一个电信间;当超过这一范围或工作区的信息点数量大于 400 个时,宜设两个或多个电信间,以求减少水平电缆的长度,缩小管辖和服务范围,保证通信传输质量。

③　当每个楼层的信息点数量较少,且水平缆线长度不大于 90m 时,宜几个楼层合设一个电信间。

(2)　同一电信间内,信息通信网络系统设备及布线系统设备宜与弱电系统布线设备分设在不同的机柜内。当各设备容量配置较少时,也可在同一机柜内作空间物理隔离后安装。

(3)　电信间的面积应根据工程中配线设备和网络设备(以太网交换机)的数量、机柜的尺寸及布置进行确定,电信间的使用面积不应小于 5m²。

一般情况下,综合布线系统的配线设备和计算机网络设备采用 19in 标准机柜安装。机柜尺寸通常为 600mm(宽)×600mm(深)×2000mm(高),共有 42U 的安装空间。目前,高密度配线架的推出对理线空间有了更高的要求,800mm(宽)×600mm(深)×2000mm(高)的 19″机柜已被广泛应用。机柜内可安装光纤连接盘、RJ-45(24 口)配线模块、多线对卡接模块(100 对)、理线架、以太网交换机设备等。

(4)　当有信息安全等特殊要求时,应将所有涉密的信息通信网络设备和布线系统设备等进行空间物理隔离或独立安装在专用的电信间内,并应设置独立的涉密机柜及布线管槽。

2．电信间的环境要求

(1)　楼层配线间的主要功能是供水平布线和主干布线在其间互相连接。电信间最理想的位置是位于楼层平面的中心,各楼层电信间、竖向缆线管槽及对应的竖井宜上下对齐。

(2)　电信间内不应设置与安装的设备无关的水、风管及低压配电缆线管槽与竖井。

(3)　电信间的温、湿度按配线设备要求提出,电信间内的温度应保持在 10～35℃,相对湿度应保持在 20%～80%。电信间温湿度按配线设备要求提出,如在机柜中安装计算机网络设备(HUB/SW)时的环境应满足设备提出的要求,温湿度的保证措施由空调专业负责解决。

(4)　电信间的水泥路面应高出本层地面不小于 100mm 或设置防水门槛。室内地面应具有防潮、防尘、防静电等措施。

(5)　电信间应采用外开防火门,房门的高度不应小于 2m,净宽不应小于 0.9m。电信间内梁下净高不应小于 2.5m。

(6)　电信间应设置不少于 2 个单相交流 220V/10A 电源插座盒,每个电源插座的配电线路均应装设保护器。电信间有源设备的供电电源需按照设备的用电等级、负荷、交直流等另行考虑配置。

(7)　电信间的平面布置如图 4.29 所示。

3．电信间(FD)通信缆线和计算机网络设备与配线设备连接方式

(1)　在电信间 FD(设备间 BD、进线间 CD)处,与电话交换系统配线设备模块之间宜采用跳线互连,如图 4.30 所示。

FD 支持电话系统配线设备有两大类:FD 配线设备采用 IDC 配线模块,如图 4.31 所示;FD 配线设备建筑物主干侧采用 IDC 配线架和水平侧采用 RJ-45 配线模块,如图 4.32 所示。

(2)　计算机网络设备与配线设备连接方式。计算机网络设备(也就是数据系统)连接方式通常由三种方式进行互通。

电信间计算机网络设备连接方式

图 4.29 电信间(弱电间)平面布置示意图

图 4.30 电话系统连接方式

图 4.31 FD 配线设备采用 IDC 配线模块连接方式

图 4.32 FD 配线设备建筑物主干侧采用 IDC 配线架和水平侧采用 RJ-45 配线模块连接方式

第一种方式是交叉连接方式,即跳线连接方式,在电信间(设备间 BD、进线间 CD)处,计算机网络设备与配线设备模块之间宜经跳线交叉连接,如图 4.33 所示。

图 4.33 交叉连接方式(经跳线连接)

在电信间内所安装的计算机网络设备通过设备缆线(电缆或光缆)连接至配线设备(FD)以后,经过跳线管理,将设备的端口经过水平缆线连接至工作区的终端设备,此种为传统的连接方式,称为交叉连接方式。

FD 支持数据系统配线设备有两大类:RJ-45 配线模块和光纤互连装置盘,连接方法如图 4.34(a)～(c)所示。

图 4.34 数据系统交叉连接方式

第二种方式是互连连接方式，即经设备缆线连接方式，如图 4.35 所示。

图 4.35 数据系统互连连接方式

在此种连接方式中，利用网络设备端口连接模块（点或光）取代设备侧的配线模块。这时，相当于网络设备的端口直接通过跳线连接至模块，既减少了线段和模块以降低工程造价，又提高了通路的整体传输性能。因此，可以认为是一种优化的连接方式。

FD 支持数据系统配线设备有两大类：RJ-45 配线模块和光纤互连装置盘，连接方法如图 4.36(a)～(c)所示。

第三种方式是数据主干侧经设备缆线连接，水平侧经跳线连接。

FD 支持数据系统配线设备有两大类：RJ-45 配线模块和光纤连装置盘，连接方法同上。

4. 电信间配线模块和跳线设备配置

电信间的配线模块（FD）分为水平侧、设备侧和干线侧等几类模块，模块可以采用 IDC 连接模块（以卡接方式连接线对的模块）和快速插接模块（RJ-45 型）。FD 在配置时应按业务种类分别加以考虑，设备间的 BD、CD 也可参照配线模块选择原则配置。

连接至电信间的每一根水平电缆/光缆应终接于相应的配线模块，配线模块与缆线容量相适应。电信间 FD 主干侧各类配线模块应按电话交换机、计算机网络的构成及主干电缆/光缆的所需容量要求及模块类型和规格的选用进行配置。根据现有产品情况配线模块可按以下原则选择。

（1）多线对端子配线模块可以选用 4 对或 5 对卡接模块，每个卡接模块应卡接 1 根 4 对对绞电缆。一般 100 对卡接端子容量的模块可卡接 24 根（采用 4 对卡接模块）或卡接 20 根（采用 5 对卡接模块）4 对对绞电缆。

图 4.36　数据系统互连连接方式

（2）25 对端子配线模块可卡接 1 根 25 对大对数电缆或 6 根 4 对对绞电缆。

（3）回线式配线模块(8 回线或 10 回线)可卡接 2 根 4 对对绞电缆或 8/10 回线。回线式配线模块的每一回线可以卡接 1 对入线和 1 对出线。回线式配线模块的卡接端子可以为连通型、断开型和可插入型三类不同的型号。一般在 CP 处可选用连通型，在需要加装过压、过流保护器时采用断开型，可插入型主要使用于断开电路做检修的情况下，布线工程中无此种应用。

（4）RJ-45 配线模块(由 24 个或 48 个 8 位模块通用插座组成)每 1 个 RJ-45 插座应可卡接 1 根 4 对对绞电缆。

（5）光纤连接器件每个单工端口应支持 1 芯光纤的连接，双工端口则支持 2 芯光纤的连接。

（6）各配线设备跳线可按以下原则选择与配置。

电话跳线宜按每根 1 对或 2 对对绞电缆容量配置，跳线两端连接插头采用 IDC 或 RJ-45 型。

数据跳线宜按每根 4 对对绞电缆配置，跳线两端连接插头采用 IDC 或 RJ-45 型。

光纤跳线宜按每根 1 芯或 2 芯光纤配置，光跳线连接器件采用 ST、SC 或 SFF 型。

5. 楼层配线设备 FD 容量的确定

（1）FD 的 IDC 配线模块容量确定。

FD 的 IDC 配线模块各部分之间的关系如图 4.37 所示，IDC 配线模块用于支持语音连接。

图 4.37　FD 的 IDC 配线模块各部分之间的关系

① 至水平侧支持语音 FD 的 IDC 配线模块基本单元(100 对)数量。

$$M_{\text{hip}n} = T_{\text{p}n} \div 24(20)$$

式中：$M_{\text{hip}n}$——第 n 层（区）楼层配线设备 FD 至水平电缆侧支持语音 IDC 配线模块的基本
单元数量，取整数值；

$T_{\text{p}n}$——第 n 层（区）的电话信息点数量；

24(20)——采用 4(5) 对卡接模块时，1 个规格为 100 对基本单元的 IDC 配线架可支持
24(20) 个电话信息点。

② 至建筑物主干侧支持语音 FD 的 IDC 配线模块基本单元（100 对）数量。

$$M_{\text{bip}n} = T_{\text{p}n} \times 1.1 \div 100$$

式中：$M_{\text{bip}n}$——第 n 层（区）楼层配线设备 FD 至建筑物主干侧支持语音 IDC 配线模块的基
本单元数量，取整数值。

③ FD 的 IDC 配线模块总容量（总对数）。

$$P_{\text{in}} = (M_{\text{hip}n} + M_{\text{bip}n}) \times 100$$

式中：P_{in}——第 n 层（区）楼层配线设备 FD 支持语音规格 100 对 IDC 配线模块的总容量。

④ FD 的 IDC 配线模块跳线。

跳线按每根 1 对双绞线电缆容量配置，跳线两端连接插头采用 IDC 型，跳线根数 =
$T_{\text{p}n}$ 根。

（2）支持语音 FD 和数据 FD 的 RJ-45 配线模块（24 口模块）容量的确定。

支持语音 FD 和数据 FD 的 RJ-45 配线模块各部分之间的关系如图 4.38 和图 4.39 所示。

图 4.38　支持语音 FD 的 RJ-45 配线模块各部分之间的关系

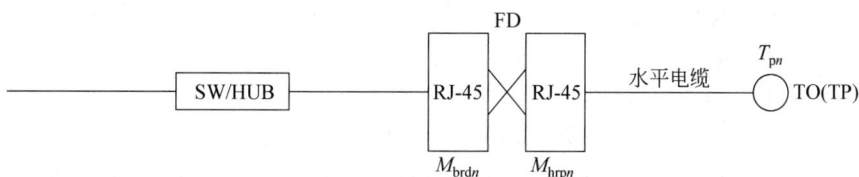

图 4.39　支持数据 FD 的 RJ-45 配线模块各部分之间的关系

① 至水平侧 FD 的 RJ-45 配线模块的基本单元数量。

$$M_{\text{hrp}n} = T_{\text{p}n} \div 24$$

$$M_{\text{hrd}n} = T_{\text{d}n} \div 24$$

式中：$M_{\text{hrp}n}$、$M_{\text{hrd}n}$——第 n 层（区）楼层配线设备 FD 至水平侧支持语音和数据规格 24 口
RJ-45 配线模块的基本单元数量，取整数值。

② 至干线侧 FD 的 RJ-45 配线模块的基本单元数量。

$$M_{\text{brd}n} = M_{\text{hrd}n}$$

式中：$M_{\text{brd}n}$——第 n 层（区）楼层配线设备 FD 至建筑物主干电缆侧支持数据规格 24 口 RJ-
45 配线模块的基本单元数量，取整数值。

③ FD 的 RJ-45 配线模块总量。

$$P_{rn} = (M_{hrpn} + M_{brdn} + M_{hrdn}) \times 24$$

式中：P_{rn}——第 n 层(区)楼层配线设备 FD 支持语音和数据规格 24 口 RJ-45 配线模块的总容量。

④ FD 的 IDC 和 RJ-45 配线模块跳线。

支持语音跳线：跳线按每根 1 对对绞电缆容量配置,跳线一端连接插头采用 IDC 型,另一端连接插头采用 RJ-45 型,跳线根数＝T_{pn} 根。

支持数据跳线：跳线按每根 4 对双绞线电缆容量配置,跳线两端连接插头采用 RJ-45 型,跳线根数＝T_{dn} 根。

(3) 支持数据 FD 的光纤连接盘容量的确定。

支持数据 FD 的光纤连接盘各部分之间的关系如图 4.40 所示。

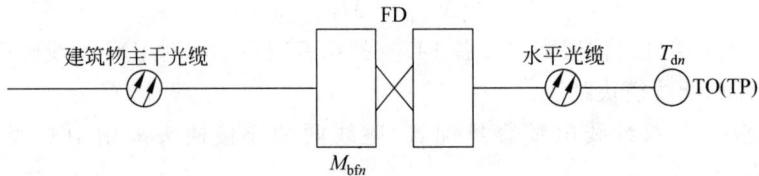

图 4.40　支持数据 FD 的光纤连接盘各部分之间的关系

① 至水平侧光纤 FD 的光纤连接盘的基本单元数量(6 口、12 口或 24 口双工连接器)。

$$M_{hfn} = T_{dn} \div 12$$

式中：M_{hfn}——第 n 层(区)楼层配线设备 FD 至水平侧支持数据光纤连接盘(双工)的基本单元数量,取整数值;

T_{dn}——第 n 层(区)的光纤信息点(双工)数量。

② 至干线侧 FD 的光纤连接盘的基本单元数量。

$$M_{bfn} = M_{hfn}$$

式中：M_{bfn}——第 n 层(区)楼层配线设备 FD 至建筑物主干侧支持数据光纤连接盘(双工)的基本单元数量,取整数值。

③ FD 的光纤连接盘总容量。

$$P_{fn} = (M_{hfn} + M_{bfn}) \times 12$$

式中：P_{fn}——第 n 层(区)楼层配线设备 FD 支持数据光纤连接盘(双工)的总容量。

④ 光纤跳线按每根 2 芯光纤配置,光纤跳线两端连接器件采用 ST、SC 或 SFF 型。

4.2.6　设备间设计

设备间是建筑物的电话交换机设备和计算机网络设备,以及建筑物配线设备(BD)安装的地点,也是进行网络管理的场所。对综合布线系统工程设计而言,设备间主要安装总配线设备(BD 和 CD)。宜安装建筑物配线设备、建筑群配线设备、以太网交换机、电话交换机、计算机网络设备。当信息通信设施与配线设备分别设置设备间时,考虑到设备电缆有长度限制及各系统设备运行维护的要求,设备间之间的距离不宜相隔太远。

1. 设备间的设计要点

综合布线系统设备间设计主要是与土建设计配合协调,由综合布线系统工程提出对设备间的位置、面积、内部装修等统一要求,与土建设计单位协商确定,具体实施均属土建设计和施工的范围,工程界面和建设投资的划分也是按上述原则分别划定的。综合布线系统设备间设计主要是在设备间内安装通信或信息设备的工程设计和施工,主要是与土建设计与通信网络系统和综合布线系统有关的部分。具体内容主要包括以下几点。

1) 设备间的设置方案

设备间的位置及大小应根据设备的数量、规模、最佳网络中心、网络构成等因素,综合考虑确定。

每幢建筑物内应至少设置 1 个设备间,并应符合下列规定。

(1) 如果用户电话交换机与计算机网络设备分别安装在不同的场地,或根据安全需要时,也可设置 2 个或 2 个以上的设备间,以满足不同业务的设备安装需要。

(2) 当综合布线系统设备间与建筑物内信息接入机房、信息网络机房、用户电话交换机、智能化总控室等合设时,房屋使用空间应作分隔。

2) 设备间的位置

设备间的位置及大小应根据建筑物的结构、综合布线系统规模、管理方式以及应用系统设备的数量等方面进行综合考虑,择优选取。一般而言,设备间应尽量建在建筑平面及综合布线干线综合体的中间位置。在高层建筑中,设备间也可以设置在 1、2 层。确定设备间位置可以参考以下设计规范。

(1) 设备间宜处于建筑物平面及其干线子系统的中间位置,并考虑主干缆线的传输距离、敷设路由和数量。

(2) 设备间宜靠近建筑物布放主干缆线的竖井位置。

(3) 设备间宜设置在建筑物的首层或楼上层。当地下室为多层时,也可设置在地下一层。

(4) 设备间应尽量远离供电变压器、发动机和发电机、X 射线机设备、无线射频或雷达发射机等设备以及有电磁干扰存在的场地。

(5) 设备间应远离粉尘、油烟、有害气体以及存有腐蚀性、易燃、易爆炸物的场所。

(6) 设备间不应设置在厕所、浴室或其他潮湿、易积水区域的正下方或毗邻场所。

设备间的位置应选择在内外环境安全、客观条件较好(如干燥、通风、清静和光线明亮等)和便于维护管理(如为了有利搬运设备,宜邻近电梯间,并要注意电梯间的大小和其载重限制等细节)的地方。

3) 设备间的面积

设备间的使用面积不仅要考虑所有设备的安装面积,还要考虑预留工作人员管理操作的地方。设备间内应有足够的设备安装空间,其使用面积不应小于 $10m^2$,该面积不包括程控用户交换机、计算机网络设备等设施所需的面积在内。

该使用面积不包括程控用户交换机、计算机网络设备等设施所需的面积在内。一般情况下,综合布线系统的配线设备和计算机网络设备采用 19in 标准机柜安装。机柜尺寸通常为 600mm(宽)×900mm(深)×2000mm(高)或 600mm(宽)×600mm(深)×2000mm(高),共有 42U(1U=44.45mm)的安装空间。机柜内可以安装光纤配线架、RJ-45 配线架、交换机、路由器等。如果一个设备间以 $10m^2$ 计,大约能安装 5 个 19in 的机柜。在机柜中安装电话大对数电缆多对卡接式模块,数据主干缆线配线设备模块,能支持总量为 6000~8000 个信息点所需(其中电话和数据信息点各占 50%)的建筑物配线设备安装空间。设备间的面积确定同样需考虑机柜尺寸因素,如采用 800mm 宽度的 19″机柜,则需要增加设备间的面积。

4）设备间的工艺要求

设备间的工艺要求较多,主要有以下几点。

（1）设备间梁下净高不应小于 2.5m,宜采用外开双扇防火门,房门净高不应小于 2.0m,净宽不应小于 1.5m。

（2）设备间的水泥路面应高出本层地面不小于 100mm 或设置防水门槛。室内地面应具有防潮、防尘、防静电等措施。

（3）设备间室内温度应保持在 10～35℃,相对湿度应保持在 20%～80%,并应有良好的通风。当室内安装有源的信息通信网络设备时,应采取满足设备可靠运行要求的对应措施。

常用的微电子设备能连续进行工作的正常范围:温度 10～30℃,湿度 20%～80%。超出这个范围,将使设备性能下降,寿命缩短。

（4）设备间内应保持空气清洁,应防止有害气体(如氯、碳水化合物、硫化氢、氮氧化物、二氧化碳等)侵入,并应有良好的防尘措施,尘埃含量限值宜符合表 4.8 的规定。

表 4.8　尘埃含量限值

尘埃颗粒的最大直径/μm	0.5	1	3	5
尘埃颗粒的最大浓度/(粒子数/m³)	1.4×10^7	7×10^5	2.4×10^5	1.3×10^5

要降低设备间的尘埃度,需要定期地清扫灰尘,工作人员进入设备间应更换干净的鞋具。

（5）设备间内必须安装足够照明度的照明系统,并配置应急照明系统。设备间内距离地面 0.8m 处,照明度不应低于 200lx。照明分路控制要灵活,操作要方便。设备间应设置事故照明。在距地面 0.8m 处,照度不应低于 5lx。

5）电磁场干扰

根据综合布线系统的要求,设备间无线电干扰的频率应在 0.15～1000MHz 范围内,噪声不大于 120dB,磁场干扰场强不大于 800A/m。

6）供电系统

设备间供电电源应满足以下要求。

频率:50Hz。

电压:380V/220V。

相数:三相五线制或三相四线制/单相三线制。

设备间供电电源允许变动的范围详见表 4.9。

根据设备间内设备的使用要求,其供电方式可分为 3 类。

一类供电:需建立不间断供电系统。

二类供电:需建立带备用电的供电系统。

三类供电:按一般用途供电考虑。

表 4.9　设备间供电电源允许变动的范围

项　　目	A 级(甲级)	B 级(乙级)	C 级(丙级)
电压变动/%	−5～+5	−10～+7	−15～+10
频率变化/Hz	−0.2～+0.2	−0.5～+0.5	−1～+1
波形失真率/%	<5	<7	<10

设备间内供电可采用直接供电和不间断供电相结合的方式。

为了防止设备间的辅助设备用电干扰数字程控交换机或计算机及其网络互联设备,可将设备间的辅助设备用电由市电直接供电;数字程控交换机、计算机及其网络互联设备由不间断电源供电。这种方式不仅可减少相互干扰,还可减少工程造价(不间断电源较贵)。

注意:我国规定,单相电源的三孔插座与相电对应关系为,正视其右孔接相(火)线,左孔接中性(零)线,上孔接地线。

另外,"设备间内应提供不少于两个220V带保护接地的单相电源插座,但不作为设备供电电源"以满足日常维护检修的需要。

2. 建筑物配线模块和跳线配置

(1)电信间和设备间安装的配线设备的选用应与所连接的缆线相适应,具体可参照表4.10内容。

表 4.10　综合布线系统配线模块选用表

类别	产品类型		配线设备安装场地和连接缆线类型		
	配线设备类型	容量与规格	FD(电信间)	BD(设备间)	CD(设备间/进线间)
电缆配线设备	大对数卡接模块	4 对卡接模块	4 对水平/主干电缆	4 对主干电缆	4 对主干电缆
		5 对卡接模块	大对数主干电缆	大对数主干电缆	大对数主干电缆
	25 对卡接模块	25 对	4 对水平/主干/大对数主干电缆	4 对/大对数主干电缆	4 对/大对数主干电缆
	回线型卡接模块	8 回线	4 对水平/主干电缆	大对数主干电缆	大对数主干电缆
		10 回线	大对数主干电缆	大对数主干电缆	大对数主干电缆
	RJ-45 配线模块	24 口或 48 口	4 对水平/主干电缆	4 对主干电缆	4 对主干电缆
光缆配线设备	SC 光纤连接器件、适配器	单工/双工,24 口	水平/主干光缆	主干光缆	主干光缆
	LC 光纤连接器件、适配器	单工/双工,24 口、48 口	水平/主干光缆	主干光缆	主干光缆

注:① 在楼层配线设备(FD)处水平侧的电话配线模块主要采用 RJ-45 型,以适应通信业务的变更与产品的互换性。
② 屏蔽大对数电缆使用 8 回型卡接模块。
③ 每一个机柜出入的光纤数量较大时,为节省机柜的安装空间,也可以采用 LC 高密度(48114 个光纤端口)的光纤配线架。
④ 不同类型光纤连接应考虑匹配问题。

(2)建筑物配线设备处各类设备缆线和跳线的配置应符合本书4.2.5小节4.中的规定。

3. 建筑物配线设备(BD)类型及容量的确定

设备间配线设备(BD)所需的容量要求及配置应符合下列规定。

(1)主干缆线侧的配线设备容量应与主干缆线的容量相一致。

(2)设备侧的配线设备容量应与设备应用的光、电主干端口容量相一致或与干线侧配线设备容量相同。

(3)外线侧的配线设备容量应满足引入缆线的容量需求。

在小型综合布线系统工程设计中,建筑物配线设备(BD)通常采用支持铜缆 IDC 和(或)RJ-45 两种类型的配线模块用于语音、数据的配线。在某些系统中可不设 FD,而将 BD 和 FD 合用配线设备,称为 BD/FD。但此时,电缆的长度应按≤100m 考虑。

在大中型综合布线系统工程设计中,建筑物配线设备(BD)通常由支持铜缆的 MDF 配线架和支持光缆的 ODF 配线设备两部分组成。MDF 配线设备用于语音的配线,ODF 配线设备用于数据的配线。MDF 宜采用 IDC 配线模块。

(1) 支持语音 BD(或 BD/FD)的 IDC 配线模块(大、中、小综合布线系统工程设计中均有该项设计)。

支持语音 BD(或 BD/FD)的 IDC 配线模块各部分之间的关系如图 4.41 所示。如 M_{ip2} 接入建筑群主干电缆时,应选用适配的信号线路浪涌保护器。

图 4.41　支持语音 BD(或 BD/FD)的 IDC 配线模块各部分之间的关系

① 第 n 层(区)FD 至 BD(或 BD/FD)支持语音的电缆对数计算。

$$D_{ipn} = G_{pn} \times 25$$

式中:D_{ipn}——第 n 层(区)FD 至 BD(或 BD/FD)支持语音电缆的对数;

G_{pn}——第 n 层(区)支持语音规格 25 对的大对数电缆(以 25 对为例)的根数。

② BD(或 BD/FD)至各层(区)FD 支持语音的电缆对数计算。

$$D_{ip1} = \sum_{n=1}^{N} D_{ipn} = \sum_{n=1}^{N} G_{pn} \times 25$$

式中:D_{ip1}——BD(或 BD/FD)至各 FD 支持语音规格 25 对的电缆对数之和。

③ 至建筑物主干电缆侧 BD(或 BD/FD)支持语音的 IDC 配线模块基本单元数量计算。

$$M_{ip1} = D_{ip1} \div 100$$

式中:M_{ip1}——至建筑物主干电缆侧 BD(或 BD/FD)支持语音规格 100 对的 IDC 配线模块基本单元数量,取整数值。

④ BD(或 BD/FD)所支持语音信息点数量。

$$T_p = \sum_{n=1}^{N} T_{pn}$$

式中:T_p——BD(或 BD/FD)所支持语音信息点数量之和。

⑤ 至程控用户交换机或建筑群主干电缆侧支持语音 BD(或 BD/FD)的 IDC 配线模块基本单元数量计算。

$$M_{ip2} = T_p \div 100$$

式中:M_{ip2}——至程控用户交换机或建筑群主干电缆侧 BD(或 BD/FD)的 IDC 配线模块基本单元数量,取整数值。

⑥ 支持语音 BD(或 BD/FD)的 IDC 配线模块基本单元数量计算。

$$M_{ip} = M_{ip1} + M_{ip2}$$

式中:M_{ip}——支持语音 BD(或 BD/FD)的 IDC 配线模块基本单元数量。

⑦ 支持语音 BD(或 BD/FD)的 IDC 配线模块容量(总对数)计算。

$$P_{ip} = M_{ip} \times 100$$

（2）支持数据 BD（或 BD/FD）的 RJ-45 配线模块。

支持数据 BD（或 BD/FD）的 RJ-45 配线模块各部分之间的关系如图 4.42 所示。

图 4.42 支持数据 BD（或 BD/FD）的 RJ-45 配线模块各部分之间的关系

① BD（或 BD/FD）所支持 FD 侧 SW/HUB 群或 SW/HUB 的数量。

$$H_\mathrm{u} = \sum_{n=1}^{N} H_{\mathrm{u}n}$$

式中：H_u——BD（或 BD/FD）所支持 FD 侧 SW/HUB 群或 SW/HUB 的数量。

② 至支持 SW/HUB 群或 SW/HUB 干线测 BD（或 BD/FD）的 RJ-45 配线模块基本单元数量（每单元按 24 口计算）。

$$M_\mathrm{ru1} = (H_\mathrm{u} + 冗余数量) \div 24$$

式中：M_ru1——至支持 SW/HUB 群或 SW/HUB 干线测 BD（或 BD/FD）规格 24 口 RJ-45 配线模块的基本单元数量，取整数值。

③ 至网络交换机侧 RJ-45 配线模块基本单元数量计算。

$$M_\mathrm{ru2} = H_\mathrm{u} \div 24$$

式中：M_ru2——网络交换机或建筑物主干电缆侧规格 24 口 RJ-45 配线模块的基本单元数量，取整数值。

④ BD（或 BD/FD）的 RJ-45 配线模块的基本单元数量。

$$M_\mathrm{ru} = M_\mathrm{ru1} + M_\mathrm{ru2}$$

⑤ BD（或 BD/FD）的 RJ-45 配线模块总容量数量。

$$P_\mathrm{rb} = M_\mathrm{ru} \times 24 = (M_\mathrm{ru1} + M_\mathrm{ru2}) \times 24$$

式中：P_rb——BD（或 BD/FD）规格 24 口 RJ-45 配线模块的总容量。

（3）支持数据的 BD 光纤配线设备。

支持数据的 BD 光纤配线设备各部分之间的关系如图 4.43 所示。

图 4.43 支持数据的 BD 光纤配线设备各部分之间的关系

① BD 至各层（区）FD 光缆芯数计算。

$$C_\mathrm{fg1} = \sum_{n=1}^{N} C_{\mathrm{f}n}$$

式中：C_{fg1}——BD 至各层(区)FD 光缆的总芯数；

　　C_{fn}——BD 至第 n 层(区)FD 光缆的芯数。

② 至各层(区)FD 侧 BD 光纤配线架的基本单元数量,BD 光纤配线设备用于支持数据配线,其基本单元规格为 12 口(双工连接器)。

$$M_{fg1} = C_{fg1} \div 24$$

式中：M_{fg1}——至各层(区)FD 侧 BD 光纤配线架的基本单元数量,取整数值。

③ 至网络交换机或建筑群主干光缆侧 BD 的光缆芯数计算。

C_{fg2}=网络交换机光端口数(每端口为 2 芯光纤)所需的光纤数或建筑群主干光缆的总芯数

式中：C_{fg2}——BD 至网络交换机或建筑群主干光缆的总芯数。

④ 至网络交换机或建筑群主干光缆侧 BD 光纤配线设备的基本单元数量。

$$M_{fg2} = C_{fg2} \div 12$$

⑤ BD 光纤配线设备的总容量。

$$P_{fb} = M_{fg} \times 12 = (M_{rg1} + M_{rg2}) \times 12$$

式中：M_{fg}——BD 光纤配线设备的基本单元数量；

　　P_{fb}——BD 光纤配线设备的总容量。

4.2.7　进线间设计

进线间实际就是通常称的进线室,应为建筑物外部信息通信网络管线的入口部位,并可作为入口设施的安装场地。

(1) 进线间内应设置管道入口,缆线引入管道管孔数量(入口的尺寸)应满足不少于 3 家电信业务经营者通信业务接入、建筑物之间、外部接入各类信息通信业务、建筑物智能化业务及建筑群布线系统和其他弱电子系统的引入管道管孔容量的需求,并应留有不少于 4 孔的余量。

(2) 在单栋建筑物或由连体的多栋建筑物构成的建筑群内应设置不少于 1 个进线间。

(3) 进线间应满足室外引入缆线的敷设与成端位置及数量、缆线的盘长空间和缆线的弯曲半径等要求,并应提供安装综合布线系统及不少于 3 家电信业务经营者入口设施的使用空间及面积。进线间面积不宜小于 10m^2。

(4) 进线间宜设置在建筑物地下一层邻近外墙,主要有利于外部地下管道与缆线的引入。对于洪涝多发地区,为了保障通信设施的安全及通信畅通,也可以设于建筑物的首层。外部管线宜从两个不同的地下管道路由引入进线间,有利于路由的安全及外部管道的沟通。进线间与建筑物红外线范围内的人孔或手孔采用管或通道的方式互连。其设计应符合下列规定。

① 管道入口位置应与引入管道高度相对应。

② 进线间应防止渗水,宜在室内设置排水沟,并与附近设有抽排水装置的集水坑相连。

③ 进线间应与电信业务经营者的通信机房、建筑物内配线系统设备间、信心接入机房、信息网络机房、用户电话交换机房、智能化总控室等及垂直竖井之间设置互通的管槽。

④ 进线间应采用相应防火级别的外开防火门,门净高不应小于 2.0m,净宽不应小于 0.9m。

⑤ 进线间宜采用轴流式通风机通风,排风量应按每小时不小于 5 次换气次数计算。

(5) 与进线间安装的设备无关的管道不应在室内通过。

(6) 进线间内如安装通信配线设备和信息网络设施,应符合相关规范和设备安装设计的要求。

（7）综合布线系统进线间不应与数据中心使用的进线间合设，建筑物内各进线间之间应设置互通的管槽。

（8）建筑群主干电缆和光缆、公用网和专用网电缆、光缆及天线馈线等室外缆线进入建筑物时，应在进线间成端转换成室内电缆、光缆，并在缆线的终端处可由多家电信业务经营者设置入口设施，入口设施中的配线设备应按引入的电缆、光缆容量配置。

（9）综合布线系统和电信业务经营者设置的入口设施内线侧配线设备应与建筑物配线设备（BD）或建筑群配线设备（CD）之间敷设相应的缆线类型与容量相匹配。

（10）引入进线间的所有管道的管孔（包括现已敷设缆线或空闲的管孔）均应采用防火和防渗材料密封严堵，切实做好防水防渗处理，保证进线间干燥不湿。

4.2.8 管理子系统

管理应对工作区、电信间、设备间、进线间、布线路径环境中的配线设备、缆线、信息插座模块等设施按一定的模式进行标识、记录和管理。管理内容包括管理方式、标识、色标、连接等。这些内容的实施将给今后维护和管理带来很大的方便，有利于提高管理水平和工作效率。特别是信息点数量较大和系统架构较为复杂的综合布线系统工程，如采用计算机进行管理，其效果将十分明显。详细方案可参看任务 12。

1. 配线管理连接模型

在电信间/设备间，不论是数据，还是语音都存在两种配线方式，一种是互相连接结构（Inter-Connect），简称互连结构；另一种是交叉连接结构（Cross-Connect），简称交连结构。

1）互相连接结构

互相连接结构是一种结构简单的连接方式，如图 4.44 所示。这种结构主要应用于计算机通信的综合布线系统。它的连接安装主要有信息模块、RJ-45 连接器、RJ-45 插口的配线架。对于互连结构，信息点的线缆通过数据配线架的面板进行管理，数据配线架有 12 口、24 口、48 口等规格，应根据信息点的多少配置配线架，并进行标准定位管理。互相连接结构在配线间的标准机柜内放置配线架和应用系统设备。工作区放置终端设备，应用系统设备用两端带有连接器的接插软线，一端连接到配线子系统的信息插座上，另一端连接到应用系统终端设备上，配线子系统缆线一端连接到工作区的信息插座上，另一端连接到楼层配线间配线架上。干线缆线的两端分别连接在不同的配线架上。模块化配线架有 5 类、超 5 类、6 类、6_A 类、7 类、7_A 类等几种，接插软线也分为 5 类、超 5 类和 6 类等几种。高一类的接插软线可用于较低一类的链路。

2）交叉连接结构

交叉连接结构与互相连接结构的区别在于配线架上的连接方式不同，水平电缆和干线电缆连接在 110 配线架的不同区域，它们之间通过跳线（3 类）或接插线（5 类及以上）有选择地连接在一起，如图 4.45 所示。这种结构主要应用于语音通信的综合布线系统。和互连结构相比，它的连接安装采用 110 配线架。其类型有 3 类（110A 型夹接式）、5 类、超 5 类（110P 接插式）。其中 110A 型适用于用户不经常对楼层的线路进行修改、移动或重组。110P 型适用于用户经常对楼层的线路进行修改、移动或重组。

2. 交连管理方案设计

交连管理是指线路的跳线连接进行控制，通过跳线连接可安排或重新安排线路路由，管理

图 4.44　互相连接结构

图 4.45　交叉连接结构

整个用户终端,从而实现综合布线系统的灵活性。交连管理有单点管理和双点管理两种类型。

用于构造交连场的硬件所处的地点、结构和类型决定综合布线系统的管理方式。交连场的结构取决于综合布线系统规模和选用的硬件。

1) 单点管理

单点管理属于集中性管理,即在网络系统中只有一"点"(设备间)可以进行线路跳线连接,其他连接点采用直接连接。例如,建筑物配线架 BD 利用跳线连接,而楼层配线架 FD 使用直接连接。单点管理还可分为单点管理单交连和单点管理双交连两种方式。

(1) 单点管理单交连。单点管理单交连是指通常位于设备间里面的交连设备或互连设备附近的线路不进行跳线管理,直接连接至用户工作区。这种方式使用的场合较少,其结构如图 4.46 所示。

图 4.46　单点管理单交连结构

工程规模较小,网络结构简单,用户信息点数量不多,且较分散,密度不均匀,一般只有少量主干线路,甚至不设主干布线子系统和楼层配线间,而直接采用水平布线子系统,这种通信网络拓扑结构宜采用单点管理单交连。这种网络维护管理方式集中,技术要求不高,且维护管理人员较少,适用于小型或低层的智能建筑。

（2）单点管理双交连。单点管理双交连是指通常位于设备间里面的交接设备或互连设备附近的线路不进行跳线管理，直接连接至配线间的第二个接线交接区。如果没有配线间，第二个接线交接区可放在用户房间的墙壁上，其结构如图 4.47 所示。

图 4.47 单点管理双交连结构
注：╳交叉连接；═直通连接（互连）。

综合布线系统规模较大，智能建筑为大中型单幢高层建筑且楼层面积较大，通信网络拓扑结构较复杂，通信业务种类和用户信息点数量较多，分布密度较集中和固定时，一般均有主干布线子系统。这种通信网络拓扑结构宜采用单点管理双交连方式。

2）双点管理

综合布线系统规模极大，通信网络拓扑结构复杂（如特大型或重要的智能建筑或由多栋建筑组成群体的校园式小区，且有建筑群干线布线子系统），通信业务种类和用户信息较多，且有二级交接间。为了适应网络结构和客观需要，可采用双点管理双交连或双点管理三交连的方式。这种网络维护管理方式分散，技术要求很高，必须加强科学管理制度，以适应通信网络拓扑结构复杂和用户信息需求多变的需要，增加通信网络的应变能力。综合布线系统中使用的电缆，一般不能超过 4 次连接。

（1）双点管理双交连。对于低矮而又宽阔的建筑物（如机场、大型商场），其管理规模较大，管理结构复杂，这时多采用二级交接间，设置双点管理双交连。双点管理是指在设备间和配线间（电信间）进行的管理。

在二级交接间或用户墙壁上还有第二个可管理的交连。双交连要经过二级交连设备。第二个交连可能是一个连接块，它对一个接线块或多个终端块的配线和站场进行组合。其结构如图 4.48 所示。

图 4.48 双点管理双交连

（2）双点管理三交连和双点管理四交连。若建筑物的规模比较大，而且结构复杂，可以采用双点管理三交连（图 4.49）甚至双点管理四交连（图 4.50）。

3. 智能配线系统

综合布线系统工程规模较大以及用户有提高布线系统维护水平和网络安全的需要时，宜采用智能配线系统对配线设备的端口进行实时管理，显示和记录配线设备的连接、使用及变更状况。

智能配线系统是用来管理综合布线的硬件和软件的系统，通俗的称谓叫作电子配线架或者智能配线架。

1）智能配线系统基本功能

智能配线系统具备下列基本功能。

图 4.49　双点管理三交连

图 4.50　双点管理四交连

(1) 实时智能管理与检测布线跳线连接通断及端口变更状态。

(2) 以图形化显示为界面,浏览所有被管理的布线部位。

(3) 二维码＋App 管理功能。

(4) 管理软件提供数据库检索功能。

(5) 用户远程登录对系统进行远程管理。

(6) 管理软件对非授权操作或链路意外中断提供实时报警。

2) 智能配线系统的构成

智能配线系统由电子配线架(铜缆、光纤)、智能跳线(铜缆、光纤)、管理主机和智能管理软件等构成。

电子配线架是采用计算机技术及电子配线设备对布线中的接插软线进行实时管理的系统。电子配线架能够实现可实时自动探测配线架与跳线之间的链接关系;可实时自动地将探测到的链接关系生成数据库;可根据探测到的跳接变化实时地自动更新数据库等功能。电子配线架支持铜缆(CAT5e、6、6_A)和光缆等传输介质。

电子配线架按照其原理可分为端口探测型配线架和链路探测型配线架两种类型;按布线结构可以分为单配线架方式和双配线架方式;按跳线种类可分为普通跳线和 9 针跳线;按配线架生产工艺可分为原产型和后贴传感器条型。

(1) 单配线架方式。常用技术是端口探测,即在配线架的每个 RJ-45 或光纤的端口内加装一个碰触开关(内置机械开关或者红外光微型感应器等方式感应跳线的插拔),采用标准 8 芯跳线插入任一端配线架的端口,就会触动这个碰触开关,碰触开关就会通知系统这个端口有跳线插进来了；反之，如果跳线被拔出，也会马上通知系统数据库更新。电子配线架铜缆模块及跳线如图 4.51 所示，光纤模块及跳线如图 4.52 所示。

图 4.51　铜缆模块及跳线

图 4.52　光纤模块及跳线

（2）双配线架方式。常用技术为链路探测，在普通的跳线里增加一根检测用导线，连通配线架集成传感器装置形成回路，系统根据回路通断信号判断现场跳线连接状态的变化。RJ-45-RJ-45 跳线为带有第 9 针的线缆，光纤跳线为带有第 3 针的线缆，在电子配线架端口之间建立连接，监视开路和闭路。

图 4.53 所示为分析仪、配线架与跳线连接状态。

图 4.53　分析仪、配线架及跳线连接状态

表 4.11 列出了单配线架与双配线架对比。

表 4.11　单配线架与双配线架对比

功　能	单配线架模式	双配线架模式
端口检测	只智能检测电子配线架的端口	可以检测水平线和交换机两侧的端口，从而保证端到端的全链路端口检测
链路检测	无法检测端口对应关系	可以自动检测端口对应关系，即端到端的全链路检测
断电/故障后链路恢复	必须在系统支持下工作	可以再断电/软件安装前进行跳线跳接工作，系统上线后会自动检测线有链路
工单引导	只能实现单侧引导	可以实现双侧引导
检测跳线信息	不能实现	可以识别跳线的类别、长度、接头型号、颜色甚至使用历史等信息
网络设备管理	不支持	支持

功　能	单配线架模式	双配线架模式
网络拓扑探索	不支持	支持
基于位置的安全功能	不支持	支持

4.2.9　建筑群子系统的设计

建筑群子系统主要应用于多栋建筑物组成的建筑群综合布线场合,单幢建筑物的综合布线系统可以不考虑建筑群子系统。

1. 建筑群子系统的设计范围

建筑群子系统,应由连接多个建筑物之间的主干缆线、建筑群配线设备(CD)及设备缆线和跳线组成。

建筑群子系统的作用是连接不同楼宇之间的设备间,实现大面积地区建筑物之间的通信连接,并对电信公用网形成唯一的出入端口。

2. 建筑群子系统的设计要求

建筑群子系统的设计主要考虑布线路由选择,缆线选择、缆线布线方式等内容。应按以下要求进行设计。

(1) 考虑环境美化要求。建筑群子系统设计应充分考虑建筑群覆盖区域的整体环境美化要求,建筑群干线电缆、光缆应尽量采用地下管道或电缆沟敷设方式。

(2) 考虑建筑群未来发展需要。在缆线布线设计时,要充分考虑各建筑需要安装的信息点种类、信息点数量,选择相对应的干线电缆类型以及电缆敷设方式,使综合布线系统建成后,保持相对稳定,能满足今后一定时期内各种新的信息业务发展需要。建筑群子系统的选择可能需要采用比干线子系统更长期的方法,尤其是在路径访问受限的情况下。

(3) 缆线路由的选择。考虑到节省投资,缆线路由应尽量选择距离短、线路平直的路由。但具体的路由还要根据建筑物之间的地形或敷设条件而定。在选择路由时,应考虑原有已铺设的地下各种管道,缆线在管道内应与电力缆线分开敷设,并保持一定距离。

(4) 电缆引入要求。建筑群干线电缆和光缆、公用网和专用网电缆、光缆及天线馈线等室外线进入建筑物时,都应在进线间转换为室内电缆、光缆,在室外缆线的终端处需设置入口设施,入口设施中的配线设备应按引入的电缆和光缆的容量配置。引入设备应安装必要保护装置以达到防雷击和接地的要求。干线电缆引入建筑物时,应以地下引入为主,如果采用架空方式,应尽量采用隐蔽方式引入。具体可参考 4.4.5 小节进线间设计部分。

(5) 干线电缆、光缆交接要求。建筑群干线电缆、光缆布线的交接不应多于两次。从每栋建筑物的楼层配线架到建筑群设备间的配线架之间只应通过一个建筑物配线架。

(6) 缆线的选择。建筑群子系统敷设的缆线类型及数量由综合布线连接应用系统种类及规模来决定。

(7) 配线设备容量选择。建筑群配线设备(CD)内线侧的容量应与各建筑物引入的建筑群主干缆线容量一致。建筑群配线设备(CD)外线侧的容量应与建筑群外部引入的缆线的容量一致。

3. 建筑群子系统的布线方法

建筑群子系统传输线路的敷设方式有架空和地下两类。架空布线方式又可分为架空杆路和墙壁挂放两种;根据电缆与吊线固定方式又可分为自承式和非自承式两种。地下敷设方式分为地下管道、电缆通道(包括渠道和隧道)和直埋方式几种。

建筑群子系统布线方法

1)架空杆路布线法

架空杆路布线法是用电杆将缆线在建筑物之间悬空架设。对于自承式电缆或光缆,可直接架设在电杆之间或电杆与建筑物之间;对于非自承式电缆或光缆,则首先需架设钢索(钢丝绳),然后在钢索上挂放电缆或光缆。

架空杆路布线法通常只用于有现成电线杆,而且电缆的走线方式无特殊要求的场合。如果原先就有电线杆,这种方法的成本较低。但是,这种布线方式不但影响美观,而且保密性、安全性和灵活性也差,所以一般不采用。

如果架空线的净空有问题,可以使用天线杆型的入口。天线杆的支架一般不应高于屋顶1.2m。这个高度正好使人可摸到电缆,便于操作。如果再高,就应使用拉绳固定。

架空电缆通常穿入建筑物外墙上的 U 型钢保护套,然后向下(或向上)延伸,从电缆孔进入建筑物内部,如图 4.54 所示。电缆入口的孔径一般为 5cm 。通常建筑物到最近处的电线杆相距应小于 30m。通信电缆与电力电缆之间的间距应服从当地城管等部门的有关法规。

图 4.54 架空杆路布线法

2)墙壁挂放布线法

在墙壁上挂放缆线与架空杆路相似,一般采用电缆卡钩沿墙壁表面直接敷设或先架设钢索后用卡钩挂放。通常情况下,架空布线总是将线杆架设和墙壁挂放这两种方法混合使用。

3)直埋布线法

电缆或光缆直埋敷设是沿已选定的路线挖沟,然后把缆线埋在里面。一般在缆线根数较少而敷设距离较长时采用此法。电缆沟的宽度应视埋设缆线的根数决定。直埋电缆通常应埋在距地面 0.7m 以下的地方(或者应按照当地城管等部门的有关法规去做),遇到障碍物或冻土层较深的地方,则应适当加深,使缆线埋于冻土层以下。当无法埋深时,应采取措施,防止缆线受到损伤。在缆线引入建筑物,与地下建筑物交叉及绕过地下建筑物处,则可浅埋,但应采取保护措施。直埋缆线的上下部位应铺以不小于 100mm 厚的软土层或细沙层,并盖以混凝土保护板,其覆盖宽度应超过缆线两侧各 50mm,也可用砖块代替混凝土盖板。直埋布线法如图 4.55 所示。

在选择最灵活、最经济的直埋布线路由时,主要的物理影响因素是土质、公用设施(如下水道、水、电、气管道)以及天然障碍物,如树林、石头等。

图 4.55　直埋布线法

城市建设的发展趋势是让各种缆线、管道等设施隐蔽化,所以弱电电缆和电力电缆合埋在一起将日趋普遍。这样的共用结构要求有关部门在设计、施工,乃至未来的维护工作中需要相互配合、通力合作。这种协作可能会增加一些成本。但是,这种公用设施也日益需要用户的合作。

4) 管道布线法

管道布线法是一种由管道和人(手)孔组成的地下系统,把建筑群的各个建筑物进行互连的方法。图 4.56 所示为一根或多根管道通过基础墙进入建筑物内部的结构。管道布线法为电缆提供了最好的机械保护,使电缆免受损坏而且不会影响建筑物的原貌及其周围环境。

图 4.56　管道布线法

电缆管道宜采用混凝土排管、塑料管、钢管和石棉水泥管。混凝土排管的管孔内径一般为70mm 或 90mm,塑料管、钢管和石棉水泥管等用作主干管道时可用内径大于 75mm 的管道。上述管材的管道可组成矩形或正方形并直接埋地敷设。埋设深度一般为 0.8~1.2m。电缆管道应一次留足必要的备用孔数,当无法预计发展情况时,可留 10% 的备用孔,但不少于 1~2 孔。

电缆管道的基础一般为混凝土。如果土质不好、地下水位较高、冻土线较深和要求抗震设计的地区,宜采用钢筋混凝土基础和钢筋混凝土人孔。在线路转角、分支处应设人孔井。在直线段上,为便于拉引缆线也应设置一定数量的人孔井,每段管道的长度一般不大于 120m,最长不超过 150m,并应有大于或等于 2.5% 的坡度。

在电源人孔和通信人孔合用的情况下(人孔里有电力电缆),通信电缆不能在人孔里进行端接。通信管道与电力管道必须至少用 80mm 的混凝土或 300mm 的压实土层隔开。

　　5）电缆通道布线法（包括渠道和隧道）

　　电缆通道布线法（包括渠道和隧道）是在砌筑的电缆通道内，先安装金属支架，通信缆线则布放在金属支架上。这种布线方法维护、更换、扩充线路非常方便，如果与其他弱电系统合用将是一种不错的选择。在满足净距要求的条件下，通信电缆也可以与 1kV 以下电力电缆共同敷设。电缆通道布线法（包括渠道和隧道）如图 4.57 所示。

图 4.57　电缆通道布线法

　　在选用电缆线路布线方式时，应根据综合布线系统建筑群主干布线子系统所在地区规划要求、地上或地下管线的平面布置、街坊或小区的建筑条件，对施工和维护是否方便以及环境美观要求等诸多因素综合研究，全面考虑，选用其中一种或上述几种任意组合的方式。如在同一段落中有两种以上的敷设方式可选时，应在技术经济比较后，选用较为合理的敷设方式。在有些场合，可根据所在的环境条件和具体要求，分段采取各自适宜的电缆线路敷设方式，这种混合使用的方案可以作为暂时过渡措施，今后视条件成熟，再采用相同的敷设方式，以便于维护管理。如有条件，且工程投资不多时，应尽量使线路隐蔽化和地下化；确有客观环境条件限制不能同时敷设，也可设法有计划地逐步实现。

　　在设计之前应通过现场勘察了解整个园区（建筑群）的基本情况，掌握第一手资料，包括园区的大小、建筑物的大小、各个楼宇入口管道位置、园区的环境状况、地上地下是否有障碍物等，在充分调研的基础上综合确定出科学合理、切实可行的线路路由方案和缆线敷设方式。

　　此外，在有些特大型智能化建筑群体之间设有公用的综合性隧道或电缆沟时，如其建筑结构较好，且内部安装的其他管线设施对通信传输线路不会产生危害，可以考虑利用该设施，与其他管线在合用隧道或电缆沟中敷设。如隧道或电缆沟中有其他危害通信线路的管线时，应慎重考虑是否合用，如必须合用时，应有一定隔距和保证安全的具体措施，并应设置明显的标志，以便区别和醒目，有利于维护管理。

4.2.10　综合布线系统的其他设计

1. 电气防护系统设计

　　随着各种类型的电子信息系统在建筑物内的大量设置，各种干扰源将会影响到综合布线电缆的传输质量与安全，因此，在综合布线系统设计时必须进行电气防护方面的设计。

1）系统间距

在配线子系统中,经常出现综合布线系统缆线与电力电缆平行布放的情况,为了减少电力电缆电磁场对网络系统的影响,综合布线系统电缆与电力电缆接近布线时,必须保持一定的距离。在国家标准 GB/T 50311—2016 中对缆线的间距有一定的标准。

综合布线电缆与附近可能产生高电平电磁干扰的电动机、电力变压器、射频应用设备等电器设备之间应保持必要的间距,并应符合下列规定。

（1）综合布线电缆与电力电缆的间距应符合表 4.12 的规定。

表 4.12　综合布线电缆与电力电缆的间距

类　　别	与综合布线接近状况	最小间距/mm
380V 电力电缆＜2kV·A	与缆线平行敷设	130
	有一方在接地的金属线槽或钢管中	70
	双方都在接地的金属线槽或钢管中①	10
380V 电力电缆 2～5kV·A	与缆线平行敷设	300
	有一方在接地的金属线槽或钢管中	150
	双方都在接地的金属线槽或钢管中②	80
380V 电力电缆＞5kV·A	与缆线平行敷设	600
	有一方在接地的金属线槽或钢管中	300
	双方都在接地的金属线槽或钢管中②	150

注：① 当 380V 电力电缆＜2kV·A,双方都在接地的线槽中,且平行长度≤10m 时,最小间距可为 10mm。
　　② 双方都在接地的线槽中,是指两个不同的线槽,也可在同一线槽中用金属板隔开。

（2）综合布线系统缆线与配电箱、变电室、电梯机房、空调机房之间的最小净距宜符合表 4.13 的规定。

表 4.13　综合布线缆线与电气设备的最小净距

名　　称	最小净距/m	名　　称	最小净距/m
配电箱	1	电梯机房	2
变电室	2	空调机房	2

（3）墙上敷设的综合布线缆线及管线与其他管线的间距应符合表 4.14 的规定。当墙壁电缆敷设高度超过 6000mm 时,与避雷引下线的交叉间距应按下式计算：

$$S \geqslant 0.05L$$

式中：S——交叉间距(mm)；

　　　L——交叉处避雷引下线距地面的高度(mm)。

表 4.14　综合布线缆线及管线与其他管线的间距

其 他 管 线	平行净距/mm	垂直交叉净距/mm
避雷引下线	1000	300
保护地线	50	20
给水管	150	20
压缩空气管	150	20
热力管(不包封)	500	500
热力管(包封)	300	300
煤气管	300	20

2）缆线和配线设备的选择

综合布线系统选择缆线和配线设备时，应根据用户要求，并结合建筑物的环境状况进行考虑。在任务 3 已经介绍过，参见 3.2.7 小节。

3）过压和过流保护

在建筑群子系统设计中，经常有干线缆线从室外引入建筑物的情况，此时如果不采取必要的保护措施，干线缆线就有可能受到雷击、电源接地、感应电势等外界因素的损害，严重时还会损坏与缆线相连接的设备。

综合布线系统除了要采用过压保护器外，还应同时安装过流保护器。

2. 接地系统设计

无论是对强电系统还是弱电系统，接地系统的设计都是非常重要的。强电系统接地不当，轻则影响系统的正常运转，重则造成设备事故甚至人身事故的危险。弱电系统接地不当，轻则会影响系统的速度与故障率，重则严重影响系统设备的正常工作，甚至会使系统出错进而瘫痪，给用户带来巨大的经济损失。所以一定不要忽视接地系统的设计。在这里主要考虑弱电系统的接地（强电系统的接地在建设大楼时已经考虑），对于弱电系统尤其是综合布线系统的接地设计来说，主要包括传输系统的接地设计和电信间、设备间内安装的设备以及从室外进入建筑物内的电缆都需要进行接地处理，以保证设备的安全运行。

综合布线接地系统包括埋设在地下的接地体、设备间（或进线间）的主接地母线，交接间的接地母线、竖井内接地干线和相互连接的接地导线。采用联合接地体时，即共用建筑物防雷接地系统，接地体沿建筑物周围呈环（矩）形结构，30m 以上的建筑物通常每三层设置有均压网，并有引下接地线等。综合布线的接地母线应与同层均压网或接地引下线相连接，主接地母线应与接地体相连接。若建筑物接地系统不能满足综合布线接地要求，宜单独设置接地体。对于双竖井布线的大型建筑物，两个接地干线间每三层及顶层应互连。

综合布线系统接地的好坏直接影响到综合布线系统的运行质量，接地设计要求如下。

（1）在电信间、设备间及进线间应设置楼层或局部等电位接地端子板。

（2）综合布线系统应采用共用接地（包括交、直流工作接地、安全保护地和防雷接地）的接地系统，接地电阻值≤1Ω；如单独设置接地体时，接地电阻值≤4Ω。如布线系统的接地系统中存在两个不同的接地体时，其接地电位差不应大于 1V。

（3）楼层安装的各个配线柜（架、箱）应采用适当截面的绝缘铜导线单独布线至就近的等电位接地装置，也可采用竖井内等电位接地铜导线排引到建筑物共用接地装置，铜导线的截面应符合设计要求。

综合布线系统接地导线截面积可参考表 4.15 确定。

表 4.15　接地导线选择表

名　　称	楼层配线设备至大楼总接地体的距离	
	30m	100m
信息点的数量/个	75	>75
选用绝缘铜导线的截面积/mm^2	6～16	16～50

（4）缆线在雷电防护区交界处，屏蔽电缆屏蔽层的两端应做等电位连接并接地。

（5）综合布线的电缆采用金属线槽或钢管敷设时，线槽或钢管应保持连续的电气连接，并应有不少于两点的良好接地。

（6）当缆线从建筑物外面进入建筑物时，电缆和光缆的金属护套或金属件应在入口处就近与等电位接地端子板连接。

（7）当电缆从建筑物外面进入建筑物时，应选用适配的信号线路浪涌保护器，信号线路浪涌保护器应符合设计要求。这一条是国标《综合布线系统工程设计规范》（GB/T 50311—2016）中的强制性条文，必须严格执行。

（8）对于屏蔽布线系统的接地做法，一般在配线设备（FD、BD、CD）的安装机柜（机架）内设有接地端子，接地端子与屏蔽模块的屏蔽罩相连通，机柜（机架）接地端子则经过接地导体连至大楼等电位接地体，如图 4.58 所示。为了保证全程屏蔽效果，终端设备的屏蔽金属罩可通过相应的方式与 TN—S 系统的 PE 线接地，但不属于综合布线系统接地的设计范围。

图 4.58　屏蔽综合布线接地示意图

3. 防火设计

防火安全保护是指发生火灾时，系统能够有一定程度的屏障作用，防止火与烟的扩散。防火安全保护设计包括缆线穿越楼板及墙体的防火措施、选用阻燃防毒缆线材料两个方面。

（1）在智能化建筑中，缆线穿越墙体及电缆垂井内楼板时，综合布线系统所有的电缆或光缆都要采用阻燃护套。如果这些缆线是穿放在不可燃的管道内，或在每个楼层均采取了切实有效的防火措施（如用防火堵料或防火板材堵封严密）时，可以不设阻燃护套。

（2）在电缆垂井或易燃区域中，所有敷设的电缆或光缆宜选用防火、防毒的产品。这样万一发生火灾，因电缆或光缆具有防火、低烟、阻燃或非燃性等性能，不会或很少散发有害气体，对于救火人员和疏散都较有利。

如果电缆和光缆穿放在钢管等非燃烧的管材中，且不是主要段落时，可考虑采用普通外护层。在重要布线段落且是主干缆线时,考虑到火灾发生后钢管受到烧烤,管材内部形成的高温空间会使缆线护层发生变化或损伤,也应选用带有防火、阻燃护层的电缆或光缆,以保证通信线路安全。

(3)综合布线工程设计选用的电缆、光缆应从建筑物的高度、面积、功能、重要性等方面加以综合考虑,选用相应等级的防火缆线。

4.3 工 程 设 计

4.3.1 一个楼层的综合布线工程设计

一个楼层的综合布线系统,通常只包括一个布线子系统,即配线子系统,设计步骤如下。

(1)确定电信间的位置,进行电信间设计。

(2)确定每个房间的工作区需求,进行工作区设计。进行信息插座设计,确定信息插座的类型、规格、数量和安装位置。

(3)进行配线路由设计,确定配线子系统的路由和配线布线方法。

(4)进行配线缆线设计,确定配线子系统缆线的类型和数量。

(5)进行配线的支撑系统设计,确定配线管、槽及其支撑、固定部件的类型和数量。

(6)进行楼层配线设备设计,确定楼层配线设备的类型、数量和规格。

(7)列出全部材料清单。

4.3.2 一幢楼的综合布线工程设计

一幢楼的综合布线工程,通常包括两个布线子系统,即配线子系统和干线子系统。设计步骤如下。

(1)确定设备间的位置,进行设备间设计。

(2)进行干线子系统路由设计,确定干线路由和布线方法。

(3)进行干线子系统缆线设计,确定每层楼的干线缆线类型和容量以及干线侧电信间、设备间配线设备的类型、规格和数量。

(4)进行干线子系统的支撑系统设计,确定干线支撑、固定部件的类型和数量。

(5)确定干线结合方法。

(6)列出全部材料清单。

4.3.3 一个园区的综合布线工程设计

一个园区的综合布线系统,通常需要包括 3 个布线子系统,即配线子系统、干线子系统和建筑群子系统。同时还需设置电信间、设备间和进线间。

(1)进线间设计。

(2)进行建筑群子系统路由设计,确定园区布线方法。

(3)进行建筑群子系统缆线设计,确定每幢楼的建筑群干线缆线类型和容量以及设备间建筑群侧配线设备的类型、规格和数量。

(4)进行建筑群子系统的支撑系统设计,确定建筑群缆线支撑、固定部件的类型和数量。

(5)列出全部材料清单。

习　题

一、选择题

1. 工作区所指的范围是(　　)。

    A. 信息点到楼层配线设备　　　　　　　　B. 信息点到电信间的配线设备

    C. 信息点到用户终端　　　　　　　　　　D. 信息点到计算机

2. 目前建筑物的功能类型较多,工作区的面积划分应根据应用场合作具体分析,其中适合将工作区面积定义在 $20\sim200\mathrm{m}^2$ 的建筑物类型是(　　)。

    A. 网管中心　　　　　B. 办公室　　　　　C. 商场　　　　　D. 工业生产区

3. 配线子系统的设计范围是指(　　)。

    A. 信息点到楼层配线设备　　　　　　　　B. 信息点到电信间楼层配线设备

    C. 信息点到用户终端　　　　　　　　　　D. 信息点到服务器

4. 配线子系统的结构一般为(　　)。

    A. 总线型　　　　　B. 星型　　　　　C. 树型　　　　　D. 环型

5. 配线子系统电缆的长度不可超过(　　)m。

    A. 80　　　　　B. 90　　　　　C. 70　　　　　D. 100

6. 干线子系统也称(　　)子系统。

    A. 骨干　　　　　B. 综合　　　　　C. 垂直　　　　　D. 连接

7. 干线子系统是负责连接(　　)子系统到设备间子系统。

    A. 建筑群　　　　　B. 水平　　　　　C. 管理间　　　　　D. 工作区

8. 在新建工程中,推荐使用的干线子系统垂直通道的缆线布放方式是(　　)方式。

    A. 电缆孔　　　　　B. 电缆井　　　　　C. 明管敷设　　　　　D. 暗管敷设

9. 干线子系统提供建筑物的(　　)电缆。

    A. 绞线　　　　　B. 馈线　　　　　C. 直线　　　　　D. 干线

10. 在同一层若干电信间之间应设置(　　)路由。

    A. 水平　　　　　B. 干线　　　　　C. 建筑物　　　　　D. 远程

11. 干线子系统垂直通道穿过楼板时宜采用电缆竖井方式,电缆竖井的位置应(　　)。

    A. 左右对齐　　　　　　　　　　　　　　B. 上下对齐

    C. 任意都可以　　　　　　　　　　　　　D. 怎么美观,怎么设置

12. 干线子系统干线缆线应选择较短的、安全的路由。主干电缆宜采用(　　)方式终接。

    A. 点对点　　　　　B. 任意　　　　　C. 分支递减　　　　　D. 直接连接

13. 在每栋建筑物的适当地点进行网络管理和信息交换的场地是(　　)。

    A. 电信间　　　　　B. 设备间　　　　　C. 进线间　　　　　D. 配线间

14. 电信间中应有足够的设备安装空间,其面积最低不应小于(　　)m²。

    A. 5　　　　　B. 10　　　　　C. 20　　　　　D. 15

15. 设备间应提供不少于(　　)个 220 V 带保护接地的单相电源插座,但不作为设备供电电源。

    A. 1　　　　　B. 2　　　　　C. 3　　　　　D. 4

16. (　　)光缆用于在建筑群内连接建筑群配线架与建筑物配线架的光缆。

A. 水平   B. 干线

C. 建筑群主干   D. 永久主干

17. 进线间一个建筑物宜设置( )个，一般位于地下层。

A. 4   B. 3   C. 2   D. 1

二、思考题

1. 什么是工作区？如何确定工作区信息点数量？

2. 工作区设计应包括哪些要点？

3. 配线子系统设计范围包括哪些？

4. 配线子系统缆线规定为多长？缆线能否超过这一规定？为什么？

5. 配线子系统缆线通常采用哪些缆线？

6. 对于新建的建筑物,配线子系统的布线方式有哪几种？

7. 对于旧建筑物的信息化改造,配线子系统有哪些布线方法？如何选用？

8. 在开放型办公区域宜采用何种布线方法？

9. 干线子系统设计范围包括哪些？

10. 干线子系统的缆线有几类？选择的依据是什么？

11. 干线子系统的结合方式有几种？

12. 干线子系统的布线方式有哪些？如何选用？

13. 干线子系统是否都是垂直布放？为什么？

14. 电信间和设备间的概念是什么？它们有什么区别和联系？对环境有哪些要求？

15. 在建筑物中应如何确定设备间的位置？

16. 在建筑物中应如何确定电信间的位置？

17. 设备间内常用的缆线敷设方式有哪些？

18. 什么是交连管理？它有几种管理方式？

19. 建筑群子系统的设计范围包括哪些？

20. 建筑群子系统布线有几种方法？比较它们的优缺点。

三、计算题

1. 某综合布线系统工程共有 1000 个信息点,布点比较均匀,距离 FD 最近的信息插座布线长度为 20m,最远插座的布线长度为 90m,该综合布线系统配线子系统使用 6 类对绞电缆,则需要购买对绞电缆多少箱(305m/箱)？

2. 建筑物的某一层要设 300 个信息插座,其中 200 个网络信息点,100 个电话语音点,水平缆线全部采用 5e 类 4 对对绞电缆。水平配线的所有芯线全部连接在配线架上,试确定该层电信间楼层配线设备的水平配线架选用市场主流等品牌的配线架的型号和数量。

3. 已知某幢建筑物的计算机信息点数为 200 个且全部汇接到设备间,那么在设备间中应安装市场主流品牌的何种规格的模块化数据配线架？数量是多少？

4. 已知某建筑物其中一楼层采用光纤到桌面的布线方案,该楼层共有 50 个光纤信息点,每个光纤信息点均布设一根室内 2 芯多模光纤至建筑物的设备间,请问设备间的机柜内应选用市场主流品牌的何种规格光纤配线架？数量是多少？需要订购多少个光纤耦合器？

5. 已知某校园网内有 10 幢教学和办公楼,其中一幢为校园网中心,其余 9 幢各需要布设一根 8 芯的单模光纤至网络中心机房,以构成校园网的光纤骨干网络。网络中心机房为管理好这些光缆应配备市场主流品牌的何种规格的光纤配线架？数量是多少？光纤耦合器多少个？需要订购多少根光纤跳线？

6. 已知某建筑物需要进行综合布线，某一层设 300 个信息插座，其中 200 个网络信息点，各信息点要求接入速率为 100Mbps，100 个电话语音点，而该层楼层电信间到设备间的距离为 60m，请确定该建筑物该层的干线电缆类型及线对数。

四、实训题

1. 设计并使用 Visio 软件绘制多人办公室、集中办公区、会议室、学生宿舍、超市等场所信息点布置。

2. 设计××大学学生公寓布线方案，建筑情况及要求如下。

（1）该大学共有 20 幢公寓式建筑，其中本科宿舍 13 幢，硕士生宿舍 3 幢，博士生宿舍 1 幢，留学生宿舍 2 幢，继续教育生宿舍 1 幢。

（2）共计 8200 间宿舍，其中本科生宿舍 3500 间，硕士生宿舍 1500 间，博士生宿舍 800 间，留学生宿舍 1200 间，继续教育生宿舍 1200 间。

（3）本科生宿舍每个房间设置 5 个信息点（4 个网络点＋1 个电话点），硕士生宿舍每个房间设置 4 个信息点（3 个网络点＋1 个电话点），博士生、留学生、继续教育生宿舍每个房间设置 2 个信息点（1 个网络点＋1 个电话点）。

设计各公寓楼的配线子系统及干线子系统的缆线选择和布线方式。

3. 某办公大楼高 12 层（层高 3.5m），计算机中心设在 6 层，电话主机房设在 6 层，但不在同一位置。要求每层 50 个信息点，50 个语音点（最近 20m、最远 80m），总计信息点 600 个，语音点 600 个。数据、语音配线子系统均使用 6 类非屏蔽对绞电缆；数据垂直干线电缆采用室内 6 芯多模光纤；语音垂直干线系统采用 5 类 25 对大对数电缆。

请计算并设计：

（1）跳线数量、信息模块数量、信息插座底盒和面板数量。

（2）配线子系统缆线数量。

（3）干线子系统缆线数量。

（4）数据配线架需求数量。

（5）光纤配线架需求数量。

任务 5

综合布线工程施工图的绘制

5.1 任务描述

综合布线完成设计阶段工作后，就进入安装施工阶段，安装施工的依据是综合布线工程施工图，那么，综合布线施工图包含哪些图纸呢？通过本任务的完成来学习综合布线施工图的绘制。

5.2 相关知识

综合布线工程施工图在综合布线工程中起着关键的作用，首先设计人员要通过建筑图纸来了解和熟悉建筑物结构并设计综合布线施工图，然后，用户要根据工程施工图来对工程可行性分析和判断；施工技术人员要根据设计施工图组织施工；工程竣工后施工方需先将包括施工图在内的所有竣工资料移交给建设方；验收过程中，验收人员还要根据施工图进行项目验收，检查设备及链路的安装位置、安装工艺等是否符合设计要求。施工图是用来指导施工的，应能清晰直观地反映网络和综合布线系统的结构、管线路由和信息点分布等情况。因此，识图、绘图能力是综合布线工程设计与施工人员必备的基本功。

5.2.1 通信工程制图的整体要求和统一规定

《电信工程制图和图形符号规定》(YD/T 5015—2015)是信息产业部 2007 年发布的通信工程制图的标准。

1. 通信工程制图的整体要求

(1) 根据表述对象的性质、论述的目的与内容，选取适宜的图纸及表达手段，以便完整地表述主题内容。

(2) 图面应布局合理、排列均匀、轮廓清晰和便于识别。

(3) 选用合适的图线宽度，避免图中线条过粗和过细。

(4) 正确使用图标和行标规定的图形符号。派生新的符号时，应符合图标图形符号的派生规律，并在合适的地方加以说明。

(5) 在保证图面布局紧凑和使用方便的前提下，应选择合适的图纸幅面，使原图大小适中。

(6) 应准确地按规定标注各种必要的技术数据和注释，并按规定进行书写或打印。

(7) 工程设计图纸应按规定设置图衔，并按规定的责任范围签字，各种图纸应按规定顺序编号。

2．通信工程制图的统一规定

1）图幅尺寸

（1）工程设计图纸幅面和图框大小应符合《电气技术用文件的编制　第 1 部分》（GB/T 6988.1）的规定，应采用 A0、A1、A2、A3、A4 及 A3、A4 加长的图纸幅面。当上述幅面不能满足要求时，可按照《技术制图图纸幅面和格式》（GB 14689）的规定加大幅面，也可在不影响整体视图效果的情况下分割成若干张图绘制。在实际工程设计中，只采用 A4 一种图纸幅面，以利于装订和美观。

表 5.1 中图格外留宽：装订线边宽 25mm，其余三边宽：A2、A1、A2 为 10mm，A3、A4 为 5mm。

表 5.1　工程图纸尺寸　　　　　　　　　　　　　　单位：mm

图 纸 型 号	A0	A1	A2	A3	A4
图纸尺寸（长×宽）	1189×841	841×594	594×420	420×297	297×210
图框尺寸（长×宽）	1154×821	806×574	559×400	390×287	287×180

（2）根据表述对象的规模大小，复杂程度，所要表达的详细程度，有无图像及注释的数量来选择较小的合适的图面。

2）图线型式及其应用

（1）线型分类及其用途应符合表 5.2 的规定。

表 5.2　线型分类及其用途

图线名称	图线型式	一 般 用 途
实线	———	基本线条：图纸主要内容用线，可见轮廓线
虚线	------	辅助线条：屏蔽线，不可见轮廓线
点画线	—·—·—	图框线：分界线，功能图框线
双点画线	—··—··—	辅助图框线：从某一图框中区分不属于它的功能部件

（2）图线宽种类不宜过多，通常宜选用两种宽度的图线。粗线的宽度宜为细线宽度的两倍，主要图线采用粗线，次要图线采用细线。对复杂的图纸也可采用粗、中、细三种线宽，线的宽度按 2 的倍数依次递增。图线宽度应从以下系列中选用：0.25mm、0.35mm、0.5mm、0.7mm、1.0mm 或 1.4mm。

（3）使用图线绘图时，应使图形的比例和配线协调恰当，重点突出，主次分明，在同一张图纸上，按不同比例绘制的图样及同类图形的图线粗细应保持一致。

（4）细实线是最常用的线条。在以细实线为主的图纸上，粗实线应主要用于图纸的图框及需要突出的部分。指引线、尺寸标注线应使用细实线。

（5）当需要区分新安装的设备时，则粗线表示新建，细线表示原有设施，虚线表示规划预留部分。在改建的电信工程图纸上，需要表示拆除的设备及线路用"×"来标注。

（6）平行线之间的最小间距不宜小于粗线宽度的两倍，同时最小不能小于 0.7mm。

3）比例

（1）对于平面布置图、管道及光（电）缆线路图、设备加固图及零部件加工图等图纸，应按比例绘制；方案示意图、系统图、原理图、图形图例等可不按比例绘制，但应按工作顺序、线路走向、信息流向排列。

（2）对平面布置图、线路图和区域规划性质的图纸。推荐的比例为 1∶10、1∶20、1∶50、1∶100、1∶200、1∶500、1∶1000、1∶2000、1∶5000、1∶10 000、1∶50 000 等。各专业应按照相关规范要求选用合适的比例。

（3）对于设备加固及零部件加工图等图纸推荐的比例为：2∶1、1∶1、1∶2、1∶4、1∶10 等。

（4）应根据图纸表达的内容深度和选用的图幅选择合适的比例。

对于通信线路及管道类的图纸，为了更方便地表达周围环境情况，可采用沿线路方向按一种比例，而周围环境的横向距离采用另外的比例或基本按示意性绘制。

4）尺寸标注

（1）一个完整的尺寸标注应由尺寸数字、尺寸界线、尺寸线（两端带箭头的线段）等组成。

（2）图中的尺寸单位，除标高和管线长度以米（m）为单位外，其他尺寸均以毫米（mm）为单位。

（3）尺寸界线用细实线绘制，由图形的轮廓线、轴线或对称中心线引出，也可利用轮廓线、轴线或对称中心线做尺寸界线。尺寸界线一般应与尺寸线垂直。

（4）尺寸线的终端，可采用箭头或斜线两种形式，但同一张图中应采用一种尺寸线终端形式，不得混用。

5）字体及写法

（1）图中书写的文字（包括汉字、字母、数字、代号等）均应字体工整、笔画清晰、排列整齐、间隔均匀。其书写位置应根据图面妥善安排，文字多时宜放在图的下面或右侧。文字书写应自左向右水平方向书写，标点符号占一个汉字的位置。中文书写时，应采用国家正式颁布的汉字，字体宜采用宋体或仿宋体。

（2）图中的"技术要求""说明"或"注"等字样，应写在具体文字内容的左上方，并使用比文字内容大一号的字体书写。标题下均不画横线。具体内容多于一项时，应按下列顺序号排列。

- 1、2、3、…
- （1）、（2）、（3）、…
- ①、②、③、…

（3）图中涉及数量的数字均应用阿拉伯数字表示。计量单位应使用国家颁布的法定计量单位。

其他内容，限于篇幅在这里不再详细介绍，请参考《电信工程制图和图形符号规定》(YD/T 5015—2015)。

5.2.2 识图

1. 认识图例

图例是设计人员用来表达其设计意图和设计理念的符号。只要设计人员在图纸中以图例形式加以说明，使用什么样的图形或符号来表示并不重要。在综合布线工程设计中，部分常用图例如表 5.3 所示。（摘自国家建筑标准设计图集 20X101-3《综合布线系统工程设计与施工》）

表 5.3 综合布线工程设计常用图例

序号	符 号	名 称	序号	符 号	名 称
1	CD CD	建筑群配线架（系统图，有跳线连接）	2	BD BD	建筑物配线架（系统图，有跳线连接）

序号	符　号	名　　称	序号	符　号	名　　称
3	FD　FD	楼层配线架(系统图,有跳线连接)	15	SW	网络交换机
4	ID　ID	中间配线设备(系统图,有跳线连接)	16	PBX	电话用户交换机
5	ODF ODF	光纤配线架(系统图)	17	IP-PBX	IP电话用户交换机
6	DDF	数字配线架(系统图)	18	P-SW	以太网在线供电交换机
7	CP	集合点(系统图)	19	AP	无线接入点(无线局域网接入点)
8	CD	建筑群配线设备(平面图)	20	AP	无线接入点(无线局域网接入点,吸顶安装)
9	BD	建筑物配线设备	21	TP	单孔电话插座
10	FD	楼层配线设备	22	TD	单孔数据插座
11	ID	中间配线设备(平面图)	23	2TD	双孔数据插座
12	CP	集合点(平面图)	24	TO	单孔信息插座
13	PSE	供电端设备(为以太网客户端设备供电的设备)	25	2TO	双孔信息插座
14	LIU	光纤连接盘	26	MUTO	多用户信息插座

续表

序号	符　号	名　　称	序号	符　号	名　　称
27	(TF)	光纤插座	38	⊠	光分路器
28	(TV)	有线电视插座	39	⌒	电话机
29	[TE]	终端设备	40	⌒ VoIP	网络电话机
30	[NI]	终端设备网络接口	41	[G]	TCP/IP 网关
31	[PD]	受电端设备	42	[ACU]	出入门（门禁）控制器
32	[HD]	家居配线箱	43	[O‖]	可视用户接收机（访客对讲系统）
33	[IBT]	信息配线箱（ONT）	44	[SPT]	入侵报警防护区域收发器
34	[ON]	光网络终端	45	[PG]	显示屏
35	[IBU]	信息配线箱（ONT）	46	⬚	浪涌保护器（SPD）
36	[ON]	光网络单元	47	⊘	光纤或光缆
37	[OLT]	光线路终端	48	⊢⊣⊢	光缆配线箱（多层/单层）

2. 识图

通信工程图纸是通过各种图形符号、文字符号、文字说明及标注表达的。预算人员要通过图纸了解工程规模、工程内容，统计出工作量，编制出工程概预算文件。施工人员要通过图纸了解施工要求，按图施工。阅读图纸的过程就称为识图，也就是要根据图例和所学的专业知识，认识设计图纸上的每个符号，理解其工程意义，进而很好地掌握设计者的设计意图，明确在实际施工过程中要完成的具体工作任务。这是按图施工的基本要求，也是准确套用定额进行综合布线工程概预算的必要前提。

5.2.3 绘图软件

目前,综合布线工程中使用的绘图软件主要是 Visio 和 AutoCAD,可以采用综合布线系统厂商提供的专业布线绘制软件。

1) Visio 软件简介

Visio 软件是 Microsoft Office 软件系统的一款产品,易学易用,可用作绘制专业的图纸。

通过 Visio 软件可以实现各个专业(如各种建筑平面图、管理机构图、网络布线图、工程流程图、机械设计图、审计图及电路图等)的图纸的制作。在绘制综合布线系统图纸时,主要涉及"绘图类型"中的"建筑设计图"和"网络"类型。

在综合布线系统工程设计中,通过使用 Visio 软件可以绘制网络拓扑图、布线系统拓扑图、信息点分布图等。在布线图纸的绘制时,最常使用的控件有视图缩放比例、标尺、连接线工具和指针工具等。

Visio 软件的使用请参考其他书籍。

2) AutoCAD

AutoCAD 是由美国 Autodesk(欧特克)公司于 20 世纪 80 年代初为微机上应用 CAD 技术而开发的绘图程序软件包,经过不断地完善,它已经成为国际上广为流行的绘图工具。

AutoCAD 具有良好的用户界面,通过交互菜单或命令行方式便可以进行各种操作。它具有完善的图形绘制功能,强大的图形编辑功能,可进行多种图形格式的转换。而其通用性、易用性的特点,适用于各类用户。

AutoCAD 软件的使用请参考其他书籍。

5.3 任务实施:绘制综合布线工程施工图

综合布线工程施工图是用来指导布线人员的布线施工的。在施工图上要对一些关键信息点、交接点、缆线拐点等位置的施工注意事项和布线管槽的规格、材质等进行详细的标注或说明。

综合布线工程施工图一般应包括以下图纸。

(1) 网络拓扑结构图。

(2) 综合布线系统拓扑结构图。

(3) 综合布线系统管线路由图。

(4) 楼层信息点分布及管线路由图。

(5) 机柜配线架信息点分布图。

其中,楼层综合布线管线路由图和楼层信息点平面分布图可在一张图纸上绘出。通过以上工程图,反映以下几方面的内容。

(1) 网络拓扑结构。

(2) 进线间、设备间、电信间的设置情况、具体位置。

(3) 布线路由、管槽型号和规格、埋设方法。

(4) 各楼层信息点的类型和数量,信息插座底盒的埋设位置。

(5) 配线子系统的缆线型号和数量。

(6) 干线子系统的缆线型号和数量。

（7）建筑群子系统的缆线型号和数量。

（8）楼层配线设备（FD）、建筑物配线设备（BD）、建筑群配线设备（CD）、光纤互连单元（LIU）的数量和分布位置。

（9）机柜内配线架及网络设备分布情况，缆线成端位置。

5.3.1　综合布线系统结构图

综合布线系统结构图作为全面概括布线全貌的示意图，主要描述进线间、设备间、电信间的设置情况，各布线子系统缆线的型号、规格和整体布线系统结构等内容。图 5.1 所示是多层住宅综合布线系统图示例。

图 5.1　多层住宅综合布线系统图示例

5.3.2　综合布线系统管线路由图

综合布线系统管线路由图主要反映主干（建筑群子系统和干线子系统）缆线的布线路由、桥架规格、数量（或长度）、布放的具体位置和布放方法等。某园区光缆布线路由图如图 5.2 所示。

图 5.2　某园区光缆布线路由图

5.3.3　楼层信息点分布及管线路由图

楼层信息点分布及管线路由图应明确反映相应楼层的布线情况,具体包括该楼层的配线路由和布线方法,该楼层配线用管槽的具体规格、安装方法及用量,终端盒的具体安装位置及方法等。图 5.3 所示为多层住宅一层综合布线平面图。图 5.4 所示为别墅一层综合布线平面图。

所有的信息点(包括数据接口和语音接口)都必须编号,编号的作用是方便日后进行各种查询、检修等维护操作。

信息点的编号方法要求做到直观、明了的同时又方便记忆。一般可以用 X、Y、Z 字符组来表示,其中:

X 表示楼层编号,根据楼层的高度选择 X 的位数,如楼高 9 层以下,可以用一位数来表示;楼高 10～99 层可以用两位数来表示;100 层以上可以用三位数来表示。

Y 代表该信息点为数据接口或是语音接口。可在此将其定义为:若为数据接口,则命名为 D(Data);若为语音接口,则命名为 V(Voice)。

Z 代表该信息点的顺序号。

5.3.4　机柜配线架信息点分布图

机柜配线架信息点分布图应明确反映以下内容。

- 机柜中需安装的各种设备,包括各种规格的配线设备、理线设备和网络设备(如果有)。
- 机柜中各种设备的安装位置和安装方法。
- 各配线架的用途(分别用来端接什么缆线),配线架中各种缆线的成端位置(对应端口)。
- 图 5.5 所示为 42U 机柜内配线架布置示意图。

图 5.3　多层住宅一层综合布线平面图

注：——支线表示为 1 根 5e 类 4 对双线电缆；
——²支线表示为 2 根 5e 类 4 对双线电缆；
——³支线表示为 3 根 5e 类 4 对双线电缆。

图 5.4　别墅一层综合布线平面图

注：———　表示为 1 根 6 类 4 对双线电缆穿 SC15 钢管暗敷在墙内或楼板内；

　　　／2　表示为 2 根 6 类 4 对双线电缆穿 SC20 钢管暗敷在墙内或楼板内；

　　　／3　表示为 3 根 6 类 4 对双线电缆穿 SC25 钢管暗敷在墙内或楼板内；

　　　∨　表示为 1 根 75 同轴电缆穿 SC15 钢管暗敷在墙内或楼板内。

图 5.5　42U 机柜内配线架布置示意图

机柜自带垂直线槽

24口RJ-45型配线架

机架式跳线管理器

24口48芯机架式光纤配线架

42U

网络设备安装空间

注：1. 设备布置采用机柜上部布置数据配线架，中间布置网络设备，下部布置语音配线架。适用于网络设备比较小、比较轻的情况。
2. 在机柜内的综合布线区域中，光纤配线架应靠近网络设备，放置在网络设备的下面或上面，以减少对光纤跳线的长度要求。网络设备的上方可安装光纤配线架和数据配线架(RJ-45型)，网络设备的下方可安装大对数电缆连接的语音配线架(IDC型)和与语音点连接的配线架(RJ-45型)。
3. 实际工程中机柜的布置方式很多，以保证系统正常运行、维护方便为原则。

机架式跳线管理器

24口RJ-45型配线架

100对机架式IDC型配线架

800

习　题

一、选择题

1. 综合布线工程图主要包括＿＿＿＿＿＿、＿＿＿＿＿＿、＿＿＿＿＿＿、＿＿＿＿＿＿和＿＿＿＿＿＿几类图纸。

2. 通信工程制图执行的标准是＿＿＿＿＿＿＿＿＿＿＿＿＿＿＿＿＿＿＿＿＿＿＿＿＿＿＿＿。

3. 综合布线工程设计主要使用的两种绘图软件是＿＿＿＿＿＿和＿＿＿＿＿＿。

二、实训题

以校园中的一幢建筑物(分别为教学楼、办公楼、图书馆、实验楼、学生宿舍楼)作为设计对

象作一个简单的综合布线系统设计,内容包括:

(1) 综合布线系统方案设计,主要包括各工作区信息分布及数量,配线子系统选用缆线类型、数量,干线子系统缆线、数量等。

(2) 使用 Visio 软件绘制综合布线系统网络拓扑结构图。

(3) 使用 Visio 软件绘制综合布线系统管线路由图和信息点分布图。

模块三

综合布线系统工程施工

综合布线系统完成设计阶段工作后，就进入安装施工阶段，施工质量的好坏将直接影响整个网络的性能，必须按设计方案和国标 GB/T 50311—2016 组织施工，施工质量必须符合国标 GB/T 50312—2016。

综合布线系统工程的施工可以分为管槽安装施工、缆线敷设施工、设备安装和调试阶段，其中，管槽安装施工是整个工程施工的第一个环节。

通过下面 7 个任务来学习综合布线系统工程项目的施工管理、管槽安装施工、缆线敷设施工、设备安装与调试等。

任务 6　综合布线系统工程管槽安装施工

任务 7　综合布线系统工程电缆布线敷设

任务 8　综合布线系统工程光缆布线敷设

任务 9　工作区用户跳线和信息插座的端接

任务 10　电信间缆线端接

任务 11　综合布线系统链路的连接

任务 12　综合布线管理系统的标识

任务 6

综合布线系统工程管槽安装施工

6.1 任务描述

综合布线系统完成设计阶段工作后,就进入安装施工阶段,为了保证施工的安全,需要哪些安全措施呢? 在施工前有哪些准备工作呢? 综合布线的施工如何进行管理和监理呢? 这些都是在施工前我们需要掌握的。

在综合布线系统工程中,当网络布线路由确定以后,首先应当考虑管路和槽道的施工。因为无论在室内还是室外,水平布线、主干布线还是建筑群布线,也无论是对绞电缆还是光缆一般都由管槽系统来支撑和保护。因此,选择合适类型的管槽,设计恰当的管槽路由,就成为网络综合布线系统工程的重要步骤之一。

6.2 相关知识

6.2.1 综合布线系统工程施工组织

1. 综合布线系统工程安全施工

综合布线系统工程的施工是在比较复杂的环境中进行的,因此在施工过程中必须建立完善的安全机制,提供安全的施工环境,并且为工作人员提供各项安全训练。

1) 遵守安全标准

在综合布线系统工程施工过程中,要严格遵守相关的安全法规标准,如《中华人民共和国安全生产法》《建筑安装工程安全技术规定》《建筑安装工人安全技术操作规程》《建筑施工安全检查标准》《安全标志使用导则》等;在开始工作之前,进行正规的安全培训。

2) 电气安全

在安装电缆的时候有很多危险,在高压源和地线附近,以及把系统焊接到地线时,所有布线工作人员必须采取预防措施。

综合布线工作人员在使用有源设备之前,要使用电压测试设备(如万用表)对设备的表面电压进行测试,防止设备带电。

在《综合布线系统工程设计规范》(GB/T 50311—2016)中第 8.0.10 条(8.0.10 当电缆从建筑物外面进入建筑物时,应选用适配的信号线路浪涌保护器)。为强制性条文,必须严格执行。就是为了防止施工工作人员触电。

接地是保障安全的重要手段,应注意在综合布线系统安装过程中正确安装接地系统,并验证接地系统能否正常工作。

在综合布线系统施工中,不要让综合布线系统的电缆距离传输电能的电缆或任何带电的东西太近,因为距离太近会使铜缆数据传输特性受到损害。

另外,绝不能在裸露的电力电缆、避雷针、变压器、热水管等附近安装电缆;绝不能把数据和语音电缆放入包含动力电缆或者照明电路的任何导管、箱体、通道,除非有特殊电磁屏蔽保护措施;绝不能把数据电缆和电力电缆捆绑在一起。

- 静电是破坏性最大和最难控制的电流形式,对人体没有伤害,但对计算机等电子设备的破坏有时候是灾难性的,一定要采取措施处理静电,以保护敏感的电子设备。

3)工作场所安全

在综合布线系统工程施工过程中,必须熟悉工作场所的其他潜在危险。工作场所应该是一个安全的环境,要掌握梯子和灭火器的使用。

4)个人安全设备

个人安全设备主要包括工作服、安全帽、眼睛保护装置、听力保护装置、呼吸道保护装置、手套等。

2. 综合布线系统工程施工阶段的划分

综合布线系统工程施工阶段可以细分为施工准备、安装施工、分段测试、系统测试、竣工验收和保修 5 个阶段。

1)施工准备阶段

施工企业与发包的建设单位(业主)签订承包施工合同后,即进入施工准备阶段。主要包括以下内容。

(1)熟悉和了解工程设计与施工图纸。

(2)编制施工进度计划、施工组织设计以及具体施工方案等。

(3)对设备、器材、仪表和工具等进行核对、清点、检查和测试。

(4)对施工现场环境条件进行检查。

2)安装施工阶段

安装施工阶段的工作内容极为繁重和复杂,主要包括以下几部分。

(1)设备器材的运送、保管。

(2)管槽安装施工。根据设计方案和工程实际情况,由综合布线系统工程承包商与建筑物土建承包商、装潢承包商等相互协调,完成地板内或吊顶上线槽和线管的安装与调整;以及弱电井(电信间)中垂直线槽的安装等。

(3)干线缆线的布放。施工管理人员首先按照设计的要求并依照系统规划图对设备间的定位、缆线的路由进行分析,对施工人员进行施工前的技术交底。对于光缆或电缆干线部分的敷设,从各个楼层配线间的分配线架开始,顺本层水平线槽、竖井线槽到主配线间(设备间)。

(4)缆线的端接。按照布线设计要求和施工规范及工艺要求进行缆线管理和端接缆线,主要包括配线架在机柜的安装及缆线的端接、管理;信息模块的端接、安装;跳线的制作等。

3)分段测试阶段

分段测试阶段又称阶段测试,是指在干线子系统、配线子系统、建筑群子系统以及地下管线等施工过程中,为了及早发现工程质量问题,及时修复而进行的分段检查测试。

4)系统测试阶段

系统测试阶段又称全程测试阶段,是指综合布线系统的全程测试(包含各个布线子系统各自范围内的全段测试)。

5）竣工验收和保修阶段

竣工验收和保修阶段简称竣工保修阶段，包括竣工验收准备工作阶段。

3. 综合布线系统工程施工的依据和相关文件

综合布线系统工程施工中的主要依据和指导性文件较多，主要依据是国内外的相关标准和规范，包含设计、施工和验收等内容。指导性文件包括工程设计文件、施工图纸、承包施工合同和施工操作规程等。

（1）标准与规范。综合布线系统工程的施工应执行国家标准、规范及白皮书的要求。

（2）工程设计和施工图等有关文件。指导性文件中有很多是与具体工程紧密结合的重要内容，它们直接影响工程质量的优劣、施工进度的安排和今后运行的效果。所以，在综合布线系统工程施工时，必须始终以这些文件来指导和监督工程的进行。指导性文件主要有以下几种。

① 综合布线系统工程设计文件和施工图纸。

② 承包施工合同或有关协议。

③ 生产厂家提供的产品安装手册或施工操作规程。

④ 施工变更文件或记录。

4. 综合布线系统工程安装施工的基本要求

根据综合布线系统与建筑物本体的关系，综合布线系统工程可有 3 种类型。①与新建建筑物同步安装的综合布线系统；②建筑物已预留了设备间、配线间和管槽系统，再需要布线的综合布线系统；③对没有考虑智能化系统的旧建筑物实施综合布线系统工程。

第①种类型的综合布线系统的工程量只需考虑缆线系统及设备的安装与测试验收；第②种类型的综合布线系统的工程量除包含第①种类型的工程量外，还需安装管槽系统和信息插座底座；第③种类型的综合布线系统工程量，除包含第②种类型的工程量外，还需定位安装设备间、配线间，打通管槽系统的路由。

在进行综合布线系统工程的施工之前，必须了解安装施工所应遵循的标准和要求。工程安装施工的基本要求有以下几点。

（1）在新建或扩建的智能化建筑或智能化小区中，如采用综合布线系统时，必须按照国标《综合布线系统工程验收规范》(GB/T 50312—2016)中的有关规定进行安装施工。

（2）在综合布线系统工程安装施工中，如遇上述规范中没有包括的内容时，可按照国标《综合布线系统工程设计规范》(GB/T 50311—2016)中的规定要求执行，也可以根据工程设计要求办理。

（3）综合布线系统工程中，其建筑群子系统部分的施工与本地电话网络有关，因此安装施工的基本要求应遵循我国通信行业标准《本地通信线路工程设计规范》(GB 51158—2015)的规定。

（4）综合布线系统是一项系统工程，必须针对工程特点，建立规范的组织机构，保障施工顺利进行。

（5）必须加强施工工程管理。施工单位必须按照国标《综合布线系统工程验收规范》(GB/T 50312—2016)进行工程的自检、互检和随工检查。建设方和工程监理单位必须按照上述规范要求，在整个安装施工过程中进行工地技术监督及工程质量检查工作。

（6）施工过程要按照统一的管理标识对缆线、配线架和信息插座等进行标记，标记一定要清晰、有序。清晰、有序的标记会给下一步设备的安装、调试工作带来便利，以确保后续工作的正常进行。

（7）对于已敷设完毕的线路，必须进行测试检查。线路的畅通、无误是综合布线系统正常可靠运行的基础和保证，测试检查是线路敷设工作中不可缺少的一项工作。要测试线路的标记是否准确无误，检查线路的敷设是否与图纸一致等。

（8）必须敷设一些备用线。备用线的作用在于它可及时、有效地代替出问题的线路。

（9）高低压线须分开敷设。为保证信号、图像的正常传输和设备的安全，要完全避免电涌干扰，要做到高低压线路分管敷设，高压线需使用铁管；高低压线应避免平行走向，如果由于现场条件只能平行时，其间隔应保证按规范的相关规定执行。

5．综合布线系统工程施工前的准备工作

施工准备工作是保证综合布线系统工程顺利施工，全面完成各项技术指标的重要前提，是一项有计划、有步骤、有阶段性的工作。准备工作不但在施工前，而且贯穿于施工的全过程。

1）工程施工技术准备

（1）熟悉工程设计和施工图纸。施工准备阶段必须完成所有施工图纸设计或深化设计，必须具有系统图、平面施工图、设备安装图、接线图及其他必要的技术文件。

综合布线系统工程施工图纸中要清楚地绘制出有关线槽、桥架的规格尺寸、安装工艺要求、设备的平面布置，并应标出有关尺寸、设备、管线编号、型号规格、说明安装方式等。施工平面图上还应标明预留管线、孔洞的平面布置，开口尺寸以及标高等。例如：

- 外部进线位置、标高、进线方向、进线管道数目及管径。
- 电话机房和计算机的位置，机房引出线槽的位置及标高。
- 进线间至机房的路由，采用托线盘的尺寸、规格、数量。
- 每层信息点的分布、数量、插座样式、安装标高、位置。
- 水平缆线路由，水平线槽及引下管材料、口径、安装方式。
- 弱电竖井的数量、位置、大小。
- 电信间的设备布置方式。
- 竖井内桥架规格、尺寸、安装位置。

图纸会审，应由弱电工程总包方组织建设单位、设计单位、设备供应商、施工安装承包单位，有步骤地进行，并按照工程的性质、图纸内容等分别组织会审工作。并由建设、设计、施工三方共同签字，作为施工图纸的补充技术文件。

（2）熟悉和工程有关的其他技术资料。如施工及验收规范、技术规程、质量检验评定标准以及制造厂提供的资料，即安装使用说明书、产品合格证、试验记录数据等。

（3）技术交底。技术交底工作主要是由设计单位的设计人员和工程安装承包单位的项目技术负责人一起完成。技术交底的主要内容包括以下几点。

- 设计要求和施工组织中的有关要求。
- 工程使用的材料、设备的性能参数。
- 工程施工条件、施工顺序、施工方法。
- 施工中采用的新技术、新设备、新材料的性能和操作使用方法。

- 预埋部件注意事项。
- 工程质量标准和验收评定标准。
- 施工中的安全注意事项。

技术交底的方式有书面技术交底、会议交底、设计交底、施工组织设计交底、口头交底等形式。表 6.1 所示为技术交底常用的表格。

表 6.1　技术交底常用表格样式　　　　年　月　日

工程名称		工程地址	
工程类型		合同编号	
参加人员			

内容：

提出单位	设计单位	建设方	工程监理	安装单位
代表签字	代表签字	代表签字	代表签字	代表签字

（4）施工现场勘察。现场勘察的主要任务是针对客户所提出的信息点及数量、位置进行实地考察，考察的对象包括建筑结构、设备间、电信间和进线间的位置、走线路由、电磁环境、布线设施外观以及穿墙和楼板孔洞等，并结合场地的平面图对信息点进行调整，在勘察的时候还需要考虑在利用现有空间的同时避开强电及其他线路，做出综合布线调研报告。

（5）编制施工方案。应在全面熟悉施工图纸的基础上，依据图纸并根据施工现场情况、技术力量及技术装备情况，综合做出合理的施工方案。

施工方案的主要内容包括以下几方面。

① 确定工程施工的起点和流向。是整个工程项目的施工开始部位和进展方向，确定在空间上的施工顺序。

② 确定施工程序。是一个工程在不同的施工阶段之间所固有的、密切不可分割的先后次序。包括签订工程施工合同、施工准备、安装施工和竣工验收。应先敷设槽管、后布放缆线，先安装设备、后缆线终端，先建筑群布线、后建筑物布线，先安装施工、后检验测试等原则。

③ 确定施工顺序。是综合布线系统工程各个分项工程之间的具体施工次序。例如，缆线终端连接前，必须对敷设的缆线进行测试，发现问题必须查找症结，排除障碍后，才能进行终端连接。

④ 确定施工方法。

⑤ 确定安全施工的措施。在施工过程中应注意安全施工。

⑥ 施工计划。包括施工准备计划和施工进度计划。

（6）编制工程预算。工程预算包括工程材料清单和施工预算。

2）施工场地的准备

为了加强管理,要在施工现场布置一些临时场地和设施,主要有:管槽加工制作场,仓库,现场办公室,现场供电、供水。

3）施工工具准备

根据综合布线系统工程施工范围和施工环境的不同,要准备不同类型和品种的施工工具,并对工具的完好性做必要的检查。

4）施工前的环境检查

在对综合布线系统的缆线、工作区的信息插座、配线架及所有连接器件安装施工之前,首先要对土建工程,即建筑物的安装现场条件进行检查,在符合国标 GB/T 50312—2016 和设计文件相应要求后,方可进行安装。

在国标 GB/T 50312—2016 中只对综合布线系统的环境检查提出了规定,详见国标 GB/T 50312—2016。

5）施工前的器材及测试仪表工具检查

在国标 GB/T 50312—2016 中对器材及测试仪表工具的检查校验要求的内容做了详细介绍,在这里不再介绍,请参看国标 GB/T 50312—2016。

6.2.2　综合布线系统工程管槽系统材料

综合布线系统工程中,水平子系统、干线子系统、建筑群子系统的施工材料除线缆材料外,最重要的就是管槽和桥架了。布线子系统首先要设计布线路由安装好管槽系统,不论是明敷还是暗敷,管槽系统中使用的材料包括金属导管(钢管和电线管)、可弯曲金属导管、中等机械应力以上刚性塑料导管和混凝土管孔等。常用的布线桥架包括金属电缆槽盒(封闭可开启)、中等机械应力以上刚性塑料槽盒、地面槽盒中(金属封闭式或中等机械应力以上刚性塑料)、网格电缆桥架(信息机房内高位明敷)等。

1. 金属导管

金属导管就是常说的钢管。钢管按壁厚不同分为普通钢管(水压实验压力为 2.5MPa)、加厚钢管(3MPa)和薄壁钢管(2MPa)。普通钢管和加厚钢管统称为水管,有时简称为厚管。薄壁钢管又简称薄管或电管。这两种规格在综合布线系统中都有使用。由于水管的管壁较厚,机械强度高,主要用在垂直主干上升管路、房屋底层或受压力较大的地段;有时也用于屋内缆线的保护管,它是最普遍使用的一种管材。电管因管壁较薄承受压力不能太大,常用于屋子内吊顶中的暗敷管路,以减轻管路的重量,所以使用也很广泛。

钢管的规格有多种,以外径(mm)为单位,综合布线工程施工中常用的金属管有 D16、D20、D25、D32、D40、D50、D63、D110 等规格。

金属管还有一种是软管(俗称蛇皮管),供弯曲的地方使用。

2. 塑料导管

中等机械应力以上刚性塑料导管以聚氯乙烯为主要原料,加入其他添加剂经挤出成型,用于工业与建筑中的电线电缆保护的平直导管。中等机械应力以上刚性塑料导管又称中型导管,以下简称塑料导管。

综合布线系统中通常采用的是软、硬聚氯乙烯管，且是内、外壁光滑的实壁塑料管。室外的建筑群主干布线子系统采用地下通信电缆管道时，其管材除主要选用混凝土管（又称水泥管）外，目前较多采用的是内外壁光滑的软、硬质聚氯乙烯实壁塑料管（PVC-U）和内壁光滑、外壁波纹的高密度聚乙烯管（HDPE）双壁波纹管，有时也采用高密度聚乙烯（HDPE）的硅芯管。由于软、硬质聚氯乙烯管具有阻燃性能，对综合布线系统防火极为有利。此外，在有些软聚氯乙烯实壁塑料管使用场合中，有时也采用低密度聚乙烯光壁（LDPE）子管。目前在综合布线工程常用的塑料管规格型号如表 6.2 所示。

表 6.2　综合布线工程常用的塑料管规格型号

序号	名　称	材　质	规　格	备　注
1	实壁管	聚氯乙烯（PVC-U）简称 PVC 管	$\phi110/100$、$\phi100/90$	主干管道、支线管道、驻地网管道
		聚乙烯（PE 管）		
2	双壁波纹管	聚氯乙烯（PVC-U）简称 PVC 管	$\phi100/90$	
		聚乙烯（PE 管）	$\phi110/903$	
3	硅芯管	高密度聚乙烯（HDPE）	$\phi40/33$、$\phi46/384$	
4	栅格管	聚氯乙烯（PVC-U）	4 孔（内径 50）	主干管道、支线管道
			6 孔（内径 33）	
			9 孔（内孔 33）	
5	梅花管	聚氯乙烯（PVC-U）	5 孔［内径 24(26)］	
			4 孔、5 孔（内径 28）	
			4 孔、5 孔、7 孔（内径 32）	
6	蜂窝管	聚氯乙烯（PVC-U）	7 孔（内径 33）	

其中对于室外光缆的敷设，新建项目宜采用多孔塑料管，如图 6.1 所示。

图 6.1　多孔塑料管

3. 线槽

线槽有金属线槽和 PVC 塑料线槽，金属线槽将在 7.2.5 小节槽式桥架中详细介绍。塑料线槽是综合布线系统工程明敷管槽时广泛使用的一种材料，它是一种带盖板封闭式的管槽材料，盖板和槽体通过卡槽合紧，如图 6.2 所示。塑料线槽的品种规格更多，从型号上讲有 PVC-20、PVC-25、PVC-30、PVC-40、PVC-60 等系列；从规格上讲有 20×12、24×14、25×12.5、25×25、30×15、40×20 等。与 PVC 槽配套的连接件有阳角、阴角、直转角、平三通、左三通、右三通、连接头、终端头等。PVC 塑料线槽连接件如图 6.3 所示。

图 6.2 PVC 塑料线槽

图 6.3 PVC 塑料线槽连接件

4. 桥架

综合布线系统工程中,桥架具有结构简单、造价低、施工方便、配线灵活、安全可靠、安装标准、整齐美观、防尘防火、延长缆线使用寿命、方便扩充电缆和维护检修等特点,且同时能克服埋地静电爆炸、介质腐蚀等问题,因此被广泛应用于建筑群主干管线和建筑物内主干管线的安装施工。

1) 桥架的分类

(1) 桥架按结构可分为梯级式、托盘式和槽式 3 种类型。

(2) 桥架按制造材料可分为金属材料和非金属材料两类。金属材料又可分为不锈钢、铝合金和铁质桥架 3 种类型。不锈钢桥架美观、结实、档次高;铝合金桥架轻、美观、档次高;铁质桥架经济实惠。铁质桥架按表面工艺处理可分为电镀彩(白)锌、电镀后再用粉末静电喷涂和热浸镀锌 3 种。电镀彩(白)锌适合一般的常规环境使用。电镀后再用粉末静电喷涂,适合于有酸、碱及其他强腐蚀气体的环境中使用。热浸镀锌适用于潮湿、日晒、尘多的环境中。

2) 桥架产品

(1) 槽式桥架。槽式桥架是全封闭电缆桥架,也就是通常所说的金属线槽,由槽底和槽盖组成,每根槽一般长度为 2m,槽与槽连接时使用相应尺寸的铁板和螺丝固定。图 6.4 所示为槽式桥架空间布置示意图。它适用于敷设计算机缆线、通信缆线、热电偶电缆及其他高灵敏系统的控制电缆等,它对屏蔽干扰重腐蚀环境中电缆防护都有较好的效果。适用于室外和需要屏蔽的场所。在综合布线系统中一般使用的金属槽的规格有 50mm×100mm、100mm×100mm、100mm×200mm、100mm×300mm、200mm×400mm 等多种规格。

(2) 托盘式桥架。具有重量轻、载荷大、造型美观、结构简单、安装方便、散热透气性好等优点。它适用于地下层、吊顶内等场所。图 6.5 所示为托盘式桥架空间布置示意图。

(3) 梯级式桥架。具有重量轻、成本低、造型别致、通风散热好等特点。它适用于一般直径较大电缆的敷设,适用于地下层、垂井、活动地板下和设备间的缆线敷设。图 6.6 所示为梯级式桥架空间布置示意图。

(4) 支架。支架是支撑电缆桥架的主要部件,它由立柱、立柱底座、托臂等组成,可满足不同环境条件(工艺管道架、楼板下、墙壁上、电缆沟内)安装不同形式(悬吊式、直立式、单边、双边和多层等)的桥架,安装时还需连接螺栓和安装螺栓(膨胀螺栓)。图 6.7 所示为三种配线桥架吊装示意图。

图 6.4　槽式桥架空间布置示意图

图 6.5　托盘式桥架空间布置示意图

图 6.6　梯级式桥架空间布置示意图

图 6.7　三种配线桥架吊装示意图

6.3　任务实施：建筑物内配线管网安装施工

建筑物内配线管网包括室外引入管、楼内弱电竖井、导管、梯架、托盘、槽盒等。

6.3.1　配线管网设计

建筑物内电信间之间、设备间之间、进线间之间，以及电信间、设备间、进线间相互之间的线缆敷设空间为主干通道。电信间与信息插座之间的线缆敷设空间为水平通道。

6.3.2　管槽施工工具

安装管槽系统，首先必须准备好施工材料和施工工具，然后组织施工安装。管槽系统中使用的施工材料包括线管材料、槽道(桥架)材料和防火材料。

下面介绍一些常用的电动工具和设备。

（1）电工工具箱。电工工具箱是综合布线系统施工中必备的，一般应包括钢丝钳、尖嘴钳、斜口钳、剥线钳、螺丝刀、测电笔、电工刀、扳手、铁锤、凿子、卷尺等。

（2）电源线盘。在室外施工现场，有时需要长距离的电源线盘接电，线盘长度通常有20m、30m、50m等型号。

（3）电动工具。在综合布线系统工程管槽施工中经常用到的电动工具包括手电钻，冲击电钻、电锤、电稿、曲线锯、角磨机、型材切割机、台钻等。

（4）其他工具。在综合布线系统工程管槽施工中还有一些经常用到的工具如线槽剪、台虎钳、梯子、管子台虎钳、管子切割器、管子钳、弯管器、数字万用表、接地电阻测量仪等。

6.3.3 管路和槽道施工与土建工程的配合

智能化建筑中综合布线系统工程中所有管路都依附在房屋建筑上，其所要穿越楼板或墙壁的洞孔、预留的线槽和安装设备的空间、预埋安装支承吊装铁件和管路以及设置封堵隔离的防火措施等，都是提请建筑设计单位纳入土建设计且与土建工程同时实施的。因此，综合布线系统工程的管槽系统必须与土建工程密切配合，相辅相成为一个整体。

1. 预留洞孔和沟槽

在智能化建筑综合布线系统工程中，暗敷或明敷的管槽需要穿越建筑物的基础、墙壁或楼板等处。这就需要土建施工时，在相应的建筑部位预留管槽系统穿越用的洞孔或敷设管路的沟槽。做到预留洞孔和沟槽的数量、位置及标高正确无误，规格尺寸和工艺质量符合设计文件和施工图样以及施工质量验收技术规范的要求，切忌发生不留或漏留洞孔、洞孔位置不准确和洞孔或沟槽的规格尺寸有误等弊病。

2. 预埋安装铁件和其他部件

在智能化建筑综合布线系统工程中，为了安装管槽系统，需要在墙壁上、楼板中，或其他建筑物上预埋安装这些设备和管路及槽道系统的铁件（包括支承吊装件、承托安装件和保护套管）。这些预埋的安装铁件必须位置正确、牢固可靠、材料质量和规格尺寸均应符合设计文件和标准规定的要求，否则将会不同程度影响工程质量和正常使用。

3. 穿越建筑结构

穿越建筑结构的伸缩缝、沉降缝、变形缝等土建连接缝的导管或桥架，会因温度、承载等引起结构变形，应考虑导管或桥架的软连接线或伸缩节等部位的冗余量长度，其连接的做法应依据土建构造并满足施工安装、检修、维护方便及建筑美观等要求，布放与使用过程应对缆线无实质损害。

4. 保护措施

为减轻导管或槽盒的抗压、抗弯曲要求，尽量不要穿越设备基础敷设；当穿越建筑物基础时，应核算分析保护措施的可行性。其抗压、抗弯曲性能必须达到建筑物沉降的要求，并确保缆线不会因受沉降影响而损坏。

6.3.4 建筑物水平布线的管槽安装施工

在4.2.3小节我们介绍了建筑物水平缆线的敷设方式，水平缆线在敷设时应采用导管、桥架的方式，并应符合下列规定。

（1）从槽盒、托盘引出至信息插座，可采用金属导管敷设。

（2）吊顶内宜采用金属托盘、槽盒的方式敷设。

（3）吊顶或地板下缆线引入办公家具桌面宜采用垂直槽盒方式及利用家具内管槽敷设。

（4）墙体内应采用穿导管方式敷设。

（5）大开间地面布放缆线时，根据环境条件宜选用架空地板下或网络地板内的托盘、槽盒方式敷设。

（6）导管或桥架的性能、规格和材质的选取应保障其具有一定的承重、抗弯曲、抗冲击能力。

（7）导管或桥架应安装于干燥位置，潮湿或对金属有严重腐蚀的场所不宜采用金属导管，或采用金属导管但管材表面增加防腐措施，如采用双层金属层外敷聚氯乙烯护套的防水型可弯曲金属电气导管明敷于潮湿场所或暗敷于墙体、混凝土地面、楼板垫层或现浇钢筋混凝土楼板内。

（8）具有酸碱腐蚀性介质的场所宜选用刚性塑料导管（槽）或铝制槽盒，但在高温和易受机械损伤的场所不宜采用明敷设。暗敷于墙内或混凝土板内的刚性塑料导管应选用抗压、抗冲击及弯曲等性能达到中等机械应力以上的非火焰蔓延型塑料导管。

1. 金属管暗敷

在安装施工暗敷管路时，必须符合以下要求。

（1）建筑物内暗敷设时，应采用金属管、可弯曲金属电气导管等保护。

（2）导管在地下室各层楼板或潮湿场所敷设时，不应采用壁厚小于2.0mm的热镀锌管或重型包塑可弯曲金属导管；导管在二层地板及以上各层钢筋混凝土楼板或墙体内敷设时，可采用壁厚不小于1.5mm的热镀锌管或可弯曲金属导管。

（3）敷设在钢筋混凝土现浇楼板内的布线导管或槽盒的最大外径宜为楼板厚度的1/4～1/3；导管在墙体、楼板内敷设时，其保护层厚度不应小于30mm。

（4）在多层建筑砖墙或混凝土墙体内竖向暗敷导管时，导管外径不应大于50mm；由楼层水平金属槽盒引入每个用户单元信息配线箱或过路箱的导管，宜采用外径20～25mm钢导管。

（5）预埋在墙体中间暗管的最大管外径不宜超过50mm，楼板中暗管的最大管外径不宜超过25mm，室外管道进入建筑物的最大管外径不宜超过100mm。

（6）导管不应穿越机电设备基础。

（7）楼层弱电间(电信间)或弱电竖井内钢筋混凝土楼板上，应按竖向导管的根数及规格预留楼板孔洞或预埋外径不小于89mm的竖向金属管套件。

（8）直线布管每30m处、有1个转弯的管段长度超过20m时、有2个转弯的管段长度超过15m时，路由中反向(U型)弯曲的位置应设置过线盒。

（9）暗管的转弯角度应大于90°，在布线路由上每根暗管的转弯角不得多于2个，并不应有S弯出现。

（10）暗敷管路内应安置牵引线或拉线。不应有铁屑等异物，以防止堵塞。

（11）暗管管口应光滑无毛刺，并应加有护口(户口圈或绝缘套管)保护，管口伸出部位宜为25～50mm。

（12）至楼层电信间暗管的管口应排列有序，在两端应设有标志，其内容有序号、长度等，应便于识别与布放缆线。

（13）暗敷管路转弯的曲率半径不应小于所穿入缆线的最小允许弯曲半径，并且不应小于该管外径的 6 倍，如暗管外径大于 50mm 时，不应小于 10 倍。

（14）暗敷管路进入信息插座、过线盒等接续设备时，如采用钢管，可采用焊接固定，管口露出盒内部分应小于 5mm；如采用硬质塑料管，应采用入盒接头紧固。

2．金属管、槽盒明敷

线路明敷设时，应采用金属管、可挠金属电气导管保护。

（1）槽盒明敷设时，与横梁或侧墙或其他障碍物的间距不宜小于 100mm。

（2）槽盒的连接部位不应设置在穿越楼板处和实体墙的孔洞处。

（3）竖向导管、电缆槽盒的墙面固定间距不宜大于 1500mm。

（4）在距接线盒 300mm 处、弯头处两边、每隔 3m 处均应采用管卡固定。

（5）槽盒的直线连接、转角、分支及终端处宜采用专用附件连接。导管的连接宜采用专用附件。

（6）在明装槽盒的路由中，应在直线段不大于 3m 及接头处、首尾端及进出接线盒 0.5m 处、转角处设置吊架或支架。

3．预埋金属槽道（线槽）安装

预埋金属槽道（线槽）安装的具体要求有以下几点。

（1）在建筑物中预埋线槽盒，宜按单层设置，每一路由进出同一过路盒的预埋线槽均不应超过 3 根，总宽度不宜超过 300mm，线槽截面高度不宜超过 25mm，否则会影响建筑结构的布局。线槽路由中若包括过线盒和出线盒，截面高度宜在 70～100mm 范围内。

（2）线槽直埋长度超过 30m 或在线槽路由交叉、转弯时，宜设置过线盒，以便于布放缆线和维修。

（3）过线盒盖能开启，并与地面齐平，盒盖处应具有防灰与防水功能。

（4）过线盒和接线盒盒盖应具有一定抗压功能。

（5）从金属线槽至信息插座模块接线盒、86 底盒间或金属线槽与金属钢管之间相连接时的缆线宜采用金属软管敷设。

（6）预埋金属槽道与墙壁暗嵌入式通信引出端的连接，应采用金属套管连接法。

4．明敷缆线槽道或桥架

明敷缆线槽道或桥架适用于正常环境的室内场所，有严重腐蚀的场所不宜使用。在敷设时必须注意以下要求。

（1）缆线桥架底部应高于地面 2.2m 及以上，顶部距建筑物楼板不宜小于 300mm，与梁及其他障碍物交叉处间的距离不宜小于 50mm。

（2）缆线桥架水平敷设时，托盘支撑间距宜为 1.5～3m。垂直敷设时固定在建筑物结构体上的间距宜小于 2m，距地 1.8m 以下部分应加金属盖板保护，或采用金属走线柜包封，门应可开启。

（3）直线段缆线桥架每超过 15～30m 或跨越建筑物变形缝时，应设置伸缩补偿装置。

（4）金属线槽盒敷设时，在线槽接头处；每间距 3m 处；离开线槽两端出口 0.5m 处；转弯处。

（5）塑料线槽槽底固定点间距宜为 1m。

（6）缆线桥架和线缆线槽盒转弯半径不应小于槽内缆线的最小允许弯曲半径，线槽直角弯处最小允许弯曲半径不应小于槽内最粗缆线外径的 10 倍。

（7）桥架和线槽盒穿过防火墙体或楼板时，缆线布放完成后应采取防火封堵措施。

（8）缆线桥架和线缆线槽盒在水平敷设时，应整齐、平直；沿墙垂直明敷时，应排列整齐，横平竖直，紧贴墙体。

（9）金属槽道应有良好的接地系统，并应符合设计要求。槽道间应采用螺栓固定法连接，在槽道的连接处应焊接跨接线。

（10）当综合布线缆线与大楼弱电系统缆线采用同一线槽或桥架敷设时，子系统之间应采用金属板隔开，间距应符合设计要求。

5．网络地板缆线敷设

网络地板缆线敷设时应注意以下要求。

（1）线槽盒之间应连通。

（2）线槽盒板应可以开启。

（3）主线槽宽度宜在 200～400mm，支线槽盒宽度不宜小于 70mm。

（4）可开启的线槽盒盖板与明装插座底盒间应采用金属软管连接。

（5）地板块与线槽盒盖板应抗压、抗冲击和阻燃。

（6）当网络地板具有防静电功能时，地板整体应接地。

（7）网络地板板块间的金属线槽盒段与段之间应保持良好导通并接地。

（8）在架空活动地板下敷设缆线时，地板内净空应为 150～300mm。若空调采用下送风方式则地板内净高应为 300～500mm。

6.3.5 建筑物干线通道施工

综合布线系统的主干缆线不得布放在电梯、供气、供暖管道竖井中。主干缆线应选用带门的封闭性的专用通道敷设，以保证通信线路安全运行和有利于维护管理。因此，在大型建筑中都采用电缆竖井或弱电间等作为主干缆线敷设通道。综合布线系统上升部分有上升管路、电缆竖井和弱电间三种类型。建筑物干线管槽系统通常采用槽道、桥架或管路。

1．上升管路的设计安装

上升管路通常适用于信息业务量较小、今后发展较为固定的中小型智能化建筑，尤其是楼层面积不大、楼层层数较多的塔楼，或各种功能组合成的分区式建筑群体。采用明敷管路的方式。

装设位置一般选择在综合布线系统缆线较集中的地方，宜在较隐蔽角落的公用部位（如走廊、楼梯间或电梯厅等附近），在各个楼层的同一地点设置；不得在办公室或客房等房间内设置，更不宜过于邻近垃圾道、燃气管、热力管和排水管以及易爆、易燃的场所，以免造成危害和干扰等后患。

上升管路是综合布线系统建筑物干线子系统缆线提供保护和支撑的专用设施，既要与各个楼层的楼层配线架（或楼层配线接续设备）相互配合连接，又要与各楼层管理相互衔接。上升管路可采用钢管或硬聚氯乙烯塑料管，在屋内的保护高度不应小于 2m，用钢管卡子等固定，其间距为 1m。上升管路的设计安装如图 6.8 和图 6.9 所示。

明敷管路如在同一路由上，多根排列敷设时，要求排列整齐，布置合理、横平竖直，且要求固定点（支撑点）的间距均匀。支撑点的间距应符合标准规定。

图 6.8　上升管路直接敷设

图 6.9　塑料保护管敷设方法

2．在电缆竖井内安装

在特大型或重要的高层智能化建筑中，一般均有设备安装的区域，设置各种管线。它们是从地下底层到建筑物顶部楼层，形成一个自上而下的深井。

综合布线系统的主干线路在竖井中一般有以下几种安装方式。

（1）将上升的主干电缆或光缆直接固定在竖井的墙上，它适用于电缆或光缆条数很少的综合布线系统。

（2）在竖井墙上装设走线架，上升电缆或光缆在走线架上绑扎固定，它适用于较大的综合布线系统。在有些要求较高的智能化建筑的竖井中，需安装特制的封闭式槽道，以保证缆线安全。

（3）在竖井墙壁上设置上升管路，这种方式适用于中型的综合布线系统。

3．在弱电间内安装

在大中型高层建筑中，可以利用公用部分的空余地方，划出只有几平方米的小房间作为上升房，在上升房的一侧墙壁和地板处预留槽洞，作为上升主干缆线的通道，专供综合布线系统的垂直干线子系统的缆线安装使用。在上升房内布置综合布线系统的主干缆线和配线接续设备需要注意以下几点。

（1）上升房内的布置应根据房间面积大小、安装电缆或光缆的条数、配线接续设备装设位置和楼层管路的连接、电缆走线架或槽道的安装位置等合理设置。

（2）上升房为综合布线系统的专用房间，不允许无关的管线和设备在房内安装，避免对通信缆线造成危害和干扰，保证缆线和设备安全运行。上升房内应设有 220V 交流电源设施，其照度应不低于 20lx。为了便于维护、检修，可以利用电源插座采取局部照明，以提高照度。

（3）上升房式建筑物中一个上、下直通的整体单元结构，为了防止火灾发生时沿通信缆线延燃，应按国家防火标准的要求，采取切实有效的隔离防火措施。

图 6.10 所示为在电缆竖井或上升房内安装梯式桥架的示意图。

图 6.10   电缆竖井或上升房内安装梯式桥架示意图

6.4   任务实施：建筑群地下通信管道施工

在园区建筑群之间的线缆布放宜采用多孔塑料管敷设，在特定的场合可以使用钢管。地下通信配线管道的规划应与城市其他管线的规划相适应，并做到同步建设。室外管线规划时应将通信接入系统、弱电系统（如安防系统，机电设备管理系统、广播、大屏幕显示等）、物业管理网络等的管线与建筑群综合布线系统统一考虑。对于电信业务经营者的宽带引入光缆敷设所需的管道容量应满足不少于 3 家的需要。

除非有特殊的需要，一般情况下，线缆不采用架空和直埋的敷设方式。

6.4.1   室外管道的整体布局

地下通信管道以外区域的线缆汇聚点或与外部公用通信管道的衔接人（手）孔及建筑群配线安装的建筑物为中心，敷设至每一栋建筑物，并符合以下规定。

（1）应与光交接箱引上管相衔接。

（2）应与公用通信网管道互通的人（手）孔相衔接。

（3）应与电力管、热力管、燃气管、给排水管保持安全的距离。

（4）应避开易受到强烈震动的地段。

（5）应敷设在良好的地基上。

（6）路由宜建筑群设备间为中心向外辐射，应选择在人行道、人行道旁绿化带或车行道下。

（7）地下通信管道设计还应符合《通信管道与通信管道工程设计规范》（GB 50373—2019）的相关规定。

6.4.2 管道敷设要求

1. 通信管道铺设要求

通信管道铺设应符合下列规定。

（1）通信管道的荷载与强度应满足设计要求。

（2）通信管道应建在土壤承载能力大于或等于2倍的荷重且基坑在地下水位以上的稳定性土壤的天然地基或在不稳定的土壤上经过人工加固的人工地基上，对于不同的土质应采用不同的管道基础，管道沟基础应满足所需的承载能力。

（3）引入建筑的地下通信管道应伸出外墙不小于2m，并应向人（手）孔方向倾斜，坡度不应小于4.0%。并做防渗水措施。

（4）在通信管道铺设过程和施工完后，应将进入人（手）孔的管口封堵严密。

（5）人（手）孔在园区中位置与选用。①人（手）孔位置应设置在光（电）缆分支点、引上光（电）缆汇接点、坡度较大的管线拐弯处、道路交叉路口或拟建地下引入线路的建筑物旁；②人（手）孔位置应与燃气管、热力管、电力电缆管、排水管等地下管线的检查井相互错开，其他地下管线不得在人（手）孔内穿过；③交叉路口的人（手）孔位置宜选择在人行道或绿化地带；④人（手）孔位置不应设置在建筑物进出通道、货物堆场和低洼积水处、地基不稳定处；⑤通信管道穿越铁道和较宽的道路时，应在其两侧设置人（手）孔；⑥与公用通信管道相通的人（手）孔位置，应便于与电信业务经营者的管道衔接。

（6）人（手）孔的选用原则。①终期（远期）管孔容量大于6孔时，宜采用人孔；②终期（远期）管孔容量不大于6孔时，宜采用手孔；③管道引上处、放置落地式光交接箱处，宜采用手孔。通信管道人（手）孔型号应根据终期管孔容量大小确定。人（手）孔型号可按表6.3选择。

表6.3 人（手）孔型号选择对照表

人（手）孔型号		管孔容量（单一方向，标准孔径90mm）	备 注
手孔	550mm×550mm	3孔及3孔以下	1. 位于非机动车道的引上管旁； 2. 孔径为28mm或32mm的多孔管9孔以下
	700mm×900mm		建筑物前
	900mm×1200mm	3孔以上	1. 双方向或管道中心线夹角≤30°； 2. 孔径为28mm或32mm的多孔管9孔以上
	1200mm×1500mm	6孔及6孔以下	1. 多方向或管道中心线夹角＞30°； 2. 孔径为28mm或32mm的多孔管18孔以下
	1200mm×1700mm		

续表

人(手)孔型号		管孔容量(单一方向, 标准孔径 90mm)	备 注
人孔	小号	6 孔以上 12 孔以下(含 12 孔)	孔径为 28mm 或 32mm 的多孔管 18 孔以上、36 孔以下
	中号	12 孔以上 24 孔以下(含 24 孔)	孔径为 28mm 或 32mm 的多孔管 36 孔以上、72 孔以下
	大号	24 孔以上 48 孔以下(含 48 孔)	孔径为 28mm 或 32mm 的多孔管 72 孔以上、144 孔以下

2. 通信管道容量配置规定

通信管道的总容量应根据管孔类型、线缆敷设方式以及线缆的终期容量确定。

(1) 1 个 9 孔塑料格栅管能够满足 1 个建筑群 3 家电信业务经营者企业敷设光缆的需要。

(2) 1 个 9 孔塑料格栅管能够满足 1 个建筑群弱电系统敷设光缆的需要。

(3) 改造工程中经常出现使用原有单孔管布放子管的方式敷设光缆。如采用单孔管道,每一根单孔管只能够布放 3 根子管。

(4) 通信管道的管孔数量应留有备份余量。

(5) 建筑群室外的管道总容量一般不宜超过 6 孔。

3. 通信管道埋深与净距

地下通信管道的埋深应根据场地条件、管材强度、外部载荷、土壤状况、与其他管道的交叉、地下水位高低、冰冻层厚度等因素来确定。

(1) 建筑园区内通信管道的最小埋深可以根据管道的敷设路由及场地状况适当放宽,但不宜低于表 6.4 的规定。当达不到要求时,应采用混凝土包封或钢管保护。

表 6.4 路面至管顶的最小深度 单位:m

类 别	人行道/绿化带	机动车道	与电车轨道交越(从轨道底部算起)	与铁道交越(从轨道底部算起)
塑料管、水泥管	0.7	0.8	1.0	1.5
钢管	0.5	0.6	0.8	1.2

(2) 进入人(手)孔处的管道基础顶部距人(手)孔基础顶部不应小于 0.40m,管道顶部距人(手)孔上覆底部不应小于 0.30m。

(3) 通信管道敷设应有坡度,坡度宜为 3.0‰~4.0‰,不得小于 2.5‰。

(4) 在纵剖面上管道由于躲避障碍物不能直线建筑时,可使管道折向两端人(手)孔向下平滑地弯曲,不得向上弯曲(U 形弯)。

4. 通信管道弯曲与波长

(1) 管道段长应按人(手)孔位置而定。在直线路由上,塑料管的段长不宜超过 200m,水泥管道的段长不宜超过 150m。

(2) 每段管道应按直线铺设。当遇道路弯曲或需绕越地上、地下障碍物,且在弯曲点设置人孔而管道段又太短时,可建弯管道。弯曲管道的段长应小于直线管道最大允许段长。

（3）水泥管道弯管道的曲率半径不应小于 36m，塑料管道的曲率半径不应小于 10m。弯管道中心夹角宜最大化，同一段管道不应有反向弯曲（S 形弯）或弯曲部分的中心夹角小于 90°的弯管道（U 形弯）。

（4）水平定向钻铺设管道时，钻孔轨迹的曲率半径应同时满足钻杆的曲率半径，轴向最大回拖力和最小曲率半径的确定应满足管材的力学性能要求。

5.铺设塑料管道规定

铺设塑料管道应符合下列规定。

（1）塑料管道应有基础，土质较好的地区，挖好沟槽后应夯实沟底，沟底应回填 50mm 细砂或细土；土质稍差的地区，挖好沟槽后应做混凝土基础，基础上应回填 50mm 细砂或细土；土质较差的地区，挖好沟槽后应做钢筋混凝土基础，基础上应回填 50mm 细砂或细土，并应对管道进行混凝土包封；土质为岩石、砾石、冻土的地区，挖好沟槽后应回填 200mm 细砂或细土。

（2）沟底应平整、无突出的硬物，管道应紧贴沟底。

（3）管道进入人（手）孔或建筑物时，靠近人（手）孔或建筑物侧应做不小于 2m 长的钢筋混凝土基础和包封。

（4）管孔内径大的管材应放在管群的下边和外侧，管孔内径小的管材应放在管群的上边和内侧。

（5）多个多孔塑料管组成管群时，应选栅格管、蜂窝管或梅花管。

（6）同一管群组合宜选用一种管型的多孔管，但可与实壁、波纹塑料单孔管或水泥管组合在一起。

（7）进入人（手）孔前 2m 范围内，多孔管之间宜留 40～50mm 空隙，单孔实壁管、波纹管之间宜留 15～20mm 空隙，所有空隙应分层填实。

（8）两个相邻人（手）孔之间的管位应一致，且管群断面应满足设计要求。

（9）硅芯管端口在人（手）孔内的余留长度不应少于 400mm。

（10）塑料管道的接续应符合下列规定：①塑料管之间的连接宜采用套筒式连接、承插式连接、承插弹性密封圈连接和机械压紧管件连接；②多孔塑料管的承口处及插外内应均匀涂刷专用中性胶合粘剂，最小黏度不应小于 500MPa·s，塑料管连接时应承插到位，挤压固定；③各塑料管的接口宜错开；④塑料管的标志面应在上方；⑤栅格塑料管群应间隔 3m 左右用专用带捆绑一次，蜂窝管等其他管材宜采用专用支架排列固定；⑥两列塑料管之间的竖缝应填充 M10 水泥砂浆，饱满程度不应低于 90%。

（11）管群上方 300mm 处宜加警示标识。

（12）当塑料管非地下铺设时，应采取防老化和机械损伤等保护措施。

习　题

一、选择题

1. 管槽安装的基本要求不包括（　　）。

 A. 走最短的路由   B. 管槽路由与建筑物基线保持一致

 C. "横平竖直"   D. 注意房间内的整体布局

2. 在敷设管道时，应尽量减少弯头，每根管的弯头不应超过（　　）个，并不应有 S 形弯出现。

　　A. 2　　　　　　　　B. 3　　　　　　　　C. 4　　　　　　　　D. 5

　3. 布放缆线在线槽内的截面利用率应为(　　)。

　　A. 25%～30%　　　B. 40%～50%　　　C. 30%～50%　　　D. 50%～60%

　4. 缆线桥架内缆线垂直敷设时,在缆线的上端每间隔(　　)m 处应固定在桥架的支架上;水平敷设时,在缆线的首、尾、转弯及每间隔5～10m 处进行固定。

　　A. 0.5　　　　　　B. 1.5　　　　　　C. 2.5　　　　　　D. 3.5

二、思考题

1. 简述综合布线系统工程管路和槽道安装的基本要求。
2. 简述预埋暗敷管路的施工要求。
3. 简述综合布线系统配线子系统预埋暗敷管路的施工要求。
4. 简述综合布线系统配线子系统明敷缆线槽道或桥架的施工要求。
5. 简述综合布线系统配线子系统网络地板缆线敷设的施工要求。

三、实训题

1. 参观使用综合布线系统的建筑物,观察其上升管路的设计安装。
2. 参观使用综合布线系统的建筑物,观察其水平管路的设计安装。
3. 参观使用综合布线系统的建筑物,观察其桥架的设计安装。
4. 参观使用综合布线系统的建筑物,观察其电缆竖井内桥架的设计安装。

任务 **7**

综合布线系统工程电缆布线敷设

在综合布线系统工程中,当管路和槽道系统安装完成后,接下来就要进行缆线敷设施工了。

7.1 任 务 描 述

本任务要求学生在收集相关资料并参考国家标准的基础上,对配线子系统和干线子系统缆线进行敷设。

综合布线系统的配线子系统一般采用对绞电缆,干线子系统、建筑群子系统则会根据传输距离和用户需求选用对绞电缆或者光缆作为传输介质。由于对绞电缆和光缆的结构不同,所以在布线施工中所采用的技术不相同。在本任务中主要介绍对绞电缆的布线敷设。

7.2 相 关 知 识

7.2.1 缆线敷设施工的一般要求

综合布线子系统与建筑物内缆线敷设通道对应关系如下。

(1)配线子系统对应于水平缆线通道。

(2)干线子系统对应于主干缆线通道,电信间之间的缆线通道,电信间与设备间、电信间及设备间与进线间之间的缆线通道。

(3)建筑群子系统对应于建筑物间缆线通道。

对于建筑物间缆线通道内较为拥挤的部位,综合布线系统与大楼弱电系统各子系统合用一个金属槽盒布放缆线时,各个子系统的线束间应用金属板隔开。各个子系统的缆线应布放在各自的金属槽盒中,金属槽盒就近可靠接地。各系统缆线间距应达到设计要求。

国标《综合布线系统工程验收规范》(GB/T 50312—2016)中规定:建筑物内缆线的敷设方式应根据建筑物结构、环境特征、使用要求、需求分布以及所选用导体与缆线的类型、外形尺寸及结构等因素综合确定。

国标《综合布线系统工程验收规范》(GB/T 50312—2016)中规定了缆线布放的一般要求如下。

(1)缆线的形式、规格应与设计规定相符。

(2)缆线在各种环境中的敷设方式、布放间距均应符合设计要求。

(3)缆线的布放应自然平直,不得产生扭绞、打圈接头等现象,不应受外力的挤压和损伤。

(4)缆线的布放路由中不得出现缆线接头。

(5)缆线两端应贴有标签,应标明编号,标签书写应清晰、端正和正确。标签应选用不易损坏的材料。

在电信间、设备间内缆线预留长度应按照安装的机柜数量在柜间及同一机柜,不同配线架间进行终接和变更的需要进行预留,在配线箱、信息插座底盒处主要考虑面板及二次施工的需要。缆线余量以适应成端、终接、检测和变更,有特殊要求的应按设计要求预留长度,并应符合规定。

对绞电缆在终接处,预留长度在工作区信息插座底盒内宜为 30～60mm,电信间宜为 0.5～2m,设备间宜为 3～5m;光缆布放路由宜盘留,预留长度宜为 3～5m,光缆在配线柜处预留长度宜为 3～5m,楼层配线箱处光纤预留长度宜为 1.0～1.5m,配线箱终接时预留长度不应小于 0.5m,光缆纤芯在配线模块处不做终接时,应保留光缆施工预留长度。

(6)缆线的弯曲半径应符合规定。①非屏蔽和屏蔽 4 对对绞电缆的弯曲半径不应小于电缆外径的 4 倍。②主干对绞电缆的弯曲半径不应小于电缆外径的 10 倍。③2 芯或 4 芯水平光缆的弯曲半径应大于 25mm;其他芯数的水平光缆、主干光缆和室外光缆的弯曲半径应至少为光缆外径的 10 倍。④G.657、G.652 用户光缆弯曲半径应符合表 7.1 的规定。

表 7.1　用户光缆敷设的最小曲率半径

光　缆　类　型		静　态　弯　曲
室内外光缆		15D/15H
管道入户光缆	G.652D 光纤	10D/10H 且不小于 30mm
蝶形引入光缆	G.657A 光纤	5D/5H 且不小于 15mm
室内布线光缆	G.657B 光纤	5D/5H 且不小于 10mm

注:D 为缆芯处圆形护套外径,H 为缆芯处扁形护套短轴的高度。

(7)综合布线系统缆线与其他管线的间距应符合设计文件要求。①电力电缆与综合布线系统缆线应分隔布放,并符合表 4.11 的规定。②室外墙上敷设的综合布线管线与其他管线的间距应符合表 4.13 规定。③综合布线缆线宜单独敷设,与其他弱电系统各子系统缆线间距应符合设计要求。④对于有安全保密要求的工程,综合布线缆线与信号线、电力线、接地线的间距应符合相应的保密规定和设计要求,对于具有安全保密要求的缆线应采取独立的金属管或金属槽盒敷设。

(8)最大牵引力。电缆敷设过程中的拉力过大会损坏电缆的导线部分,牵引电缆用力过猛会改变电缆线对的结构或者线对在电缆中的排列。极端情况下,拉力过大会导致导线延伸甚至断裂。

布放电缆的牵引力应小于缆线允许张力的 80%,应慢速而平稳地拉线,防止拉力过大缆线变形。速度不宜超过 15m/min,并应制作合格的牵引头。缆线最大允许拉力情况如下。

- 1 根 4 对对绞电缆,拉力为 100N。
- 2 根 4 对对绞电缆,拉力为 150N。
- 3 根 4 对对绞电缆,拉力为 200N。
- n 根 4 对对绞电缆,拉力为 $(n×50+50)$N。
- 25 对 5 类及超 5 类双绞线对称电缆,最大拉力为 400N。

(9)具有屏蔽结构的电缆,其屏蔽层端到端应保持完整良好的导通性,屏蔽层的全程不得有中断的现象。如屏蔽层不连续完整,将会直接影响到屏蔽层的效果并使通信质量下降。

(10)明敷缆线应符合室内或室外敷设场所环境特征要求,并应符合下列规定。

① 采用线卡沿墙体、顶棚、建筑物构件表面或家具上直接敷设,固定间距不宜大于 1m。

② 缆线不应直接敷设于建筑物的顶棚内顶棚抹灰层、墙体保温层及装饰板内。

③ 明敷缆线与其他管线交叉贴临时,应按防护要求采取保护隔离措施。

④ 敷设在易受机械损伤的场所时,应采用钢管保护。

7.2.2 缆线敷设方式

建筑物内缆线的敷设方式应根据建筑物构造、环境特征、使用要求、需求分布以及所选用导体与缆线的类型、外形尺寸及结构等因素综合确定,并应符合下列规定。

1. 水平缆线敷设

水平缆线敷设时,应采用导管、桥架的方式,并应符合规定。从槽盒、托盘引出至信息插座可采用金属导管敷设;吊顶内宜采用金属托盘,槽盒的方式敷设;吊顶或地板下缆线引入至办公家具桌面宜采用垂直槽盒方式及利用家具内管槽敷设;墙体内应采用传导管方式敷设;大开间地面布放缆线时,根据环境条件宜选用架空地板下或地板内的托盘、槽盒方式敷设。

1) 预埋槽盒和暗管敷设缆线规定

预埋槽盒和暗管敷设缆线应符合下列规定。

(1) 敷设槽盒和暗管的两端宜用标志标示出编号等内容。

(2) 预埋槽盒宜采用金属槽盒,截面利用率应为 30%~50%。

(3) 暗管宜采用钢管或阻燃聚氯乙烯硬质管。布放大对数主干电缆及 4 芯以上光缆时,直线管道的管径利用率应为 50%~60%,弯管道利用率应为 40%~50%。

暗管布放 4 对对绞电缆或 4 芯及以下光缆时,为了保证线对扭绞状态,避免缆线受到挤压,宜采用截面利用率,管道的截面利用率应为 25%~30%。

(4) 对金属材质有严重腐蚀的场所,不宜采用金属的导管、桥架布线。

(5) 在建筑物吊顶内应采用金属导管、槽盒布线。

(6) 导管、桥架跨越建筑物变形缝处,应设补偿装置。

(7) 综合布线系统管线的弯曲半径应符合表 7.1 的规定。

2) 设置缆线桥架和槽盒敷设缆线规定

设置缆线桥架和槽盒敷设缆线应符合下列规定。

(1) 密封槽盒内缆线布放应顺直,不宜交叉,在缆线进出槽盒部位、转弯处应绑扎固定牢靠,做到美观整体。

(2) 梯架或托盘内垂直敷设缆线时,在缆线的上端和每间隔 1.5m 处应固定在梯架或托盘的支架上;水平敷设时,在缆线的首、尾、转弯及每间隔 5~10m 处应进行绑扎固定。

(3) 在水平、垂直梯架或托盘中敷设缆线时,应对缆线进行绑扎。对绞电缆、光缆及其他信号电缆应根据缆线的类别、数量、缆径、缆线芯数分束绑扎。绑扎间距不宜大于 1.5m,间距应均匀,不宜绑扎过紧或使缆线受到挤压。

为了减少缆间串扰,6 类及以上等级的 4 对对绞电缆可采用电缆托盘和槽盒中顺直绑扎或随意摆放。针对"十"字、"一"字等不同骨架结构的 6 类 4 对对绞电缆,其布放要求不同,具体布放方式应根据生产缆线的厂家要求确定。

(4) 在建筑物内,光缆在桥架或托盘中敞开敷设时,应在绑扎固定段落处加装垫套,以缓冲外力直接对缆线的影响。

(5) 槽盒内的截面利用率应为 30%~50%。

3) 吊顶支撑柱作为槽盒在顶棚内敷设缆线

采用吊顶支撑柱(垂直槽盒)在顶棚内敷设缆线时,每根支撑柱所辖范围内的缆线可以不设置密封槽盒进行布放,但应分束绑扎在支撑柱上,缆线应采用阻燃型,缆线选用应符合设计文件要求。

2. 干线缆线敷设

干线子系统垂直通道选用穿楼板电缆孔、导管或桥架、电缆竖井三种方式敷设。

(1) 穿楼板电缆孔方式,通常用一根或数根外径 63~102mm 的金属管预埋在楼板内,金属管高出地面 25~50mm,也可直接在楼板上预留一个大小适当的长方形孔洞,孔洞一般不大于 600mm×400mm(也可根据工程实际情况确定)。

(2) 导管或桥架方式,包括明导管或暗导管或槽盒(桥架)方式。

(3) 电缆竖井方式,在新建工程中,推荐使用电缆竖井的方式。

干线子系统缆线敷设保护方式应符合下列要求。

(1) 缆线不得布放在电梯或供水、供气、供暖管道竖井中,也不宜布放在强电竖井中。当与强电共用竖井布放时,缆线的布放应符合国标 GB/T 50312—2016 第 6.1.1 条第 8 款的规定。

(2) 电信间、设备间、进线间之间干线通道应沟通。

3. 建筑群子系统缆线布放

建筑群子系统采用架空、管道、电缆沟、电缆隧道、直埋、墙壁及暗管等方式敷设缆线的施工质量检查和验收应符合现行行业标准《通信线路工程验收规范》(GB 51171—2016)的有关规定。

敷设在建筑群之间的缆线所需管道管孔的数量、尺寸及电缆沟尺寸需考虑:建筑物的类型和用途、支持的应用业务、期望的扩展规模、将来添加管道的施工难度、引入建筑物入口位置及场景条件、拟敷设的缆线类型、数量和尺寸等因素。

7.2.3 对绞电缆布线工具

1. 对绞电缆敷设工具

对绞电缆敷设工具是指对绞电缆敷设过程中使用的工具。借助这些工具,不但可以保证对绞电缆敷设工程的顺利完成,而且能够最大限度地保障对绞电缆的电气性能不被改变,从而保证对绞电缆布线系统通过布线测试。

(1) 穿线器。当在建筑物室内外的管道中布线时,如果管道较长、弯头较多且空间紧张,应使用穿线器牵引缆线。图 7.1 所示为一种小型穿线器(长度也不同),适用于管道较短的情况,图 7.2 所示为一种工程常用穿线器,适用于室外管道较长的缆线敷设。

(2) 线轴支架。为防止缆线本身不受损伤,在缆线敷设时,布放缆线的牵引力不宜过大,一般应小于缆线允许张力的 80%。为了保护对绞电缆,应当使用专用的线轴支架,如图 7.3 所示,以最大限度地减少牵引力。

(3) 吊钩或滑轮。当缆线从上而下垂放电缆时,为了保护电缆,需要一个滑车,保障缆线从缆线卷轴拉出后经过滑车平滑地向下放线。图 7.4 所示为一个朝天钩式滑车,它安装在垂井的上方,图 7.5 所示为一个三联井口滑车,它安装在垂井的井口。

图 7.1 小型穿线器　　　　图 7.2 工程常用穿线器　　　　图 7.3 线轴支架

图 7.4 朝天钩式滑车　　　　　　图 7.5 三联井口滑车

（4）牵引机。当大楼主干布线采用由下往上的敷设方法时，就需要用牵引机向上牵引缆线，牵引机有手摇式牵引机（图 7.6）和电动牵引机（图 7.7）两种。当大楼楼层较高且缆线数量较多时使用电动牵引机；当楼层较低且缆线数量少而轻时可使用手摇式牵引机。

图 7.6 手摇式牵引机　　　　　　图 7.7 电动牵引机

2．缆线标签

常见的缆线标签有以下几种。

（1）普通不干胶标签。该标签成本低，安装简便，不易长久保留。

（2）覆盖保护膜缆线标签。该标签完全缠绕在缆线上并有一层透明的薄膜缠绕在打印内容上，这样可以有效地保护打印内容，防止刮伤或腐蚀。具有良好的防水、防油性能。

（3）套管标签。套管标签只能在端子连接之前使用，通过电缆的开口端套在电线上。有普通套管和热缩套管两种。热缩套管在热缩之前可以更换，经过热缩后，套管就成为能耐恶劣环境的永久标签。

7.3　配线子系统电缆敷设施工

水平电缆敷设是指把电缆从电信间穿过水平通道牵引到各个工作区的信息点。通常情况下,水平布线应当从电信间向各信息点敷设。在实施水平布线时,应当多箱网线同时敷设,以提高布线效率。配线子系统水平电缆敷设步骤如下。

7.3.1　检查水平电缆通道

牵引水平电缆前对电缆通道和电缆路径进行检查。检查的起始点在每个布线路径开始的地方,然后对通往工作区的每个电缆通道进行检查。配线子系统水平电缆大都是从电信间通往工作区。

1. 检查电信间

在牵引水平电缆之前,电信间必须建好,机柜位置已经确定下来,它是水平电缆在电信间内的端接位置。

2. 确定水平电缆在电信间出口

大多数电信间都由水平电缆通道支撑,这些通道从地板下或者吊顶上进入电信间。水平电缆应该在水平电缆通道内牵引进入每个工作区。

3. 检查电信间电缆支撑硬件

已经安装梯形架,用于支撑从机柜或机架到水平通道的水平电缆。

4. 检查从电信间到工作区的水平电缆通道

如果水平电缆通道是安装在吊顶上的电缆桥架,则要架起一个梯子,然后打开吊顶上的镶板检查电缆桥架。如果是地板下管路,则需要试通。在这两种情况下,都要对水平电缆通道进行分析,看水平电缆通道能否支撑必须敷设的水平电缆。如果检查后确定水平电缆通道已经满了或者不能支撑新的水平电缆,则要更换一个水平通道或在牵引水平电缆前敷设一条新通道。

7.3.2　规划并建立工作区

检查完水平电缆路径后,就需要进行牵引电缆的准备工作,包括准备牵引水平电缆所需的工具和材料,否则在敷设电缆的过程中就会因寻找必要的工具和材料而受阻。

另外,还需要进行工作区的规划和安全检查。在楼内施工时,工作区必须是已经规划好的并且安全有所保障,比如,采用橙色圆锥体和黄色警示带。提醒施工人员和其他人员在进入这个工作区时要注意到的各种可能危险。

7.3.3　拉绳和引线的安装

在安装铜线电缆之前,如果水平通道内没有牵引线,则必须先将拉绳和牵引线安装在水平通道内。

每个水平电缆通道都要配有一根牵引线。牵引线是用来在管道和地板下槽盒等电缆通道中牵引通信电缆的工具。在吊顶上的电缆桥架或者 J 形钩也可以用牵引线安装电缆。但因为这些电缆通道是开放式的,因此也可以手动敷设电缆。

安装牵引线通常使用如图 7.1 所示的小型穿线器。在管道内安装牵引线的具体步骤如下。①估算管道长度；②选择一个穿线器，要保证其长度可以达到管道的另一端；③把穿线器插入管道的一端并穿过整个电缆通道到达另一端；④将牵引线用带子固定在穿线器末端的吊钩上；⑤把穿线器卷起来，确保管道两端都有拉绳。

7.3.4　支起电缆盘或电缆箱

4 对对绞电缆通常安装在配线子系统上。4 对对绞电缆在销售时通常绕在电缆盘上或纸板箱中装运，长度一般为 305m(1000ft)。

在开始牵引电缆之前，要把电缆盘和纸板箱支起来，以便电缆进入水平电缆通道。同时把电缆盘和纸板箱固定好以防电缆缠结和扭绞。

当需要一起牵引多条水平电缆时，则需要把电缆盘固定在一个电缆树上。电缆树是一个可以把多个电缆盘固定在上面放线的设备，这样就可以使得多条电缆一起放线。

7.3.5　电缆末端标记

在支起电缆盘和电缆箱准备放线的时候，每条水平电缆都必须有唯一的标识。电缆标识要贴在每条水平电缆上，相关的标签要贴在电缆盘或电缆箱上。

电缆标签要放在距电缆端 7～15cm 的距离，这样以防止在用带子将电缆固定在拉绳上的时候带子把标签遮住。此外，即使电缆的护套已经被剥离并且端接完毕之后，标签还可能留在电缆上。在电缆被牵引过水平电缆通道之后，将电缆从电缆盘或电缆箱切断并在电缆另一端做上标记。

一般在电缆路径的两端留有余量。余留电缆在电信间和工作区端接完之后切断。在原来的余留电缆被切去之后要把一个新的标签贴在电缆上。尽管端接设备上都有标签，但墙壁后的电缆也要有标签。

7.3.6　制作缆线牵引端

缆线敷设之前，建筑物内的各种暗敷管路和槽道已安装完毕，因此，缆线要敷设在管路或槽道内，就必须使用缆线牵引技术。为了方便缆线牵引，在安装各种管路或槽道时已内置了拉绳（一般为钢丝）。

制作缆线牵引端

缆线牵引是指用一条拉绳将缆线牵引从墙壁管路、地板管路及槽道或拉过桥架及槽盒的一端牵引到另一端。缆线牵引所用的方法取决于要完成作业的类型、缆线的质量、布线路由的难度、管道中要穿过的缆线的数目及管道中是否已敷设缆线等有关。不管在哪种场合，都必须尽量使拉绳与缆线的连接点平滑，所以要采用电工胶布紧紧地缠绕在连接点外面，以保证平滑和牢固。

1) 牵引 4 对对绞电缆

一条 4 对对绞电缆很轻，通常不要求做更多的准备，只需用电工胶布与拉绳捆扎按要求布放即可。

2) 牵引多条缆线穿过同一路由

如果牵引多条 4 对对绞电缆穿过一条路由，方法是使用电工胶布将多根对绞电缆与拉绳绑紧，使用拉绳均匀用力，缓慢牵引电缆。牵引端的做法通常有以下两种。

(1) 将多条线聚集成一束，并使它们的末端对齐，然后用电工胶布紧绕在缆线束外面，在末端外绕 5～8cm 长就可以了。将拉绳穿过电工胶布缠绕好的电缆，并打好结，如图 7.8 所示。

（2）为使拉绳与电缆组连接更牢固，可采用以下方法，将电缆除去一些绝缘层以暴露出 5cm 的铜质裸线，将裸线分为两束，将两束导线互相缠绕成一个环，如图 7.9 所示。用拉绳穿过此环，打好结，然后将电工胶布缠绕到连接点周围，并要注意缠得尽可能结实和平滑。

图 7.8　牵引端做法(1)　　　　　　　图 7.9　牵引端做法(2)

7.3.7　电缆牵引

同一楼层中，缆线的敷设从楼层电信间开始，由远及近向各个工作区依次敷设。也就是从最远处的工作区信息插座处开始布放缆线，一直布放到楼层电信间机柜中。

对于新建建筑物，配线子系统的缆线敷设方式通常有吊顶槽盒墙体支管布线法、暗埋管布线法和墙壁槽盒布线法三种。

1. 吊顶槽盒墙体支管布线法

吊顶内的布线施工面广、量大、情况复杂和繁多、涉及范围几乎遍布智能化建筑，在整个施工过程中，必须按照以下施工程序和操作方法以及具体要求，才能符合技术规范的规定。

（1）根据施工图纸要求，结合现场实际条件，确定在吊顶内的布线路由。

（2）在缆线施工现场应注意安全，在工作区域采取安全防护措施，设置施工标记牌或警示塑料彩带等，以便提醒过往行人了解现场正在施工，存在安全隐患，限制非缆线施工人员和未经允许的个人进入施工现场，等等。

（3）详细核查缆线的准确长度。对需敷设缆线的段落进行详细核查，注意缆线的路由、走向、位置、拐弯处和设备安装点等。确保每根缆线长度准确（包括预留缆线的长度），敷设的缆线有足够的长度（包括今后终端连接、测试等消耗长度）。对符合长度要求的缆线的两端做好标记，便于与房间号、配线架端口相匹配。电缆标记应当用防水胶布缠绕，以避免在穿线过程中磨损或浸湿。

（4）检查吊顶内是否符合施工要求。根据施工图纸要求，结合现场实际条件，确定在吊顶内缆线的具体路由位置和安装方式。为此，应在施工现场将拟敷设缆线路由的吊顶活动面板（包括检查口）移开，详细检查吊顶距楼板底边的净空间距是否符合标准，有无影响缆线敷设的障碍。如有槽道或桥架装置及支撑物（包括悬吊件），安装是否牢固可靠，尤其是上人的吊顶，有无摇晃不稳定的现象，牢固程度不够的隐患等。如检查后确实未发现问题才能敷设缆线。

（5）采用相应而适宜的牵引敷设方式。配线子系统的缆线长度不会太长，最长为 100m，在吊顶内无论是否装设槽道或桥架，空间较为宽敞，为此，缆线的牵引敷设方式应采取人工牵引。通常在吊顶内采用分区布线法，对于单根大对数的电缆可以直接牵引敷设，不需要牵引绳索；如果是多根小对数的缆线（如 4 对对绞电缆）时（如采用内部布线法），可组成缆束作为牵引单位，用拉绳在吊顶内牵引敷设。如缆束长度较长、缆线根数较多、重量也较大时，可在缆线路由中间设置专人负责照料或帮助牵引，以减少牵引人力和防止电缆在牵引中受到磨损。具体的人工牵引方法如图 7.10 所示。

图 7.10　用拉绳将缆线牵引到顶棚内

为了防止距离较长的电缆在牵引过程中发生被磨、刮、蹭、拖等损伤,可在缆线进顶棚的入口处和出口处以及中间增设保护措施和支撑装置。

在牵引缆线时,牵引速度宜慢速,不宜猛拉紧拽,如发生缆线被障碍物绊住,应查明原因,排除故障后再继续牵引,必要时,可将缆线拉回重新牵引。

配线子系统的缆线分布较分散,且线对数不多,更有利于利用吊顶内支撑柱或悬吊件等附挂缆线的方式。

(6) 向下穿过管路。配线子系统的缆线在吊顶内敷设后,需要将缆线穿放在预埋墙壁或柱子中的暗敷管路,向下牵引至安装的信息点(通信引出端)处。缆线根数较少,且线对数不多的情况可直接穿放。如果缆线根数较多,宜将牵引绳拉到安装信息插座处。缆线在工作区处应适当预留长度,一般为 0.1~0.3m,以便连接。

2. 暗埋管布线法

暗埋管布线法是在浇筑混凝土时已把管道预埋好地板管道,管道内有牵引电缆线的钢丝或铁丝,安装人员只需索取管道图纸来了解地板的布线管道系统,确定"路径在何处",就可以做出施工方案了。

管道一般从电信间埋到信息插座安装地盒。安装人员只要将对绞电缆固定在信息插座的拉线端,从管道的另一端牵引拉绳可将缆线打到电信间。

3. 墙壁槽盒布线法

在墙壁上槽盒里布线一般遵循以下步骤。

(1) 确定布线路由。

(2) 沿着路由方向放线。

(3) 布线,把缆线放入槽盒中,盖塑料槽盖。在工程实际中,要求槽盖应错位盖(第一次可以把槽盒盖分成两半,这样底座和槽盖就错开了)。

其他布线方法与吊顶内布线方法基本相似。

7.3.8　收尾

(1) 固定缆线。在缆线的首端、尾端、转弯及每间隔 5~10m 处应绑扎固定牢靠。在水平桥架中敷设缆线时,应对缆线进行绑扎。对绞电缆、光缆及其他信号电缆应根据缆线的类别、数量、缆径、缆线芯数分束绑扎。绑扎间距不宜大于 1.5m,间距应均匀,绑扎不宜过紧或使缆线外护套受到挤压或变形。

（2）暂不使用的暗敷管路的管孔，应用易取出的堵塞物堵封严密。

（3）整理施工现场，保持工地清洁。整理施工现场使工地清洁是安装施工人员的职业道德的要求和必备的基本素质。具体工作主要包括整理牵引绳索和工具，处理施工中废弃的线缆线头和废料；所有工具、设备进行检验和收藏妥当；清扫施工现场和有关设施（如临时电气线路）的整理等。尤其是施工的剩余缆线和布线部件必须进行清点检查，分类妥善保管。

7.4　干线子系统电缆敷设施工

7.4.1　检查干线电缆通道

牵引干线电缆的第一步是检查电信间之间的电缆通道。在敷设任何电缆之前必须对每个干线通道进行检查，检查内容如下。

（1）电信间之间的管道。

（2）管道容量。

（3）管道使用情况。

（4）所用电缆通道内用于支持干线光缆的套管。

（5）管道填充率。

（6）干线电缆引入/引出管道的方式。

（7）电信间之间的支撑结构。

（8）电缆牵引点。

如果检查发现干线通道已满或者不能敷设新的干线电缆，就要在牵引干线电缆之前采用一些预留管道或者敷设新的管道。

7.4.2　规划并建立工作区

检查完干线电缆通道之后，须立即进行牵引电缆的准备工作。牵引电缆的准备工作包括牵引干线电缆所需的工具和材料。

另外，还需要进行工作区的规划和安全检查。在楼内施工时，工作区必须是已经规划好的并且安全有所保障，比如采用橙色圆锥体和黄色警示带，提醒施工人员和其他人员在进入这个工作区时要注意到的各种可能危险。

7.4.3　干线通道内拉绳的安装

牵引干线电缆的第一步是在干线通道内安装拉绳（最小测试拉力为200lb的塑料或者尼龙绳）。安装拉绳通常使用如图7.1所示的小型穿线器。在管道内安装牵引线的具体步骤同8.3.3小节。

7.4.4　支起电缆盘或电缆箱

干线电缆可能是普通的1条或4对对绞电缆，也可能是大对数缆线。

如果是大对数电缆，通常需要用大型的电缆盘装运它，市面上电缆盘通常为木质的，电缆长度在305～5000m。

当多条 4 对对绞电缆干线电缆必须在同一时间牵引的时候,则要把电缆盘固定在一个电缆树上。

7.4.5   电缆和电缆盘的标记

在支起干线电缆盘准备放线的时候,每条干线电缆都必须有唯一的标识。电缆标签必须贴在每条干线电缆上。

电缆标签要放在距电缆端 7~15cm 的距离。在电缆被牵引过干线电缆通道之后,将电缆从电缆盘或电缆箱切断并在电缆另一端做上标记。

在电缆路径的两端留有余量,一般为 3~10m,被称作备用环。

7.4.6   制作缆线牵引端

干线电缆牵引的最后一步是将拉绳固定到电缆上,拉绳在电缆上的固定方法有拉环、牵引夹和直接将拉绳系在干线电缆上等几种方法。

1. 牵引 1 条或多条 4 对对绞电缆

在 7.3.7 小节已经介绍过。

2. 牵引单条大对数双绞线对绞电缆

这种方法适用于 70 对以下单条大对数(如 25 对、50 对等)主干对绞电缆。

牵引端做法:将电缆向后弯曲以便建立一个环,直径为 15~30cm,并使缆线末端与缆线本身绞紧,再用电工胶布紧紧地缠绕在绞好的缆线上,以加固此环。然后用拉绳连接到缆环上,再用电工胶布紧紧地将连接点包扎起来,已做好的单条大对数对绞电缆的牵引端如图 7.11 所示。

图 7.11   单条大对数对绞电缆的牵引端

3. 牵引多根 25 对对绞电缆或更多线对电缆

对于 70 对以上,特别是上百对的主干缆或多根 25 对缆线,可采用一种称为芯套/钩的连接,这种连接是非常牢固的,它能用于几百对电缆的牵引。

牵引端做法如下:剥除约 30cm 的缆护套,包括导线上的绝缘层,使用斜口钳将部分线切去留下一部分(如约 12 根)作绞合用;将导线分成两个绞线组,将两组缆线交叉穿过拉绳的环,在缆线的一边建立一个闭环,如图 7.12 所示,用电工胶布紧紧缠绕在缆线周围,覆盖长度约 6cm,然后继续再绕上一段,如图 7.13 所示,为制作好的电缆牵引芯套/钩。

图 7.12   两组缆线交叉穿过拉线环

图 7.13   制作好的电缆牵引芯套/钩

在牵引缆线过程中,为减少缆线承受的拉力或避免在牵引中产生扭绞或打圈等有可能影响缆线本身质量的现象,在牵引缆线的端头处应装置操作方便、结构简单的合格牵引网套(夹),旋转接头(旋转环)等连接装置,如图 7.14 所示。缆线布放后,应平直处于安全稳定的状态,不应有受到外力的挤压或遭受损伤而产生障碍隐患。

图 7.14 牵引网套等连接装置

7.4.7 干线电缆的牵引方式

1. 牵引敷设方法的类型

在前文介绍过,智能建筑有高耸的塔楼型和矮胖的宽敞型两种。高耸的塔楼型干线子系统都设在电信间(电缆竖井或上升房内,又称楼层配线间、干线接线间、交接间等),其牵引缆线敷设方式有两种类型,一种是向下垂放,即由建筑物的最高层向最低层牵引敷设,可以利用缆线本身自重的有利条件向下垂放的施工方式;另一种是向上牵引,即由低层向高层敷设,将缆线向上牵引的施工方式。

另外,在特高层(如几十层的高层)建筑时,可以采用分段牵引的方式,如 50 层的高层建筑分成 2 段,可以分别在 50 层、25 层向下垂放。

矮胖的宽敞型中,干线子系统设在同一楼层的电信间之间,用于连接一个楼层的电信间。

2. 向下垂放的敷设方式

在向下垂放电缆时,应按照以下步骤进行并注意施工方法。

1) 核实缆线的长度重量

在布放缆线前,必须检查缆线两端,核实外护套上的总尺码标记,并计算外护套的实际长度,力求精确核实,以免敷设后发生较大误差。

确定运到的缆线的尺寸和净重,以便考虑有无足够大小的体积和负载能力的电梯,将缆线盘运到顶层或相应楼层,以便决定分别向上或向下牵引缆线施工。

2) 缆线盘定位和安装主滑轮

缆线盘必须放置在合适的位置,使顶层有足够的操作空间,缆线盘应用千斤顶架空使之能够自由转动,并设有刹车装置,用作帮助控制缆线的下垂速度或停止或启动。为了使缆线能正确直接竖直地下垂到洞孔。在沟槽或立管中,需用主滑车轮来控制缆线方向,确保缆线垂直进入上述支撑保护措施,且其外护套不受损坏。为此,主滑车轮必须固定在牢固的建筑结构上,防止有摆动偏离垂直的方向而损坏缆线外护套,为此,需要预留较大的洞孔或安装截面较大的槽道,如图 7.15 所示。

图 7.15　利用滑车轮向下垂放通过大的洞孔或槽口

注:应安装在建筑结构上。

3) 缆线牵引

缆线下垂敷设要求每层都应有人驻守,引导缆线下垂和观察敷设过程中的情况,这些施工人员需要戴有安全手套、无线电话等设备,及时发现和处理问题。

在缆线向下垂放敷设的过程中,要求速度适中均匀,不宜过快,使缆线从盘中慢慢放出徐徐下垂进入洞孔。各个楼层的施工人员应将经过本楼层的缆线正确引导到下一楼层的洞孔,直到缆线顺利到达底层时,将缆线从底层开始向上逐层固定,要求每个楼层留出缆线所需的冗余长度,并对这段缆线予以保护。各个楼层的施工人员应在统一指挥下,将缆线进行绑扎固定。

4) 缆线牵引敷设和保护

在特高的智能化建筑中敷设缆线时,不宜完全采用向下垂放敷设,尚需牵引以提高工效。采用牵引施工方法时,必须注意以下几点。

(1) 为了保证缆线本身不受损伤,在布放缆线过程中,其牵引力不宜过大,应小于缆线允许张力的 80%。

(2) 为了防止预留的电缆洞孔或管路槽盒的边缘不光滑,磨破电缆外护套,应在洞孔中放置塑料保护装置,以便保护,如图 7.16 所示。

(3) 在牵引缆线过程中,为防止缆线被拖、蹭、刮、磨等损伤,应均匀设置吊挂或支承缆线的支点,或采取其他保护措施(例如增加引导牵引缆线的引导绳),吊挂或支承的支持物间距不应大于 1.5m,或根据实际情况来定。

5) 缆线的牵引方法

由于建筑物主干布线子系统的主干缆线一般长度为几十米或百余米,应以人工牵引方法为主。如为特高层建筑,其楼层数量较多,且缆线对数较大时,宜采用机械牵引方式。

3. 向上牵引的敷设方式

当缆线盘因各种因素不能搬到顶层或建筑物本身楼层数量较少,建筑物主干布线的长度不长时,也可采用向上牵引缆线的敷设方式。

一般采用电动牵引绞车牵引,电动牵引绞车的型号、性能和牵引能力应根据所牵引电缆的重量和要求以及缆线达到的高度来选择。其施工顺序和具体要求与向下垂放基本相同。所不

图 7.16　向下垂直布放缆线洞孔中的保护装置

注：本图为了简化,主滑车轮和刹车装置均未表示。

同的是,需要先从房屋建筑的顶层向下垂放一条牵引缆线的拉绳,拉绳的长度应比房屋顶层到最底层略长；拉绳的强度应足以牵引缆线等的所有重量,在底层将缆线端部与拉绳连接牢固,在受拉力时不会脱落,再次检查无误后,启动绞车,应匀速将缆线逐层向上牵引,同样,在每个楼层应由专人照料,使缆线在洞孔中间徐徐上升,不得产生缆线在洞孔边缘磨、蹭、刮、拖等现象,直到缆线引到顶层,要求从上到下在各个楼层缆线均有适当的预留长度,以便连接到设备,当全部楼层均按标准规定做到后,才停止绞车。

4. 水平干线电缆的牵引

水平干线电缆的牵引和支撑方式与水平电缆的相同,只是水平干线电缆要比一般的水平电缆重,因此在敷设时可能会需要更多的人员和更大的支撑设备。

5. 不同楼层的缆线敷设方式

向下垂放或向上牵引缆线都分别是从顶层到底层或从底层到顶层的缆线长度最长情况。在智能化建筑中如采用各个楼层单独供线时,通常是不同楼层各自独立的(或称单独的)缆线,且容量和长度不一。因此在工程实际施工时,应根据每个楼层需要,分别牵引敷设,有时可以分成若干个缆线组合,例如 2～3 层,将 3 个楼层的缆线一起牵引到该组合的最底楼层(如第 1 层),再依次分别穿放另外两个楼层(4、5 层)长度的缆线到其供线的楼层(4、5 层)。但这种组合应根据工程现场的实际情况来定,不宜硬性规定。

这种敷设方式较自由,即楼层层数的组合或缆线条数的组合(在同一楼层中有可能不是一根缆线)根据缆线容量多少、缆线直径的粗细和客观敷设的条件及牵引拉绳的承载能力等来考虑,可以采用完全不同组合。

7.4.8 干线电缆的支撑方式

综合布线系统的建筑物干线子系统的缆线,主要在封闭式或敞开式的槽道(桥架)内敷设,尤其是在缆线条数多而集中的设备间或电信间内敷设。为了便于维护和检修,缆线在槽道或桥架中敷设时,应按以下要求施工。

(1) 缆线在桥架或敞开式槽道内敷设时,为了使缆线布置整齐有序、固定美观,应采取稳妥牢靠的固定绑扎措施。通常是在水平装设的槽道或桥架中的缆线可以不绑扎,但应在缆线的首端、尾端、转弯处及每间隔 3～5m 处进行固定绑扎;但缆线在垂直装设的敞开式槽道或桥架内敷设时,应在缆线的上端和每隔 1.5m 处进行固定绑扎。具体固定有专制的电缆或光缆的塑料轧带等材料,通常将缆线绑扎在桥架或敞开式槽道内的支架上。

(2) 缆线在封闭式(有较严密的槽道盖板)的槽道内敷设时,要求缆线在槽道内平齐顺直、排列有序、尽量不交叉或不重叠,缆线不得溢出槽道,以免影响槽道盖板盖合,造成不能严闭密盖的现象,使水分或灰尘进入槽道。缆线在封闭式槽道虽然可不绑扎,但在缆线进出槽道的部位或转弯处应绑扎固定,尤其是槽道在垂直安装时,槽道内的缆线应每隔 1.5m,将缆线固定绑扎在槽道内的支架上,以保证缆线布置整齐美观。

(3) 为了有利于检修障碍和维护管理,在桥架或槽道内的缆线固定绑扎时,宜采取分类布置和分束固定的方法,通常是根据缆线的类型、用途、缆径、线对数量,采用分束绑扎并加以标记的方法,以示区别,也便于维护检查,如图 7.17 所示。

图 7.17 缆线在槽道中分束绑扎

如 4 对对绞电缆以 24 根为一束;25 对或 25 对以上的主干对绞电缆或光缆及信号电缆可以分束捆扎。缆线绑扎的间距不宜大于 1.5m,绑扎间距应均匀一致,标志面向外显示。绑扎松紧适度,不宜过紧使缆线结构改变,以免影响传输性能。

(4) 在有些吊顶内因缆线条数较少或因其他原因不需要设置专用槽道,可以利用吊顶内的支撑柱附挂缆线的安装方式。这时承载的缆线不能太多,缆线悬空吊挂,容易混乱,必须采取分束绑扎,以便管理和检修。

(5) 在设备间或电缆竖井中所有建筑物干线子系统的缆线,都要求其缆线的外护套材料具有阻燃性能。

习　题

一、选择题

1. 由于通信电缆的特殊结构,电缆在布放过程中承受的拉力不要超过电缆允许张力的( )。

A. 60%　　　　　B. 70%　　　　　C. 80%　　　　　D. 90%

2. 由于通信电缆的特殊结构,电缆在布放过程中承受的拉力不要超过电缆允许张力的80%。下面关于电缆最大允许拉力值正确的有( )。

A. 1根4对对绞电缆,拉力为5kg　　　B. 2根4对对绞电缆,拉力为10kg

C. 3根4对对绞电缆,拉力为15kg　　　D. n根4对对绞电缆,拉力为$(n \times 4 + 5)$kg

3. 大对数主干电缆在进行敷设时,要求管线敷设的弯曲半径不小于电缆外径的( )倍。

A. 4　　　　　　B. 8　　　　　　C. 10　　　　　　D. 20

二、思考题

1. 对绞电缆布线在转弯时对弯曲半径有哪些要求?

2. 列出常用的3种对绞电缆敷设工具,并指出其适用场合。

3. 在综合布线系统工程中,如何一起牵引5条4对对绞电缆?

4. 在吊顶内一般应如何敷设对绞电缆?

5. 在竖井中垂直电缆敷设的两种方式应该如何实现?

6. 缆线在槽道或桥架内如何布置和固定?

三、实训题

1. 制作一个牵引10条4对5e类对绞电缆的牵引端。

2. 制作一个牵引1条25对对绞电缆的牵引端。

3. 制作一个牵引3条25对对绞电缆的牵引端。

4. 到学校办公楼、机关办公大楼观察电缆竖井内干线缆线的布放。

综合布线系统工程光缆布线敷设

在综合布线系统工程中，当管路和槽道系统安装完成后，接下来就要进行缆线敷设施工了，在任务 8 中介绍了电缆敷设施工，在本任务中将介绍光缆敷设。

8.1　任　务　描　述

本任务要求学生在收集相关资料并参考国家标准的基础上，对配线子系统、干线子系统和建筑群子系统缆线进行光缆敷设。

综合布线系统的配线子系统、干线子系统会根据传输距离和用户需求选用双绞线电缆或者光缆作为传输介质，建筑群子系统一般采用光缆，则由于对绞电缆和光缆的结构不同，所以在布线施工中所采用的技术不相同。在本任务中主要介绍光缆的布线敷设。

8.2　相　关　知　识

8.2.1　光缆施工的基本要求

1. 施工准备

光缆施工时应当做好以下准备工作。

（1）光缆外观检查。用户收到光缆后，应及时检查缆盘及外层光缆，确定所收光缆没有受到损伤，检查缆盘中心孔有无各种可能损害光缆护套或妨碍光缆收卷或展开的障碍物。

（2）数量检查。检查光缆总数量、每盘长度是否与合同要求一致。

（3）质量检查。用光时域反射仪检查光缆在运输中受到伤害，检查所得数据可用来与安装后验收监测数据进行比较，并作为数据记录的一部分，有利于日后紧急修复工作。

（4）配线设备的使用应符合规定。光缆交接设备的型号、规格应符合设计要求；光缆交接设备的编排及标记名称应与设计相符，各类标记名称应统一，标记位置应正确、清晰。

2. 光缆敷设要求

光缆和电缆之间有较大的区别，如果光缆在牵引敷设过程中玻璃光纤损坏，则这条光缆就报废了，必须更换。在布线施工时必须注意以下几点。

（1）光缆弯曲时不能超过最小曲率半径。光纤的纤芯是石英玻璃，光纤是由光传输的，因此光缆比对绞电缆有更高的弯曲半径要求。在安装敷设完工后，光缆允许的最小曲率半径应不小于光缆外径的 15 倍；在施工过程中，光缆允许的最小曲率半径不应小于光缆外径的 20 倍。尺寸较大、光纤数目较多的光缆的最小弯曲半径要比小尺寸的光缆大。

（2）光缆敷设时的张力应符合设计标准中的规定。要求布放光缆的牵引力应不超过光缆允许张力的80％，瞬时最大牵引力不得大于光缆允许张力。主要牵引力应加在光缆的加强构件上，光纤不应直接承受拉力。光缆如采用机械牵引时，牵引力应用拉力计监视，不得大于规定值。

为了满足对弯曲半径和抗拉强度的要求，在施工中应使光缆卷轴转动，光缆盘转动速度应与光缆布放速度同步，要求牵引的最大速度为15m/min，保持恒定。光缆应从卷轴的顶部去牵引光缆，而且是缓慢而平稳地牵引，严禁硬拉猛拽。

（3）光缆敷设时的侧压力、扭转力均应符合设计标准中的规定。涂有塑料涂覆层的光纤细如毛发，而且光纤表面的微小伤痕都将使耐张力显著地恶化。另外，当光纤受到不均匀侧面压力时，光纤损耗将明显增大，因此，敷设时应控制光缆的敷设张力，避免使光纤受到过度的外力（弯曲、侧压、牵拉、冲击等）。在光缆敷设过程中，严禁光缆打小圈及弯曲、扭曲，有效地防止打背扣的发生。

（4）光缆敷设时的最大垂直高度。最大垂直高度是垂直敷设的光缆自支承时的垂直距离。光缆沿大楼的立柱垂直敷设时光缆要承受其自身的压力。如果光缆支撑方法不正确，光缆自身重量会压到光缆支撑物上，会对光缆产生损害。

（5）根据运到施工现场的光缆情况，结合工程实际，合理配盘与光缆敷设顺序相结合，应充分利用光缆的盘长，施工中宜整盘敷设，不得任意切断光缆，以减少中间接头。

（6）光缆布放应有冗余。光缆布放路由宜盘留（过线井处），预留长度宜为3～5m；在设备间和电信间，多余光缆盘成圆形来存放，光缆盘的弯曲半径也应至少为光缆外径的10倍，预留长度宜为3～5m，有特殊要求的应按设计要求预留长度。

（7）光缆与建筑物内其他管线应保持一定间距，最小净距符合国标的规定。

（8）必须在施工前对光缆的端别予以判别，并确定A、B端，A端应是网络枢纽一侧，B端是用户一侧，敷设光缆的端别应方向一致，不得使端别排列混乱。

（9）光缆无论在建筑物内还是建筑群间敷设，应单独占用管孔。如利用原有管道和铜芯电缆共管时，应在管孔中穿放塑料子管，塑料子管的内径应为光缆外径的1.5倍以上，光缆在塑料子管中敷设。在建筑物内光缆与其他弱电系统的缆线平行敷设时，应有一定间距分开敷设，并固定绑扎妥当。当小芯数光缆在建筑物内采用暗管敷设时，管道的截面利用率应为25％～30％。

8.2.2　光缆的装卸和运输

1. 光缆的装卸

装卸光缆时，最好用叉车或吊葫芦把光缆从车上轻轻地放置地上。用平直木板放置在卡车和地面之间，形成一个小于45°角的斜坡，在光缆顺着斜坡下滑的同时，用一绳子穿过光缆中间孔，再在车上拉住绳子的两端，使光缆盘匀速下滑；或在斜坡下端放置几个软垫（如破旧轮胎等），光缆顺着斜坡向下滑。严禁把光缆直接从卡车上滚下来，这样很可能造成光缆损坏。

2. 光缆的运输

光缆在运输时，不得使光缆盘处于平放状态，不得堆放；盘装光缆应按光缆盘标明的旋转箭头方向滚动，但不得长距离滚动；防止受潮和长时间暴晒；储运温度应控制在－40～60℃。

8.2.3　光缆敷设环境

可以在很多环境下敷设光缆,比如,建筑物之间的干线,建筑物内垂直干线,建筑物内水平缆线。

在综合布线系统中,光缆是水平布线和干线布线(建筑群干线和建筑物干线)都认可的传输介质。尽管用于水平布线系统的光缆增长有限,但是对于干线布线系统,光缆是首选缆线。

8.2.4　光缆敷设方式

1．室外光缆敷设方式

在任务 4 中已经介绍过,室外光缆(即建筑物间干线光缆)常见的敷设方式有 3 种:地下管道敷设,即在地下管道中敷设光缆;地下掩埋敷设;架空光缆敷设,即在空中从电线杆到电线杆的敷设。

1)地下管道敷设

地下管道既是一个通道,又是一个保护管道,是楼宇间干线布线的首选方式。这种敷设方式可以保护光缆,防止潮湿和其他外界因素的破坏。

2)地下掩埋敷设

直埋法不需要敷设管道,直接挖沟对光缆进行掩埋。直埋光缆需要有一层保护铠甲保护光缆,防止动物撕咬。直埋光缆敷设方案在楼间干线上并不是首选方式,因为如果以后在敷设区进行挖掘的时候会损坏光缆。

3)架空光缆敷设

架空光缆是架设在地面以上,用杆支撑起来或捆扎在建筑物上的光缆。在园区楼宇规划中,这是最经济的楼宇间架空光缆的方式。一些会损伤架空光缆的外界因素有风、冰雪、鸟害等。

选择何种敷设方式,应视工程条件、环境特点和电缆类型、数量等因素,且满足运行可靠、便于维护的要求和技术经济合理的原则来选择。

2．室内光缆敷设方式

在任务 4 中已经介绍过,室内光缆敷设包括建筑物内干线光缆和水平光缆。

1)建筑物内干线光缆敷设方式

建筑物内干线光缆敷设方式有两种:一种是由建筑的顶层向下垂直布放;另一种是由建筑的底部向上牵引。通常采用向下垂直布放的施工方式,只有整盘光缆盘搬到顶层有较大困难或有其他原因时,才采用由下向上牵引光缆的施工方式。

2)水平光缆敷设方式

建筑物配线子系统的光缆从电信间井到工作区,一般采用走吊顶(电缆桥架)或线槽盒(地板下)的敷设方式。

8.2.5　室外光缆敷设要求

1．管道光缆敷设要求

管道光缆敷设方式就是在管道中敷设光缆,即在建筑物之间预先敷设一定数量的管道,如塑料管道,然后用牵引法布放光缆。管道光缆敷设的基本要求如下。

(1)在敷设光缆前,根据设计文件和施工图纸对选用穿放光缆的管孔进行核对,如所选管孔需要改变时,应征求设计单位同意。

（2）在敷设光缆前，应逐段将管孔清刷干净和试通。清扫时应用专制的清刷工具，清扫后应用试通棒检查合格，才可穿放光缆。如选用已有的多孔水泥管（又称混凝土管）穿放塑料子管，在施工前应对塑料子管的材质、规格、盘长进行检查，均应符合设计要求。一个水泥管孔中布放两根以上的塑料子管时，其子管等效总外径不宜大于管子内径的85％，如图8.1和图8.2所示。

图8.1　多孔的混凝土管　　　　　　　　图8.2　单孔的塑料管

（3）当穿放塑料子管时，其敷设方法与电缆敷设基本相同，但需注意以下几点。

① 布放两根以上的塑料子管，如管材已有不同颜色可以区别时，其端头可不必做标志，如无颜色区别，应在其端头有区别的标志，具体标志内容由工程实际需要决定。

② 布放塑料子管的环境温度应在−5～35℃，在过低或过高的温度时，尽量避免施工，以保证塑料子管的质量不受影响。

③ 连续布放塑料子管的长度不宜超过300m，并要求塑料子管不得在管孔中间有接头。

④ 牵引塑料子管的最大拉力不应超过管材的抗拉强度，在牵引时的速度要求缓和均匀。

⑤ 穿放塑料子管的水泥管孔应采用塑料管堵头（也可采用其他方法）在管孔口处安装，使塑料子管固定。塑料子管布放完毕应将子管口临时堵塞，以防异物进入管内；近期不会穿放缆线的塑料子管必须在其端部安装堵塞或堵帽。塑料子管在人孔或手孔中应按设计规定预留足够的长度，以备使用。

（4）光缆的牵引端部的端头应预先制成。为防止在牵引过程中产生扭转而损伤光缆，在牵引端头与牵引绳索之间应加装转环，避免牵引光缆时产生扭转而损伤光缆。

（5）光缆采用人工牵引布放时，每个人孔或手孔中应有专人帮助牵引，同时，予以照顾和解决牵引过程中可能出现的问题。在机械牵引时，一般不需要每个人孔有人，但在拐弯人孔或重要人孔处应有专人照看。整个光缆敷设过程，必须有专人统一指挥，严密组织，并配有移动通信工具进行联络。不应有未经训练的人员上岗和在无通信联络工具的情况下施工。

（6）光缆一次牵引长度一般不应大于1000m。超过1000m时，应将光缆盘成倒8字形状，分段牵引或在中间适当地点增加辅助牵引，以减少光缆张力，提高施工效率。

（7）为了在牵引过程中保护光缆外护套不受损伤，在光缆穿入管孔或管道拐弯处或与其他障碍物有交叉时，应采用导引装置或喇叭口保护管等保护。此外，根据需要可在光缆四周涂抹中性润滑剂等材料，以减少牵引光缆时的摩擦阻力。

（8）光缆敷设后，应逐个在人孔或手孔中将光缆放置在规定的托板上，并应留有适当余量，避免光缆过于绷紧。在人孔或手孔中的光缆需要接续时，其预留长度应符合表8.1中的规定。

如在设计中有特殊预留长度的要求，应按规定的位置妥善留足和放置，例如，预留光缆是为了将来引入新建的建筑物内，光缆可放在建筑物附近的人孔内。

表 8.1 管道光缆敷设的预留长度

自然弯曲增加长度/(m/km)	人孔或手孔内弯曲增加的长度/(m/孔)	接续每侧预留长度/m	设备间每侧预留长度/m	管道光缆需引上连接到架空时,其引上地面部分每处增加长度/m	备 注
5	0.5~1.0	一般为 6~8	一般为 10~20	6~8	其他预留按设计要求

（9）光缆在管道中间的管孔内不得有接头。当光缆在人孔中不设接头时,要求将光缆弯曲放置在电缆托板上固定绑扎牢靠,光缆不得在人孔中间悬空通过。它将会影响人员进出人孔,且有碍于施工和维护,增加对光缆的损害机会。

（10）光缆敷设后,应检查外护套有无损伤,不得有压扁、扭伤和折裂等缺陷。光缆与其接头在人孔或手孔中均应放置在铁架的电缆托板上予以固定绑扎,并应按设计要求采取保护措施,保护材料可以采用蛇形软管或软塑料管等管材,也可在上面或周围设置绝缘板材隔断,以便进行保护。

（11）光缆在人孔或手孔中应注意以下几点。

① 光缆穿放的管孔出口端应封堵严密,以防水分或杂物进入管内。

② 光缆及其接续应有识别标识,标识内容有编号、光缆型号和规格等。

③ 在严寒地区应按设计要求采取防冻措施,以防光缆受冻损伤。

④ 如光缆有可能被碰损伤时,可在其上面或周围采取保护措施。

（12）为了确保通信质量,对于在人孔中预留的盘放光缆除用软管加以保护外,其光缆端头应做好密封堵严处理,以防进水或潮气渗入,尤其是经常有积水的人孔,预留盘放的光缆必须安放在高于积水面的位置,确保光缆不会浸泡在积水中,特标识光缆端头和光缆护套容易受到损伤的部位。

此外,盘留光缆(包括光缆接头和光缆接头设备)的位置必须安全可靠,不易受到外力机械损伤,力求减少人为障碍的发生,提高光缆线路的使用寿命,保证通信畅通。

2. 直埋光缆的敷设要求

直埋光缆敷设的主要特点是能够防止各种外来的机械损伤,而且地温较稳定,减少了温度变化对光纤传输特性的影响,从而提高了光缆的安全性和传输质量。直埋光缆是隐蔽工程,技术要求高,在敷设时应注意以下几点。

（1）在直埋光缆施工前,要对设计中确定的线路路由实施复测。内容包含路由测量、复核,以确定光缆路由的具体走向和位置。核实丈量地面正确的距离,为光缆配盘、分屯和敷设等工序提供必要的数据和依据,对于确保施工质量和提高工效会起到很好的作用。光缆路由复测的内容包括定线、定位、测距、打标桩、确定埋深的划线和登记等工作。

其中,对于直埋光缆的埋设深度应符合表 8.2 中的规定。

表 8.2 直埋光缆的埋设深度

序号	光缆敷设的地段或土质	埋设深度/m	备 注
1	市区、村镇的一般场合	≥1.2	不包括车行道
2	街坊和智能化小区内、人行道下	≥1.0	包括绿化地带
3	穿越铁路、道路	≥1.2	距道底或距路面
4	普通土质(硬路面)	≥1.2	
5	沙砾土质(半石质土等)	≥1.0	

（2）直埋光缆最大的工程量之一是挖掘缆沟（以下简称挖沟），在市区和智能化小区中，因道路狭窄、操作空间较小、线路距离短，不易采用机械式挖沟，通常采用人工挖沟，简便、灵活、不受地形和环境条件的影响，是较为经济、有效的施工方法。在挖沟中务必做到以下几点。

① 挖沟标准必须执行。例如，路由走向和位置以及间距等，应按复测后的划线施工，不得随意改变或偏离，沟槽应保持直线，不得自行弯曲。

② 沟深要符合施工要求。深度应该达标，当土质不同或环境各异时，沟深应有不同的标准，如确有困难经施工监理、工程设计或主管建设等单位同意后，可适当降低标准，但应采取相应的技术保护措施，确保缆线正常运行。

③ 沟宽必须满足缆线敷设的要求，且以施工操作方便为目的，沟宽和沟深的比例关系要适宜。

④ 在敷设光缆前应先清理沟底，沟底应平整，无碎石和硬土块等有碍于施工的杂物。

（3）在同一路由上，且同沟敷设光缆或电缆时，应同期分别牵引敷设。如与直埋电缆同沟敷设，应先敷设电缆，后敷设光缆，在沟底应平行排列。如同沟敷设光缆，应同时分别布放，在沟底不得交叉或重叠放置，光缆必须平放于沟底，或自然弯曲使光缆应力释放，光缆如有弯曲腾空和拱起现象，应设法放平，不得用脚踩光缆使其平铺沟底。

（4）直埋光缆的敷设位置，应在统一的管线规划综合协调下进行安排布置，以减少管线设施之间的矛盾。直埋光缆与其他管线及建筑物间的最小净距应符合要求。

（5）在智能化小区、校园式大院或街坊内布放光缆时，因道路狭窄、操作空间小，宜采用人工抬放敷设光缆，施工人员应根据光缆的重量，按 2～10m 的距离排开抬放。如人数有限时，可采用 8 字形盘绕分段敷设。敷设时不允许光缆在地上拖拉，也不得出现急弯、扭转、浪涌或牵引过紧等现象，抬放敷设时的光缆曲率半径不得超过规定，应加强前后呼应，统一指挥，步调一致，逐段敷设。在敷设时或敷设后，需要前后移动光缆的位置时，应将光缆全长抬起或逐段抬起移位，要轻手轻脚，不宜过猛拉拽，从而使光缆的外护套产生暗伤隐患。

（6）光缆敷设完毕后，应及时检查光缆的外护套，如有破损等缺陷应立即修复，并测试其对地绝缘电阻。

根据我国通信行业标准《光缆线路对地绝缘指标及测试方法》（YD 5012—2003）中的规定，必须符合以下要求。

① 单盘直埋光缆敷设后，其金属外护套对地绝缘电阻竣工验收指标，不应低于 $10M\Omega \cdot km$，其中暂允许 10% 的单盘光缆不低于 $2M\Omega$。

② 为了保护光缆金属护套免遭自然腐蚀的起码要求，维护指标也规定不应低于 $2M\Omega$。

具体可参考《光缆线路对地绝缘指标及测试方法》（YD 5012—2003）中的规定。

（7）在智能化小区、街坊内敷设的光缆，应按设计规定需在光缆上面铺设红砖或混凝土盖板，应先敷盖 20cm 后的细土再铺红砖，根据敷设光缆条数采取不同的铺砖方式（如竖铺或横铺）。

（8）在智能化小区、校园式大院或街坊内，尤其是道路的路口、建筑的门口等处，在施工时应有安全可靠的防护措施，如醒目安全标志等，以保证居民生活和通行安全。光缆敷设完毕后，应及时回填，回填土应分层夯实，地面应平整。

（9）直埋光缆的接头处、拐弯点或预留长度处以及其他地下管线交越处，应设置标志，以便今后维护检修。标志可以专制标识，也可利用光缆路由附近的永久性建筑的特定部位，测量出距直埋光缆的相关距离，在有关图纸上记录，作为今后的参考资料。

（10）布放光缆时，直埋光缆的盘留安装长度在光缆自然弯曲增加的长度为 7m/km，其他与管道光缆相同。

（11）直埋光缆接头和预留光缆应平放在接头坑内；弯曲半径不得小于光缆外径的 20 倍；直埋光缆接头和预留光缆的上下各覆盖或铺放细土或细砂，最少厚度为 100mm，共 200mm。

3．架空光缆的敷设要求

架空敷设光缆通常适用在临时的应用，对于永久或固定的缆线安装，不建议采用架空方式，但如确须采用架空方式，架空光缆在敷设时有以下基本要求。

（1）在光缆架设前，在现场对架空杆路坚固状况进行检验，要求符合《本地通信线路工程设计规范》(GB 51158—2015)中的规定，且能满足架空光缆的技术要求时，才能架设光缆。

（2）在架设光缆前，应对新设或原有的钢绞线吊线检查有无伤痕和锈蚀等缺陷，钢绞线绞合应严密、均匀，无跳股现象。吊线的原始垂度应符合设计要求，固定吊线的铁件安装位置应正确、牢固。对光缆路由和环境条件进行考察，检查有无有碍于施工敷设的障碍和具体问题，以确定光缆敷设方式。

（3）不论采用机械式或人工牵引光缆，要求牵引力不得大于光缆允许张力的最大拉力。牵引速度要求缓和均匀，保持恒定，不能突然启动，猛拉紧拽。架空光缆布放应通过滑轮牵引，敷设过程中不允许出现过度弯曲或光缆外护套硬伤等现象。

（4）光缆在架设过程中和架设后受到最大负载时，会产生的伸长率，要求应小于 0.2%。在工程中对架空光缆垂度的确定应十分慎重，应根据光缆结构及架挂方式计算架空光缆垂度，并应核算光缆的伸长率，使取定的光缆垂度能保证光缆的伸长率不超过规定值。

（5）架空光缆在以下几处应预留长度，要求在敷设时考虑。

① 中负荷区、重负荷区和超重负荷区布放的架空光缆，应在每根电杆上预留，轻负荷区每 3～5 杆挡作一处预留。光缆在杆上预留及保护示意图如图 8.3 所示。

图 8.3 光缆在杆上预留及保护示意图

② 架空光缆在配盘时，应将架空光缆的接头点放在电杆上或邻近电杆 1m 左右处，以利于施工和维护。架空光缆在接头处的预留长度应包括光缆接续长度和施工中所需的消耗长度，一般架空光缆接头处每侧预留长度为 6～10m。如在光缆终端设备处终端时，在设备一侧应预留光缆长度为 10～20m。

③ 在电杆附近的架空光缆接头，它的两端光缆应各作伸缩弯，其安装尺寸和形状如图 8.4 所示，两端的预留光缆应盘放在相邻的电杆上。

固定在电杆上的架空光缆接头及预留光缆的安装尺寸和形状如图 8.5 所示。

④ 光缆在经过十字形吊线连接处或丁字形吊线连接处，光缆的弯曲应圆顺，并符合最小曲率半径要求，光缆的弯曲部分应穿放聚乙烯管加以保护，其长度约为 30cm，如图 8.6 所示。

图 8.4　在电杆附近架空光缆接头与预留示意图

图 8.5　在电杆上架空光缆接头及预留光缆的
安装尺寸和形状

图 8.6　光缆在十字形吊线连接处保护示意图

⑤ 架空光缆在布放时和光缆配盘时,适当预留一些因光缆韧性而增加的长度,一般每千米约增加 5m,其与预留长度应根据设计要求考虑。

⑥ 架空光缆的吊挂方式目前以光缆挂钩将光缆卡挂在钢绞线上为主。光缆挂钩的间距一般为 50cm,允许偏差不应大于±3cm。

(6) 管道光缆或直埋光缆引上后,与吊挂式的架空光缆相连接时,其引上光缆的安装方式和具体要求如图 8.7 所示。

图 8.7　引上光缆的安装方式和具体要求

（7）架空光缆线路的架设高度，与其他设施接近或交越时的间距等，应符合《本地通信线路工程设计规范》（GB 51158—2015）中有关电缆线路部分的规定。架空光缆线路与其他建筑物、树木的最小间距应符合规定。

（8）架空光缆与电力线交越时，可采取以下技术措施。

① 在光缆和钢绞线吊线上采取绝缘措施，如将光缆中的金属构件在接头处电气断开，其钢绞线每隔 1~2km 加装绝缘子，使电气通路切断，减少影响范围。

② 在光缆和钢绞线吊线外面采用塑料管、胶管或竹片等捆扎，使之绝缘。

（9）架空光缆如紧靠树木或电杆等有可能使外护套磨损时，在与光缆的接触部位处，应包套长度不小于 1m 左右的聚氯乙烯塑料软管、胶管或蛇皮管，加以保护。如靠近易燃材料建造的房屋段落或温度过高的场合，应包套石棉管或包扎石棉带等耐温或防火材料保护。

8.2.6　室内光缆敷设要求

室内光缆的敷设应满足以下要求。

（1）光缆的固定。

① 在楼内敷设光缆时可以不采用钢丝绳，如果沿垂直金属槽敷设，则只需在光缆路径上每两层楼或 10m 用缆夹吊住即可。

② 如果光缆沿墙面敷设，只需每 1m 系一个缆扣或装一个固定的夹板。

（2）光缆两端的余量。由于光缆两端最易受到损伤，所以在光缆到达目的地后，两端各需要有 10m 的富余量，从而保证光纤的熔接质量要求。

（3）光纤的熔接和跳接。将光纤与 ST 头熔接，然后与耦合器共同固定于光纤端接箱上。光纤跳线一头插入耦合器，另一头插入交换机上的光纤端口。

8.3　建筑物内光缆的敷设施工

在综合布线系统中，光缆主要应用于配线子系统、干线子系统和建筑群子系统等场合。建筑物内光缆布线技术在某些方面与电缆的布线技术类似，但有其独特且灵活的布线方式。

8.3.1　光缆布线施工工具

光缆布线使用的敷设工具主要包括滑车、牵引机、穿线器等。在 6.2.2 小节已经介绍过。

8.3.2　建筑物配线子系统光缆敷设

建筑物配线子系统光缆敷设与对绞电缆类似，只是光缆的抗拉性能更差，因此在牵引时应当更为小心，曲率半径也要更大。

建筑物配线子系统光缆敷设步骤如下。

（1）沿着光纤敷设路径打开吊顶或地板。

（2）利用工具切去一段光纤的外护套，并由一端开始的 0.3m 处环切光缆的外护套，然后除去外护套。

（3）将光纤及加固芯切去并掩没在外护套中，只留下纱线。对需敷设的每条光缆重复此过程。

（4）将纱线与带子扭绞在一起。

（5）用胶布紧紧地将长 20cm 范围的光缆护套缠住。

（6）将纱线馈送到合适的夹子中去，直到被带子缠绕的护套全塞入夹子中为止。

（7）将带子绕在夹子和光缆上，将光缆牵引到所需的地方，并留下足够长的光缆供后续处理用。

8.3.3　建筑物干线子系统光缆敷设

建筑物垂直干线子系统光缆用于连接设备间至各个楼层电信间，在前面介绍过，智能建筑有高耸的塔楼型和矮胖的宽敞型两种。在高耸的塔楼型的主干布线子系统都设在电信间（电缆竖井或上升房内），其牵引缆线敷设方式有向下垂放和向上牵引两种类型。

1. 通过各层电信间的槽孔垂直敷设光缆

在楼内垂直方向，光缆宜采用电缆竖井内电缆桥架或电缆走线槽方式敷设，电缆桥架或电缆走线槽宜采用金属材质制作；在没有竖井的建筑物内可采用预埋暗管方式敷设，暗管宜采用钢管或阻燃硬质 PVC 管，管径不宜小于 $\phi50\mathrm{mm}$。

在电信间中敷设光缆有向下垂放和向上牵引两种方式。通常向下垂放比向上牵引容易些。敷设方法和敷设电缆相似。但如果将光缆卷轴机搬到高层上去很困难，则只能由下向上牵引。

1）向下垂放敷设光缆

向下垂放敷设光缆时的步骤如下。

（1）在离建筑顶层设备间的槽孔 1～1.5m 处安放光缆卷轴，使卷筒在转动时能控制光缆。将光缆卷轴安置于平台上，以便保持在所有时间内光缆与卷筒轴心都是垂直的，放置卷轴时要使光缆的末端在其顶部，然后从卷轴顶部牵引光缆。

（2）慢慢转动光缆卷轴，并将光缆从其顶部牵出。牵引光缆时，要保证不超过最小弯曲半径和最大张力的规定。

（3）引导光缆进入槽孔中去。如果是一个小孔，则首先要安装一个塑料导向板，以防止光缆与混凝土边侧摩擦导致光缆的损坏。如果是一个大孔，则在孔的中心上安装一个滑车轮，然后把光缆拉出缠绕到车轮上去。

（4）慢慢地从光缆卷轴上牵引光缆，直到下一层的施工人员能将光缆并引入下一槽孔中去为止。

（5）在每一层楼均重复以上步骤，当光缆到达最底层时，要使光缆松弛地盘在地上。

（6）在弱电间敷设光缆时，为了减少光缆上的负荷，应在一定的间隔上（如 1.5m）用缆带将光缆扣牢在墙壁上。

2）固定光缆

用向下垂放敷设光缆方法，光缆不需要中间支持，捆扎光缆要小心，避免力量太大损伤光纤或产生附加的传输损耗。固定光缆的步骤如下。

（1）使用塑料扎带，由光缆的顶部开始，将干线光缆扣牢在电缆桥架上。

（2）由上往下，在指定的间隔（5.5m）安装扎带，直到干线光缆被牢固地扣好。

（3）检查光缆外套有无破损，盖上桥架的外盖。

3）建筑物干线子系统光缆敷设注意事项

在光缆敷设时需注意以下几点。

（1）建筑物内主干布线子系统的光缆一般装在电缆竖井或上升房中,从设备间到各个楼层的干线交接间(又称干线接线间)之间敷设,成为建筑物中的主要骨干线路。为此,光缆应敷设在槽道内(或桥架)或走线架上,缆线应排列整齐,不应溢出槽道(或桥架)。槽道等的安装位置应正确合理,安装牢固可靠。为了防止光缆下垂或脱落,尤其是垂直敷设段落,因此,在穿越每个楼层的槽道上下端和中间,均应对光纤光缆采用切实有效的固定装置,例如,用尼龙绳、塑料带捆扎,使光缆捆扎牢固稳定。但捆扎要适度,不宜过紧,避免使光缆的外护套变形或损伤,影响光纤传输光信号的质量。

（2）光纤光缆敷设后应细致检查,要求外护套完好无损,不得有压扁、扭伤、折痕和裂缝等缺陷。如出现异常,应及时检测,予以解决,尤其是严重缺陷或有断纤现象,应经检修测试合格后才能使用。此外,光缆敷设后的预留长度必须符合设计要求或按需要来决定。光缆的走向合理,曲率半径符合规定,缆线的转弯状态应圆顺,不得有死弯和折痕。

（3）在光纤光缆的同一路由上,如有其他弱电系统的缆线或管线,且与它们平行或交叉敷设时,应有一定间距,要分开敷设和固定,各种缆线间的最小净距应符合标准,以保证光缆安全运行。

（4）光缆全部固定牢靠后,应将光缆穿越各个楼层的所有槽洞或管孔等空隙部分,先用堵封材料严密封堵,再加堵防火材料,以达到防潮和防火效果。

（5）敷设光缆时,应当按照设计要求预留适当的长度。一般在设备端应当预留 5～10m,有特殊要求的场合,根据需要预留长度。

（6）光缆在建筑物内施工完毕后,为便于管理检修,凡是两根以上的光缆,应在相关部位(如光缆起始端)设置标志,标明光缆的用途、编号和端别等,尤其是光缆设备处和重要部位必须设置。如果光缆经过易受人为地移动或碰撞等不安全的地方(如行人较为繁多的走廊或通道),对光缆应作明显的保护标志或警示牌,提醒人们注意,避免光缆受伤而造成通信阻断事故。

2．通过吊顶（天花板）来敷设光缆

在某些建筑物中,如低矮而又宽阔的单层建筑物中,可以在吊顶内水平地敷设干线光缆。由于吊顶的类型不同(悬挂式的和塞缝片的),光缆的类型不同(有填充物的和无填充物的),故敷设光缆的方法也不同。因此,首先要查看并确定吊顶和光缆的类型。

通常,当设备间和配线间同在一个大的单层建筑物中时,可以在悬挂式的吊顶内敷设光缆为主。如果敷设的是有填充物的光缆,且不牵引过管道,具有良好的、可见的、宽敞的工作空间,则光缆的敷设任务就比较容易。如果要在一个管道中敷设无填充物的光缆,就比较困难,其难度还与敷设的光缆数及管道的弯曲度有关。

8.4 建筑群干线光缆敷设施工

建筑群之间的干线光缆有管道敷设、直埋敷设、架空敷设和墙壁敷设 4 种敷设方法。其中,在地下管道中敷设光缆是 4 种方法中最好的一种。因为管道可以保护光缆,防止潮湿、野兽及其他故障源对光缆造成损坏。

8.4.1 管道光缆的敷设

1．管道光缆敷设流程

（1）准备材料、工具和设备。

① 对工程中所用的光缆、光缆附件和器材的型号、规格和数量等进行检验核对,对其质量

和性能应做必要的检验和测试。

② 对光缆进行测试。

③ 对工程中登高用的梯子、脚扣、安全带、吊板(即滑椅)等工具必须严格检验是否良好，只有确定能保证施工人员生命安全可靠时才能使用。

(2) 试通管道。在敷设光缆前，应逐段将管孔清刷干净和试通。清扫时应用专制的清刷工具，清扫后应用试通棒检查合格，才可穿放光缆。

(3) 选择管道的管孔。如选用已有的多孔水泥管(又称混凝土管)穿放塑料子管，在施工前应对塑料子管的材质、规格、盘长进行检查，均应符合设计要求。管道内穿放塑料子管的内径应为光缆外径的 1.5 倍。当在一个水泥管孔中布放两根以上的塑料子管时，其子管等效总外径不宜大于管子内径的 85%。

(4) 检查和安装入口硬件。

(5) 确定牵引方案，即施工方式。

① 机械牵引敷设。

a. 集中牵引法。集中牵引即端头牵引，牵引绳通过牵引端头与光缆端头连接，用终端牵引机按设计张力将整条光缆牵引至预定敷设地点。

b. 分散牵引法。不用终端牵引机而是用 2~3 部辅助牵引机完成光缆敷设。这种方法主要是由光缆外护套承受牵引力，故应在光缆允许承受的侧压力下施加牵引力，因此需使用多台辅助牵引机使牵引力分散并协同完成。

c. 中间辅助牵引法。除使用终端牵引机外，同时使用辅助牵引机。一般以终端牵引机通过光缆牵引头牵引光缆，辅助牵引机在中间给予辅助牵引，使一次牵引长度得到增加。

② 人工牵引敷设。人工牵引需有良好的指挥人员，使前端集中牵引的人与每个人孔中辅助牵引的人尽量同步牵引。

(6) 牵引机具的装设。在管道光缆的端部应装设光缆网套等牵引装置，牵引的光缆端部应绑扎牢固，光缆端部外护套完整无损，保证在牵引过程中，光缆端部的外护套密封良好。为保证牵引和保护光缆敷设顺利，在牵引钢丝绳与光缆网套等牵引装置之间加装旋转接头等连接装置。

(7) 牵引光缆。

① 光缆一次牵引长度一般不应大于 1000m。超长距离时，应将光缆盘成倒 8 字形状，分段牵引或在中间适当地点增加辅助牵引，以减少光缆张力，提高施工效率。

② 为了在牵引过程中保护光缆外护套不受损伤，在光缆穿入管孔或管道拐弯处或与其他障碍物有交叉时，应采用导引装置或喇叭口保护管等保护。此外，根据需要可在光缆四周涂抹中性润滑剂等材料，以减少牵引光缆时的摩擦阻力。

③ 光缆采用人工牵引布放时，每个人孔或手孔中应有专人帮助牵引，同时，予以照顾和解决牵引过程中可能出现的问题。在机械牵引时，一般不需要每个人孔有人，但在拐弯人孔或重要人孔处应有专人照看。整个光缆敷设过程，必须有专人统一指挥，严密组织，并配有移动通信工具进行联络。不应有未经训练的人员上岗和在无通信联络工具的情况下施工。

(8) 人孔及端站光缆的安装。管道光缆在盘留安装方法(光缆接头)。管道光缆在人孔中的盘留方法根据人孔或手孔内部尺寸、缆线预留长度、人孔或手孔容纳缆线的条数以及操作空间而定。管道光缆接头应放在光缆铁支架上，光缆接头两侧的余缆应盘成 O 形圈(小圈、大圈或人孔四周),用扎线或尼龙带等固定在人孔或手孔的铁支架上,O 形圈的弯曲半径不得小于光缆直径的 20 倍。并将在人孔或手孔中的盘放光缆用软管加以保护。

(9) 完成。光缆敷设后,应逐个在人孔或手孔中将光缆放置在规定的托板上,并应留有适当余量,避免光缆过于绷紧。

2. 管道光缆敷设的防机械损伤

防止管道光缆敷设过程中可能对光缆造成的机械损伤的措施见表 8.3。

表 8.3　管道光缆敷设的保护措施

措　施	保　护　用　途
蛇形软管	在人孔内保护光缆: (1) 从光缆盘送出光缆时,为防止被人孔角或管孔入口角摩擦损伤,采用软管保护。 (2) 绞车牵引光缆通过转弯点和弯曲区,采用 PE 软管保护。 (3) 绞车牵引光缆通过人孔中不同水平(有高差)管孔时,采用 PE 软管保护
喇叭口	光缆进管口保护: (1) 光缆穿入管孔,使用两条互连的软金属管组成保护。金属管分别长 1m 和 2m,每管的一个端装喇叭口。 (2) 光缆通过人孔进入另一管孔,将喇叭口装在牵引方向的管孔口
润滑剂	光缆穿入管孔时,应涂抹中性润滑剂。当牵引 PE 护套光缆时,液状石蜡是一种较优润滑剂,它对 PE 护套没有长期不利的影响
堵口	将管孔、子管孔堵塞,防止泥沙和鼠害

8.4.2　直埋光缆的敷设

直埋光缆的敷设流程如下。

(1) 准备材料、工具和设备(略,与管道光缆类似)。

(2) 检查光缆沟。在直埋光缆施工前,要对设计中确定的线路路由实施复测。检查光缆沟与地面的距离要符合国标要求。

(3) 光缆沟的清理和回填。沟底应平整,无碎石和硬土块等有碍于光缆敷设的杂物。如沟槽为石质或半石质,在沟底应铺垫 10cm 厚的细土或沙土并铲平。光缆敷设后,应先回填 30cm 厚的细土或沙土作为保护层,严禁将碎石、砖块、硬土块等混入保护层。保护层应采用人工方式轻轻踏平。

(4) 光缆敷设。敷设直埋光缆时,施工人员手持 3~3.5m 光缆,并将之弯曲成一个水平 U 形,如图 8.8 所示。该 U 形弯不能小于光缆所允许的弯曲半径。然后,向前滚动推进光缆,使光缆前端始终呈 U 形。

当光缆向上引出地面时,应当在地下拐角处填充支撑物,避免光缆在泥土的重力压迫下变形,改变其弯曲半径,如图 8.8 所示。同沟敷设光缆和电缆时,应同期分别牵引敷设。

(5) 标识。直埋光缆的接头处、转弯点、预留长度处或与其他管线的交汇处应设置标志,以便以后的维护检查。

将光缆弯曲为U形　　　　　　　　　　向前滚动推进光缆

图 8.8　光缆敷设

8.4.3　架空光缆的敷设

目前,国内外架空光缆的施工方法较多,从大的分类有全机械化施工和人力牵引施工两种,国内采用传统的人力牵引施工方法。按照电缆本身有无支承结构来分,有自承式光缆和非自承式光缆两种。在综合布线系统工程中一般采用非自承式光缆。

国内非自承式光缆是采用光缆挂钩将光缆拖挂在光缆吊线上,即托挂式施工方法。国内通信工程业界将托挂式施工方法又细分为汽车牵引、人力辅助的动滑轮托挂法(以下简称汽车牵引动滑轮托挂法)、动滑轮边放边挂法、定滑轮托挂法和预挂挂钩托挂法等几种,应视工程环境和施工范围及客观条件等来选定哪种施工方法。

1. 汽车牵引动滑轮托挂法

汽车牵引动滑轮托挂法适用于施工范围较大、敷设距离较长、光缆重量较重,且在架空杆路下面或附近无障碍物及车辆和行人较少,可以行驶汽车的场合。受到客观条件限制较多,在智能化小区采用较少,如图 8.9 所示。

2. 动滑轮边放边挂法

动滑轮边放边挂法适用于施工范围较小、敷设距离较短、架空杆路下面或附近无障碍物,但不能通行车辆的场合。所以是在智能化小区较为常用的一种敷设缆线方法,如图 8.10 所示。

图 8.9　汽车牵引动滑轮托挂法

图 8.10　动滑轮边放边挂法

步骤 1:将光缆盘置于一段光路的中点,采用机械牵引或人工牵引将光缆牵引至一端预定位置,然后将盘上余缆倒下,盘成"∞"形,再向反方向牵引至预定位置。

步骤 2:边安装光缆挂钩,边将光缆挂于吊线上。

步骤 3:在挂设光缆的同时,将杆上预留、挂钩间距一次完成,并做好接头预留长度的放置和端头处理。

3．定滑轮托挂法

定滑轮托挂法适用于敷设距离较短、缆线本身重量不大，但在架空杆路下面有障碍物，施工人员和车辆都不能通行的场合，如图 8.11 所示。

图 8.11　定滑轮托挂法

步骤 1：为顺利布放光缆并不损伤光缆外护层，应采用导向滑轮和导向索，并在光缆始端和终点的电杆上各安装一个滑轮。

步骤 2：每隔 20～30m 安装一个导引滑轮，边牵引绳边按顺序安装滑轮，直至光缆放线盘处与光缆牵引头连好。

步骤 3：采用端头牵引机或人工牵引，在敷设过程中应注意控制牵引张力。

步骤 4：一盘光缆分几次牵引时，可在线路中盘成"∞"形分段牵引。

步骤 5：每盘光缆牵引完毕，由一端开始用光缆挂钩将光缆托挂于吊线上，替换导引滑轮。挂钩之间的距离和在杆上做"伸缩弯"，如图 8.4 所示。

步骤 6：光组接头预留长度为 6～10m，应盘成圆圈后用扎线固定在杆上。

4．预挂挂钩托挂法

预挂挂钩托挂法适用于敷设距离较短，一般不超过 200～300m，因架空杆路下面有障碍物，施工人员无法通行，采取吊挂光缆前，先在吊线上按规定间距预挂光缆挂钩，但需注意挂钩的死钩应逆向牵引，防止在预挂的光缆挂钩中牵引光缆时，移动光缆挂钩的位置或被牵引缆线撞掉。必要时，应调整光缆挂钩的间距，如图 8.12 所示。这种方法在智能化小区内较为常用。

图 8.12　预挂挂钩托挂法

步骤 1：在杆路准备时就将挂钩安装于吊线上。

步骤 2：在光缆盘及牵引点安装导向索及滑轮。

步骤 3：将牵引绳穿过挂钩，预放在吊线上，敷设光缆时与光缆牵引端头连接，光缆牵引方法如图 8.12 所示。

步骤 4：预留光缆。

架空光缆在以下几处应预留长度,要求在敷设时考虑。详见前述架空光缆的敷设要求。

步骤5:安装附件。

步骤6:完成。

8.4.4　墙壁光缆施工

墙壁光缆的敷设方式有贴壁卡子式和沿壁吊挂式。吊挂式根据光缆的结构不同,又分为非自承式和自承式两种,它与一般架空光缆敷设方法相似。

1. 卡子式墙壁光缆的施工方法

(1)光缆卡子的间距,一般在光缆的水平方向为60cm,垂直方向为100cm,遇有其他特殊情况可酌情缩短或增长间距。采用塑料线码时可根据固定的塑料光缆规格,适当增减间距距离,但在同一段落,间距应一致。

(2)光缆水平方向敷设时,光缆卡子和塑料线码的钉眼位置应在光缆下方;当光缆垂直方向敷设时,光缆卡子和塑料线码的钉眼位置,应与附近水平方向敷设的光缆卡子钉眼在光缆的同一侧,如图8.13所示。

图8.13　卡子式墙壁电(光)缆

注:D 为电缆;R 为弯曲半径;K 为弯曲系数。

(3)光缆如必须垂直敷设时,应尽量将其放在墙壁的内角,不宜选择在墙壁的外角附近,如不得已时,光缆垂直的位置距外墙角边缘应不小于50cm。

(4)卡子式墙壁光缆在屋内敷设如需穿越楼板时,其穿越位置应选择在楼梯间、走廊等公共地方,应尽量避免在房间内穿越楼板。在垂直穿越楼板处,光缆应设有钢管保护,其上部保护高度不得小于2m。

(5)在屋内同一段落内,尽量不采用两条墙壁光缆平行敷设的方法。这时可采用特制的双线光缆卡子同时固定两条光缆的安装方法。

(6)卡子式墙壁光缆在门窗附近敷设时,应不影响门窗的关闭和开启,并注意美观。在屋外墙上敷设的位置,一般选择在阳台或窗台等间断或连续的凸出部位上布置。不论在屋内或屋外墙壁上敷设光缆,都应选择在较隐蔽的地方。

2. 吊挂式墙壁光缆的施工方法

吊挂式墙壁光缆分为非自承式和自承式两种。非自承式墙壁光缆的敷设形式是将光缆用光缆挂钩等器件悬挂在光缆吊线下,它与一般架空杆路上的架空光缆装设方法相似,光缆和其他器件也是与架空光缆基本相同。吊挂式墙壁光缆如图8.14所示。

图 8.14 吊挂式墙壁光缆

说 明

1. 墙担用M10膨胀螺栓固定。

2. 吊线也可改用镀锌钢绞线，此时两端紧固件改用终端膨胀锁。

3. φ4mm镀锌钢绞线适用于架设绝缘光缆，可用铝卡或塑料吊带绑扎(每0.3m绑扎一次)。

4. 绝缘电缆也可不用吊线架设，直接固定在多沟绝缘子上，此时墙担间距不宜大于3m。

编号	名 称	型号及规格
1	自承式光缆	
2	吊线	φ4mm镀锌钢绞线
3	拉线双螺旋	YD 250-81
4	终端膨胀锁	
5	终端墙担	B型大号
6	终端墙担	A型大号

编号	名 称	型号及规格
7	终端墙担	B型小号
8	角钢墙担	B型小号
9	钢绞线压板	
10	端铁	
11	单眼曲槽夹板	

8.4.5 光缆通过进线间引入建筑物

1. 光缆引入建筑物

综合布线系统引入建筑物内的管理部分通常采用暗敷方式。引入管路从室外地下通信电缆管道的人孔或手孔接出,经过一段地下埋设后进入建筑物,由建筑物的外墙穿放到室内,这就是引入管路的全部。

综合布线系统建筑物引入口的位置和方式的选择需要会同城建规划和电信部门确定,应留有扩展余地。

图 8.15 所示为管道电(光)缆引入建筑物示意图,直埋电(光)缆和架空光缆引入建筑物详见 20X101-3《综合布线系统工程设计与施工》。

图 8.15 管道电(光)缆引入建筑物示意图

2. 光缆从室外引入设备间方法

在很多情况下,光缆引入口和设备间距离较远,这时需要进线间,光缆由进线间敷设至机房的光缆配线架(ODF),往往从地下或半地下进线室由楼层间爬梯引至所在楼层。因光缆引上不能光靠最上层拐弯部位受力固定,而应进行分散固定,即要沿爬梯引上,并做适当绑扎。光缆在爬梯上,在可见部位应在每支横铁上用粗细适当的轧带绑扎。对无铠装光缆,每隔几挡应衬垫一块胶皮后扎紧,对拐弯受力部位,还应套胶管保护。在进线间可将室外光缆转换为室内光缆,也可引至光缆配线架进行转换,如图 8.16 和图 8.17 所示。

图 8.16 在进线间将室外光缆引入设备间

图 8.17　在进线间将室外光缆转换为室内光缆

当室外光缆引入口位于设备间,不必设进线间,室外光缆可直接端接于光缆配线架上,或经由一个光缆进线设备箱(分接箱),转换为室内光缆后再敷设至主配线架或网络交换机,并由竖井布放至楼层电信间,如图 8.18 所示。

图 8.18　进线间与设备间合用时将室外光缆引入

光缆布放应有冗余,一般室外光缆引入时预留长度为 5~10m,室内光缆在设备端预留长度为 3~5m。在光缆配线架中通常都有盘纤装置。

电信间、设备间、进线间之间的干线通道应沟通。

习　　题

一、选择题

1. 室外光缆在敷设时,管线的弯曲半径不小于缆线外径的(　　　)倍。

　　A. 4　　　　　　　　　　B. 8　　　　　　　　　　C. 10　　　　　　　　　　D. 20

2. 制作光缆牵引头时,利用工具切去一段光缆的外护套,并由一端开始的(　　　)m 处环切光缆的外护套,然后除去外护套。

　　A. 0.3　　　　　　　　　B. 0.4　　　　　　　　　C. 0.5　　　　　　　　　D. 0.6

3. 光缆与电缆同管敷设时,应在管道内预设塑料子管。将光缆设在子管内,使光缆与电缆分开布放,子管的内径应为光缆外径的(　　)倍。

  A. 2.5   B. 3   C. 3.5   D. 5

  4. 室外光缆进入建筑物时,通常在入口处经过一次转接进入室内。在转接处加上电气保护设备,以避免因电缆受到雷击、感应电势或与电力线接触而给用户设备带来的损坏。这是为了满足(　　)保护的需要。

  A. 屏蔽   B. 过流   C. 电气   D. 过压

  5. (　　)要求用电杆将缆线在建筑物之间悬空架设,一般先架设钢丝绳,然后在钢丝绳上挂放缆线。

  A. 架空布线法   B. 直埋布线法

  C. 地下管道布线法   D. 隧道内电缆布线法

二、思考题

1. 简述光缆施工的基本要求。

2. 简述配线子系统光缆敷设的步骤。

3. 简述在弱电竖井敷设光缆的基本方法和步骤。

4. 简述地下管道光缆的敷设要求和过程。

5. 架空光缆敷设有哪些要求和哪几种方法?

6. 简述卡子式墙壁光缆施工方法。

7. 光缆从室外引入设备间有哪几种方法?

三、实训题

到学校办公楼、机关办公大楼观察电缆竖井内干线光缆的布放。

任务 9

工作区用户跳线和信息插座的端接

9.1 任务描述

在配线子系统和干线子系统敷设缆线后,下来就需要对敷设完毕的对绞电缆进行端接了。

9.2 相关知识

9.2.1 对绞电缆端接工具

1. 剥线钳

剥线钳使用高度可调的刀片或利用弹簧张力来控制合适的切割深度,保证切割时不会伤及导线的绝缘层,如图 9.1 所示。但在实际中,工程人员一般会用压线工具上的刀片来剥除双绞线的外套,他们凭借经验来控制切割深度,但有时一不小心会伤及导线的绝缘层。

2. 压线工具

压线工具用来压接 8 位的 RJ-45 连接器和 4 位、6 位的 RJ-11、RJ-12 连接器,可同时提供切线和剥线的功能。常见的压线工具有 RJ-45 或 RJ-11 的,也有双用的。图 9.2 所示为 AMPCOM 压线钳。

图 9.1　剥线钳　　　　图 9.2　AMPCOM 压线钳

3. 打线工具

打线工具用于将对绞电缆压接到信息模块和配线架上,被称为 110 型打线工具,如图 9.3 所示。信息模块或配线架是采用绝缘连接器(IDC)与对绞电缆连接的。IDC 实际上是 V 形豁口的小刀片,当把导线压入豁口时,刀片割开导线的绝缘层,与其中的铜线接触。

图 9.3　110 型打线工具

打线工具由手柄和刀具组成,它是两端式的,一端具有打接和裁线功能,可剪掉多余的线头;另一端不具有裁线功能。在打线工具一端会有清晰的 CUT 字样,使用户能够识别正确的打线方向。

9.2.2　对绞电缆终接的基本要求

对绞电缆终接是综合布线系统工程中最为关键的步骤,它包括配线接续设备(设备间、电信间)和信息点(工作区)处的安装施工,另外,经常用到与 RJ-45 插头水晶头的端接。综合布线系统的故障绝大部分出现在链路的连接之处,故障会导致线路不通和衰减、串扰、回波损耗等电气指标不合格,故障不仅出现某个终接处,也包含终接安装时不规范作业如弯曲半径过小、开绞距离过长等引起的故障。所以,对安装和维护综合布线的技术人员,必须先进行严格培训,掌握安装技能。

对绞电缆缆线终接应符合下列要求。

(1) 缆线在终接前,必须核对缆线标识内容是否正确。

(2) 缆线中间不应有接头。

(3) 缆线终接处必须牢固、接触良好。

(4) 对绞电缆与连接器件连接应认准线号、线位色标,不得颠倒和错接。

(5) 终接时,对绞电缆被终接处的护套需要剥去一部分。在施工过程中,一般要求终接完毕后对护套与绞距有以下要求:①3 类线允许护套剥去 300mm;②5 类/超 5 类允许护套剥去 13mm;③6 类以上允许护套剥去 6.5mm。电缆剥除外护套长度够端接即可。

(6) 对绞电缆与 8 位模块式通用插座相连时,应按色标和线对顺序进行卡接。插座类型、色标和编号应符合图 9.4 的规定。两种连接方式均可采用,但在同一布线工程中两种连接方式不应混合使用。

图 9.4　8 位模块式通用插座连接

G(Green)—绿;BL(Blue)—蓝;BR(Brown)—棕;W(White)—白;O(Orange)—橙

(7) 7 类 4 对对绞电缆与非 RJ-45 方式终接时,应按线序号和组成的线对进行卡接,如图 9.5 所示。

7 类布线系统的插座采用非 RJ-45 连接方式,图 9.7 所示插头连接方式符合国际标准《电子设备用连接器　第 7 部分:8 通道活动式和固定式非屏蔽连接器的详细规范》(IEC 60603-7标准)的描述,插座使用插针 1、2、3、4、5、6、7 和 8 时,能够支持 5 类、6 类和 6$_A$ 类布线应用,使用插针 1、2、3′、4′、5′、6′、7 和 8 时,能够支持 7 类、7$_A$ 类和 8.2 类布线应用。图 9.7 符合国际标准《电子设备用连接器　产品要求　第 3-104 部分:频率在 1000MHz 及以下的数据传输用 8 路、非屏蔽和固定式连接器的详细规范》(IEC 61076-3-104 标准)的模块连接图要求,模块可以使用转换跳线兼容国际标准 IEC 60603-7 标准类型模块。

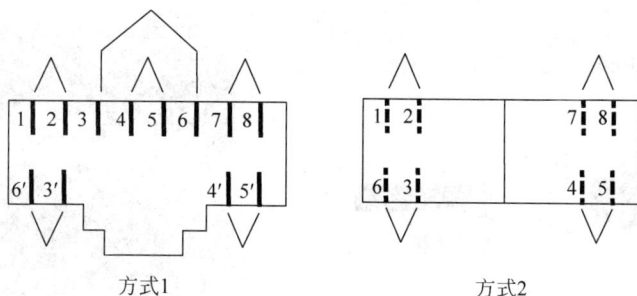

图 9.5　7 类和 7_A 类模块插座连接(正视)

(8) 虽然电缆路由中允许转弯,但端接安装中要尽量避免不必要的转弯,绝大多数的安装要求少于 3 个 90°转弯,在一个信息插座盒内允许有少数电缆的转弯及短(30cm)的盘圈。安装时避免下列情况:①避免弯曲超过 90°;②避免过紧地缠绕电缆;③避免损伤电缆的外皮;④剥除外护套时避免伤及对绞电缆绝缘层。

(9) 电缆剥除外护套后,对绞电缆在端接时应注意:①避免线对发散;②避免线对叠合紧密缠绕;③避免长度不同。

(10) 信息插座底盒不宜兼做过线盒使用。

9.2.3　RJ-45 插头端接原理

RJ-45 插头端接原理,利用压力钳的机械压力使 RJ-45 插头中的刀片首先压破线芯护套,然后压入铜线芯中,实现刀片与线芯的电气连接。每个 RJ-45 插头中有 8 个刀片,每个刀片与 1 个线芯连接。图 9.6 所示为 RJ-45 插头刀片压线前位置图,图 9.7 所示为 RJ-45 插头刀片压线后位置图。

图 9.6　RJ-45 插头刀片压线前位置图　　　　图 9.7　RJ-45 插头刀片压线后位置图

9.2.4　信息模块的端接要求

RJ-45 信息模块主要应用于工作区的信息插座(图 9.8)或电信间的模块化配线架(图 9.9)中,通常与对绞电缆跳线进行连接。

信息插座由面板、信息模块和底盒 3 部分组成,其核心是信息模块。国标中墙面信息插座面板的尺寸一般为 86mm×86mm。

对绞电缆与信息模块端接时,必须按色标和线对顺序进行卡接,有 EIA/TIA 568A 和 EIA/TIA 568B 两种标准,在同一布线工程中两种连接方式不能混合使用。一般使用 EIA/TIA 568B 标准。

图 9.8　信息模块用于信息插座

图 9.9　信息模块用于模块化配线架

　　信息模块从打线方式上分两种:一种是传统的需要手工打线的,打线时需要专门的打线工具,制作起来比较麻烦;另一种是新型的,无须手工打线,无须任何模块打线工具,只需把相应对绞电缆卡入相应位置,然后用手轻轻一压即可,使用起来非常方便、快捷。

1. 利用工具安装

　　(1) 线缆处理。剥 PVC 线缆护套;检查 4 对对绞电缆的绝缘层是否破损,如破损,重新剥;然后用剪刀将电缆护套撕破部分连同剥线绳一同剪去。

　　(2) 模块安装。对绞电缆与信息模块端接时,必须按色标和线对顺序进行卡接,有 EIA/TIA 568A 和 EIA/TIA 568B 两种标准,一般为 EIA/TIA 568B;将线缆的外护套应紧顶住模块端部;将对绞电缆对从中间分开压入相应的安装槽中(不要从头部将线对分开);把模块放入厂家提供的安装底座上,用专用打线工具打线,注意刀口的方向,如图 9.10 所示,利用打线钳的压力将 8 根线逐一压接到模块的 8 个接线口,同时裁剪掉多余的线头。在压接过程中刀片首先快速划破线芯绝缘护套,与铜线芯紧密接触实现刀片与线芯的电气连接,这 8 个刀片通过电路板与 RJ-45 口的 8 个弹簧连接,如图 9.11 所示;压上保护盖,然后将模块装入面板中。

图 9.10　信息模块打线

图 9.11　信息模块端接

2. 免工具安装

　　免打线型 RJ-45 信息模块的设计便于无须打线工具而准确快速地完成端接,没有打线柱,而是在模块的里面有两排各四个的金属夹子,而锁扣机构集成在扣锁帽里,色标也标注在扣锁帽后端。

　　(1) 将信息插座上的螺丝拧开,然后将终接夹拉出。

　　(2) 从墙上的信息插座安装孔中将 4 对对绞电缆拉出 20cm,作为预留长度。

（3）用专用剥线刀从对绞电缆上剥除 10cm 的外套。

（4）将导线穿过信息插座底部的孔位。

（5）将导线压到合适的槽位，如图 9.12 所示。

（6）使用偏口钳将导线的末端割断，用偏口钳切去多余的导线头。

（7）将端接夹放回，并用拇指稳稳地压下，将端接夹放到线上。

（8）重新组装信息插座，将分开的盖和底座扣在一起，再将连接螺丝拧上或扣上扣锁帽，如图 9.13 所示。

以可见图片所示。
568A线序从左至右：绿白、绿、棕白、棕
568B线序从左至右：橙白、橙、绿白、绿

图 9.12　将导线压到合适的槽位

图 9.13　重新组装信息插座

（9）将组装好的信息插座放到墙上。

（10）将螺丝拧到接线盒上，完成固定。

9.2.5　对绞屏蔽电缆终接

在标准《综合布线系统工程设计规范》（GB 50311—2016）和《综合布线系统工程验收规范》（GB 50312—2016）中规定："屏蔽布线系统应选用相互适应的屏蔽电缆和连接器件，采用的电缆、连接器件、跳线、设备电缆都应是屏蔽的，并应保持信道屏蔽层的连续性与导通性。"

屏蔽模块端接分为两个部分：屏蔽层端接和 8 芯对绞芯线端接。

1. 屏蔽层端接

屏蔽层端接是指双绞线的屏蔽层与模块屏蔽壳体之间的端接过程。屏蔽双绞线屏蔽层与屏蔽模块屏蔽层之间的端接方法取决于屏蔽双绞线的种类，而更多的是取决于屏蔽模块的结构。

（1）仅有铝箔的屏蔽对绞电缆，其中必有接地导线。端接时要求铝箔的导电面和接地导线均要与屏蔽模块的屏蔽层良好接触，并且在屏蔽模块与屏蔽对绞电缆的连接处附近不留任何电磁波可以侵入的缝隙；将铝箔层翻转后，均匀覆盖在对绞电缆的护套，导电面向外，如图 9.14 所示。

（2）对于具有丝网的屏蔽对绞电缆，其中必有铝箔屏蔽层，但没有接地导线。端接时要求铝箔屏蔽层可以不直接接地，但丝网屏蔽层要求良好接地，并且在屏蔽模块与屏蔽对绞电缆的连接处附近不留任何电磁波可以侵入的缝隙。剪去铝箔层，将丝网翻转后均匀覆盖在对绞电缆的护套外，如图 9.15 所示。

图 9.14　铝箔翻转后覆盖整个护套

图 9.15　丝网翻转后均匀覆盖在对绞电缆护套外

即含有丝网的屏蔽对绞电缆可以剪去铝箔屏蔽层,使用丝网进行接地端接;不含丝网的屏蔽对绞电缆必须保留铝箔屏蔽层和接地导线,它们共同参加接地端接。

(3)屏蔽模块在处理线缆的屏蔽层时,不能轻易剪去,应保证线缆的屏蔽层与模块屏蔽层、屏蔽罩形成一个完整的 360°屏蔽,且没有缝隙的屏蔽保护层后方可剪去剩余部分;在国标GB 50312—2016 要求:"屏蔽对绞电缆的屏蔽层与连接器件终接处屏蔽罩应通过紧固器件可靠接触,缆线屏蔽层应与连接器件屏蔽罩 360°圆周接触,接触长度不宜小于 10mm。"

(4)保留的铝箔屏蔽层上不应留有小缺口,以防被撕裂(没有小缺口的铝箔屏蔽层不容易被撕裂)。

(5)丝网中的铜丝在施工时有可能会散乱,要防止散乱的铜丝接触到端接点上,造成信号短路。

2.8 芯对绞芯线端接

屏蔽模块内 8 芯对绞芯线的端接要求可参照 GB 50312—2016,基本做法同上。注意检查端接点附近是否有丝网或铝箔。如果有则全部清除,以免造成芯线对地短路。

3.模块端接完毕的收尾工作

在模块芯线端接完毕后,应完成以下收尾工作。

(1)将模块的屏蔽壳体合拢,并固定双绞线及双绞线中的接地线。

(2)将模块安装到面板(或配线架)上,整理线缆。

(3)将当屏蔽模块插入面板(或配线架)的模块孔中。

(4)面板安装时应注意不要将屏蔽电缆的弯曲半径过小,否则容易造成测试失败。配线架安装时应注意屏蔽模块与配线架接地汇流排之间接地良好。

9.3　任务实施:RJ-45 信息模块的终接

9.3.1　非屏蔽 6 类 RJ-45 信息模块的终接

目前,市场上或工程中非屏蔽 RJ-45 模块占据市场主流,下面以 6 类非屏蔽对绞电缆为例,介绍非屏蔽 RJ-45 模块终接步骤如下。

1．准备材料和工具

材料和工具包括 6 类非屏蔽 RJ-45 信息模块、对绞电缆、剥线工具、打线钳、手掌保护器及凳子等。

2．制作过程

步骤 1：使用多余、废弃的对绞电缆制作两个标准长度的标尺：总长标尺（300mm）和护套标尺（250mm）。

步骤 2：整理即将端接的对绞电缆。在面板或配线架已经就绪、对绞电缆已经理线完毕，方可进行模块端接。如果是面板端的对绞电缆，将盘绕在底盒内的对绞电缆展开，清除底盒内和对绞电缆上的杂物。如果是配线架端的对绞电缆，将穿入模块孔的对绞电缆从孔中抽出，从配线架上方预留给跳线管理器的空间中穿到配线机柜的正面来。

步骤 3：端接工序。端接点上的对绞电缆长度至少应有 500mm 以上（其前端的 200mm 在端接前剪去，因为顶端的对绞电缆中的绞距有可能会松散）。

（1）剪出端接长度。自面板平面（或配线架平面）开始，使用总长标尺与所端接的对绞电缆比对后，用剪刀贴总长标尺外边沿剪断所端接的对绞电缆。

（2）重新制作线缆编号。对绞电缆在剪短时，往往将线头附近的线号一起剪去，为此需重新制作线号。

由于端接在距线头处 50mm 以内，因此线号应放在距线头处 100mm 以外，通常应保留两处。由于这是正式保留的线号，因此根据标准，它应该使用能够保存 10 年以上的标签材料制作。

（3）剪去护套内的撕裂带。在对绞电缆的护套内，有一根撕裂带。用剪刀在护套边沿上垂直剪一个缺口后，可以使用撕裂带撕开护套，如图 9.16 所示。由于撕裂带为锦纶丝所制，十分柔软，因此宜用剪刀剪去。

（4）剪出护套长度。自面板平面（或配线架平面）开始，使用护套标尺与所端接的对绞电缆比对后，用剥线根据贴总长标尺外边插入所端接的对绞电缆后环绕一圈，切断护套层，然后拔下被切下的护套，该位置就是对绞电缆与模块的交界处，如图 9.17 所示。

图 9.16　剥除缆线外护套

如果 1 个配线架中所有的对绞电缆在端接后全部等长，那么就可以做出很漂亮的配线架背面造型。

（5）剪去十字骨架（6 类非屏蔽对绞电缆使用）。端接 6 类带十字骨架的非屏蔽对绞电缆之前，应贴着护套剪去 4 对双绞线芯线中间的十字骨架。在剪线时，应注意不得损伤芯线（包括铜芯层和绝缘层），如图 9.18 所示。

（6）确定对绞电缆的芯线位置。将对绞电缆平放在模块中间的走线槽上方（注意：是平行于走线槽，不是垂直于走线槽），旋转对绞电缆，使靠近模块走线槽底的两对芯线的颜色与模块上最靠近护套的两对 IDC 色标一致（不可交叉）。如果无法做到一致，可将模块掉转 180°后再试，如图 9.19 所示。

（7）对绞电缆放入模块走线槽内。在确定对绞电缆芯线位置后，将对绞电缆平行放入模块中间的走线槽内，其护套边沿与模块的边沿基本对齐（可略深入模块内）。

图 9.17　剪去撕裂带

图 9.18　剪去十字骨架

（8）将靠近护套边沿的两对线卡入打线槽内。由于靠近护套的两对打线槽与对绞电缆底部的两对线平行，因此可以将这两对线自然向外分，然后根据色谱用手压入打线槽内，如图 9.20 所示。

注意：*尽量不改变芯线原有的绞距。*

（9）将远离护套边沿的两对线卡入打线槽内。前两对线刚好在护套边，因此基本上不需要考虑绞距。这两对线将远离护套，因此需将它自然的理直后，放到对应的打线槽旁（保持离开护套后的绞距不改变），然后根据色谱用手压入打线槽内，如图 9.21 所示。

注意：*如果为了保证色谱而被迫改变绞距时，应将芯线多绞一下，而不是让它散开。*

图 9.19　确定对绞电缆的
　　　　　芯线位置

图 9.20　将近处两对线卡入
　　　　　打线槽

图 9.21　将远处两对线卡入
　　　　　打线槽

（10）将 8 芯线全部打入打线槽内。在芯线全部用手压入对应的打线槽后，使用 1 对打线工具（将附带的剪刀启用）将每根芯线打入模块的打线槽内，在听到"咔嗒"声后可以认为芯线已经打到位。此时，附带的剪刀将芯线的外侧多余部分自动切除，如图 9.22 所示。

（11）盖上模块盖。在全部端接结束前，将模块的上盖中的线槽缺口对准对绞电缆的护套边沿，用手指压入模块。此时，对绞电缆与模块中的走线槽方向平行，如果要将对绞电缆与模块中的走线槽方向垂直，则可以将对绞电缆弯曲 90°后从上盖中间的线槽中出线，如图 9.23 所示。

步骤 4：收尾工序。

在模块端接完后，应尽快将模块插入面板或配线架内，以便利用面板或配线架保护模块的端接性能。

（1）在面板端，将模块卡入面板的相应卡口内，然后将面板装在底盒上。

（2）在配线架端，将模块退回配线架背后，顺势将多余的对绞电缆理顺（不再扭曲）后，卡入配线架的相应卡口内。

图 9.22   将两对线卡入打线槽内

图 9.23   盖上模块盖

9.3.2   屏蔽 6A 类 RJ-45 信息模块的终接

1．工具和耗材

下面以 6_A 类 S/FTP 屏蔽对绞电缆为例，介绍屏蔽 RJ-45 模块终接步骤如下，和非屏蔽 RJ-45 模块类似的部分不再介绍。

2．制作过程

步骤 1：剪出护套长度。

步骤 2：丝网屏蔽层后翻覆盖在护套外 S/UTP 屏蔽对绞电缆不设接地导线（使用丝网取代）。将屏蔽丝网向后翻转，均匀地覆盖在护套外（目的是不给电磁波沿护套层穿入屏蔽没看到电磁缝隙），如图 9.24 所示。

注意：需将所有的丝网铜丝全部翻转后覆盖在护套上，不能有任何一根铜丝留在端接点附近，以免引发信号短路。

步骤 3：屏蔽层贴护套边缘剪断。S/FTP 屏蔽对绞电缆不设接地导线（使用丝网取代），铝箔可以不接地，而丝网必须接地。在施工时，应将剥去护套部分的铝箔屏蔽层平齐护套边缘剪断，其目的是让带护套的对绞电缆能够尽可能地深入模块内，如图 9.25 所示。

步骤 4：穿入下方的两对线。将对绞电缆平放在模块上方，旋转对绞电缆，使靠近模块的两对芯线（橙、棕线对）的颜色与模块上需穿孔的两对 IDC 色标一致（不可交叉）。在穿线时，应注意不让丝网"跟"入穿线孔，以免短路。然后将对绞电缆的护套边沿推至模块深处，尽可能靠近塑料件，如图 9.26 所示。

图 9.24   丝网屏蔽层后翻覆盖护套

图 9.25   屏蔽层贴护套边缘剪断

图 9.26   穿入下方的两对线

步骤 5：用尼龙扎带将屏蔽对绞电缆固定在模块后方的"尾巴"上。在对绞电缆的 4 芯线全部放到位后，应先将对绞电缆固定在模块上盖后，再完成剩余的端接工作，以免因对绞电缆固定时用力而造成端接点出现松散的可能性。

　　将屏蔽对绞电缆平放在模块后部的"尾巴"上,确保所有的丝网已平滑地经过尼龙扎带向后散去。使用所附的尼龙扎带(也可使用市场采购的100mm尼龙扎带)将屏蔽对绞电缆与模块尾部的金属片绑扎成一体,如图9.27所示。

　　注意:在收紧尼龙扎带时应适可而止,不要让尼龙扎带收得太紧造成对绞电缆变形。

　　在绑扎时,用注意调整扎带的锁扣位置,使所有模块的锁扣位置相同,以保证工程的美观。绑扎完毕时,剪去多余的尼龙扎带。

　　步骤6:将蓝、绿线对压入塑料件的线槽中。将剩余的两对线(蓝、绿线对)按颜色标记分别放入模块上对应的槽口内,如图9.28所示。在压入时,应注意不要让丝网"跟"进线槽中。

　　步骤7:剪去蓝、绿线对中多余的芯线。使用剪刀将压在线槽中的4芯线贴塑料件边缘逐一剪断,如图9.29所示。剪线时,应使用刀尖进行,不要伤到下方的对绞电缆和塑料件。同时,应注意不要让丝网进入尼龙扎带前方的模块区域。

　　步骤8:剪去橙、棕线对中多余的芯线。使用剪刀将穿入孔中的4芯线贴塑料件边缘逐一剪断,如图9.30所示。剪线时,应使用刀尖进行,不要伤到上盖中的塑料件。同时,应注意不要让丝网进入尼龙扎带前方的模块区域。

图9.27　尼龙扎带固定　　　　图9.28　将蓝、绿线对压入塑料件　　　图9.29　剪去蓝、绿线对中
　　　　　　　　　　　　　　　　　　　的线槽中　　　　　　　　　　　　　多余的芯线

　　步骤9:将上盖放在模块的缺口上方。将模块上盖放在模块的上方,将上盖对齐模块的缺口,轻轻用力,使上盖能够沿边沿进入缺口,如图9.31所示。

　　在调整时,应注意不要碰到绑扎对绞电缆的尼龙扎带,也不要让尾部的丝网残留在模块内,以免引起短路。

　　步骤10:用手指将上盖压入模块。用两只手指(通常是拇指和手指)将上盖压入模块,由于模块两边个有一个销孔,因此手指施加的压力应平衡,保证上盖平行地被压入模块。当听到"咔哒"声响时,上盖已经被压入模块,这时,模块内的端接结束,从外表看,上盖已经与模块严丝合缝,如图9.32所示。

图9.30　剪去橙、棕线对中　　　　图9.31　将上盖放在模块的　　　　图9.32　用手指将上盖
　　　　　多余的芯线　　　　　　　　　　　　缺口上方　　　　　　　　　　　压入模块

注意：不可使用老虎钳或斜口钳，以免损伤屏蔽模块的表面。

步骤11：剪去多余的丝网。在端接完成后，用剪刀剪去模块尾部多余的丝网，以免这些铜丝造成其他模块中的信号短路。

9.3.3　屏蔽 7_A 类免压 RJ-45 信息模块的终接

1. 工具和耗材

材料和工具主要包括 7_A 类屏蔽对绞电缆、屏蔽 7_A 类免压 RJ-45 信息模块、剥线刀、剪线工具和网络测通仪等。

2. 制作过程

下面以 7_A 类 S/FTP 屏蔽对绞电缆为例，介绍屏蔽 RJ-45 信息模块终接步骤，和前面类似的部分不再介绍。

步骤1：剥除外护套。用工具将对绞电缆外护套剥除，将剥除部分控制在 3cm 左右，如图 9.33 所示。

步骤2：打开 RJ-45 信息模块，把里面的压线盖取出，将对绞电缆插进压线盖中，如图 9.34 所示。

图 9.33　剥除对绞电缆外护套　　　　图 9.34　将对绞电缆插进压线盖

步骤3：将 4 对对绞电缆进行拆分为单根的 8 根芯线，将对绞电缆的 8 根芯线按照标签上 B 线序标签，插进对应颜色的卡槽里，如图 9.35 所示。

步骤4：插进卡槽后，用工具将多余的线芯剪掉，使线芯平整，如图 9.36 所示。

图 9.35　将线芯插进卡槽　　　　图 9.36　剪掉多余线芯

步骤5：将压线盖对着端子座，轻轻一压，盖上端子的两端，如图 9.37 所示。

步骤6：最后扣上锁扣，调整合适挡位，塞入防尘塞，即可完成接线，如图 9.38 所示。

图 9.37　压上两端盖子　　　　　　图 9.38　扣上锁扣

9.4　对绞电缆跳线现场制作方法

在综合布线施工中,对绞电缆与 RJ-45 连接器终接可以制作对绞缆跳线,对绞电缆跳线就是在一段对绞电缆的两端终接了 RJ-45 插头。对绞电缆跳线用在设备间、电信间的配线架的跳接,或在工作区将用户终端连接到信息点上。

目前,综合布线系统中选用的对绞电缆绝大多数为 5e 类和 6 类对绞电缆,相应地 RJ-45 插头也分为 5e 类和 6 类。6 类对绞电缆缆线的外径要比一般的 5 类线粗,在施工安装方面,6 类比 5e 类难度也要大很多。下面分别介绍 5e 类和 6 类对绞电缆跳线的现场制作。

9.4.1　5/6 类对绞电缆跳线制作

1．工具和耗材

制作对绞电缆跳线主要需要 5 类 UTP 对绞电缆、5 类 RJ-45 插头若干、剥线刀、压线钳和网络测通仪等。

超五类网线
制作要领

2．制作过程

下面按照 EIA/TIA 568B 标准制作一条 5 类对绞电缆跳线,过程如下。

步骤 1：准备工作。领取 5 类对绞电缆一条,剥线刀和压线钳及测试工具一套。

步骤 2：剥除对绞电缆的外护套。使用剥线刀或压线钳的剥线口夹住对绞电缆旋转一圈,剥去对绞电缆外护套长度约 20mm,采用旋转的方式将对绞电缆外护套慢慢抽出,可以清楚看到 4 对颜色不同的金属线,然后剪去撕拉线/绳。

注意：旋转时请不要太用力,防止损坏内部的 4 对对绞电缆。查看对绞电缆是否有损坏,如有损坏或断裂的情况出现,应重新剥去对绞电缆的外护套。

步骤 3：排列线对。将 4 对对绞电缆按照标准 EIA/TIA 568A 线序：绿、橙、蓝、棕的顺序排列,应依次将线对 3(绿)、线对 2(棕)、线对 1(蓝)、线对 4(棕)排列。为了防止对称电缆移动或弯曲、接头产生扭动移位时,使电缆护套内的导线位置发生变化或互相挤压改变相对平衡的位置,根据施工经验,首先,将对称电缆被剥除护套的裸露导线,按规定的平行排列顺序予以定位,如图 9.39 所示。其次,采用固定线对排列顺序,使缆线随受弯曲或扭转,也难以变动所在的相对位置,其方法是将对称电缆长度最少 8mm 不剥除护套部分,由圆形做成扁平形状的缆线,其横截面形成椭圆形,如图 9.39 所示。如果用户选择 EIA/TIA 568B 连接方式,只需将线对 2 和线对 3 的位置互相对调,其他线对位置不变。

图 9.39　对绞电缆线对排列顺序(EIA/TIA 568A)

步骤 4：拆分线对并捋直。将裸露的对称电缆线对的扭绞部分导线松开，使它们不再扭曲在一起，以便能看到每一根线，然后用手指将每一根线捋直。

步骤 5：排列线序。按正确的定位顺序排列(标准 EIA/TIA 568B 线序：1 绿白、2 绿、3 橙白、4、5 蓝白、6 橙、7 棕白、8 棕)，以便于与对应的连接端子终接，其中导线 6 跨越导线 4 和 5，跨越导线 4 和 5 的地方距离缆线护套的边缘不应超过 4mm，其他导线之间不应有交叉现象，且要求护套内导线的相对位置保持原状和扭绞长度不变化，更不应松开移位，以免影响缆线的传输性能。对裸露的导线整理好的长度宜为 14mm，从导线端头开始的一段长度最少为(10±1)mm。导线的端头截面应修齐平整，不应有毛刺或参差不齐的现象，应用压线钳的剪线端口将导线剪齐，如图 9.40 所示。

图 9.40　电缆在连接前线对排列

步骤 6：剪线。根据国标要求，对绞电缆终接时，每对对绞电缆应保持钮绞状态，扭绞松开长度对于 5 类对绞电缆不应大于 13mm。所以在这里剪去多余线头，留下 13mm，从而确保对绞电缆开绞长度不大于 13mm。

步骤 7：安装 RJ-45 插头。首先将整理好的对称电缆端头(包括裸露的导线部分)正确平直地插入 RJ-45 插头中，应将导线直插到连接头的前端最前部位(或称最低部位)。要求对称电缆未剥除护套的扁平部分，从连接头的后端一直伸插到超过预张力释放块，且将它包含在内。对称电缆未剥除护套部分在连接头后面的露出长度最少为 6mm。连接安装后的插头情况要检查，如图 9.41 所示。

步骤 8：压接。检查无误后，使用网络压线钳的 8P 压线口，将 RJ-45 插头固定在压线口，准备压制。然后紧紧握住把柄并将这个压力保持 3s。压线钳可以把线对压入 RJ-45 插头并将 RJ-45 插头内的针脚压入 RJ-45 插头内的线对中，同时，压线钳把 RJ-45 插头的塑料罩压入

图 9.41　电缆压接

对绞电缆外护套,保护 RJ-45 插头内对绞电缆的安全。压接完成后,检查确认所有的针脚都被压接到各自所对应的线对导线内。如果有一些没有完全压入,再压一次或剪掉 RJ-45 插头重新制作。

步骤 9:制作另一端。重复剥线和压接,完成对绞电缆跳线另一端的制作。

步骤 10:测试。使用网络测线仪对对绞电缆跳线进行测通测试。若编号 1～8 的灯依次对应亮起,则测通测试良好。

6 类对绞电缆跳线的制作过程与 5 类对绞电缆跳线类似,所不同的是 6 类对绞电缆内有固定 4 对线对的十字骨架,这时需要在"步骤 2:剥除对绞电缆的外护套。"后,剪去中间的十字骨架。以下制作步骤和 5 类对绞电缆一样。

有的 6/6$_A$ 类 RJ-45 插头还包含分线器(也有称导线器、理线卡),这是需要在"步骤 5:排列线序。"后,将芯线将标准的线序(EIA/TIA 568A 或 EIA/TIA 568B)穿入分线器。以下步骤类似。

压接后,5 类水晶头的 8 个内部触点是一字排开的,如图 9.42 所示。而 6 类水晶头是上下错开的两排,上四下四,如图 9.43 所示。

图 9.42　5e 类 RJ-45 插头触点

图 9.43　6 类 RJ-45 插头触点

注意:市场上还有一种通孔式 RJ-45 插头,它的制作方法前 5 步是一样的。

步骤 11:穿过 RJ-45 插头。将捋直的 4 对线芯按照标准,如 EIA/TIA 568B,穿入通孔式 RJ-45 插头,如图 9.44 所示,然后进行剪线和压接。

9.4.2　屏蔽 6 类对绞电缆跳线制作

1. 工具和耗材

制作对绞电缆跳线主要需要 6 类对绞电缆(F/FTP)、6 类带燕尾夹 RJ-45 屏

六类网线
制作步骤

蔽插头、剥线刀、压线钳和网络测通仪等。

2．制作过程

屏蔽 6 类对绞电缆跳线现场制作具体步骤如下。

（1）准备工作。领取 6 类对绞电缆（F/FTP）一条、6 类带燕尾夹 RJ-45 屏蔽插头若干、剥线刀和压线钳及测试工具一套。

（2）剥除对绞电缆的外护套。使用剥线刀或压线钳的剥线口夹住对绞电缆旋转一圈，剥去对绞电缆外护套长度约 30mm，采用旋转的方式将对绞电缆外护套慢慢抽出。然后套上保护套。

注意：旋转时请不要太用力，防止切到屏蔽层。

（3）反折屏蔽层。把外面的屏蔽层反折过来，反包在对绞电缆外护套外面，如图 9.45 所示。接着把每一对线的屏蔽层也剥开，反折下去，如图 9.46 所示。

（4）排列线对。将 4 对对绞电缆按照标准 EIA/TIA 568B 线序：橙、绿、蓝、棕的顺序排列，应依次将线对 2（橙）、线对 3（绿）、线对 1（蓝）、线对 4（棕）排列。

（5）拆分线对并捋直。将裸露的对称电缆线对的扭绞部分导线松开，使它们不再扭曲在一起，以便能看到每一根线。然后用手指将每一根线捋直。

（6）排列线序。按正确的定位顺序排列（标准 EIA/TIA 568B 线序：1 橙白、2 白、3 绿白、4 蓝、5 蓝白、6 绿、7 棕白、8 棕）线芯，然后把线芯按照线序插到分线器中，如图 9.47 所示。调整分线器的位置，使 RJ-45 插头的屁股与屏蔽层齐平，大约 13mm，屏蔽层不能塞到 RJ-45 插头中，如图 9.48 所示。

（7）剪线。贴着分线器剪去多余对绞电缆，如图 9.49 所示。

图 9.44　线芯穿过通孔式 RJ-45 插头　　图 9.45　外面屏蔽层反折过来　　图 9.46　线对屏蔽层反折

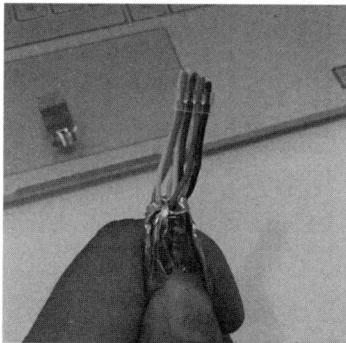

图 9.47　线芯插到分线器中　　图 9.48　调整分线器的位置　　图 9.49　插入 RJ-45 插头

注意：在这里不能使用斜口钳剪，不能紧贴分线器。

（8）插入 RJ-45 插头。把对绞电缆往 RJ-45 插头使劲插，一定要插到底。RJ-45 的触点面朝自己，如图 9.50 所示。

注意：从水晶头的顶部检查是否已经插到底了，如果没有，重新插，实在不行就重复上面的步骤，直到线缆全部都插到底部。

（9）压接。检查无误后，使用网络压线钳的 8P 压线口，将 RJ-45 插头固定在压线口，用力压紧压线钳，压力保持 3s。

（10）处理燕尾夹。手动调整把尾部屏蔽层和对绞电缆平行，然后塞入压线钳后面的圆孔里面，如图 9.51 所示。这里注意要缓缓用力，不然夹出来不好看。

| 图 9.50　处理燕尾夹 | 图 9.51　压紧燕尾夹 |

（11）夹子压紧以后，如图 9.50 所示，接下来用水口钳，把多余的屏蔽层剪掉。最后把保护套带上。

（12）制作另一端。重复剥线和压接，完成对绞电缆跳线另一端的制作。

（13）测试。使用网络测线仪对对绞电缆跳线进行测通测试。若编号 1～8 的灯依次对应亮起，则测通测试良好。

9.4.3　屏蔽 7 类免压 RJ-45 插头的对绞电缆跳线制作

1. 工具和耗材

制作对绞电缆跳线主要需要 7 类对绞电缆、7 类免压 RJ-45 插头、剥线刀、压线钳和网络测通仪等。

2. 制作过程

屏蔽 7 类免压 RJ-45 插头的对绞电缆跳线现场制作具体步骤如下。

（1）准备工作。领取屏蔽 7 类对绞电缆一条，屏蔽 7 类免压 RJ-45 插头若干，剥线刀和压线钳及测试工具一套。

（2）拆分 CAT7 免压 RJ-45 插头。将准备好的 CAT7 免压 RJ-45 插头拆分成接头尾帽、接头主体、压线端子等部分。

（3）接头护套的制作。插头的护套是一个锥型结构，末端会逐渐缩小。这时候需要用网线从护套内部去比较一下护套的孔径，选择到合适的孔径后，利用偏口钳子剪下过小的护套圈，如图 9.52 所示。要做的就是让线缆恰好可以穿过护套，如图 9.53 所示。

图 9.52　接头护套的制作

图 9.53　穿过护套

（4）剥除对绞电缆的外护套。使用剥线刀或压线钳的剥线口夹住对绞电缆旋转一圈,剥去对绞电缆外护套长度约 30mm,采用旋转的方式将对绞电缆外护套慢慢抽出,如图 9.54 所示。

注意：旋转时请不要太用力,防止切到屏蔽层。

（5）金属网屏蔽层处理。把金属网屏蔽层捋至对绞电缆底部,从根部捏起来向外拉伸。屏蔽层的编织线就可以从两侧抽离出来,然后用手捻一下形成两股,与对绞电缆内的金属地线拧在一起备用,如图 9.55 所示。

图 9.54　剥除对绞电缆的外护套

图 9.55　金属网屏蔽层处理

（6）内部屏蔽层处理。7 类线内部每个线对之外还有一层屏蔽,如图 9.56 所示。这层屏蔽和四个线对一起是有绞绕的。去除包裹在 4 对对绞电缆的外部铝箔屏蔽层。这层屏蔽是铝材质,只要在屏蔽层外侧用偏口钳子剪开一个小口就可以横向的撕掉,并为每对线留下 3～5mm 的屏蔽层,如图 9.57 所示。

图 9.56　线芯屏蔽层

图 9.57　去除线芯屏蔽层

（7）排列线对。将 4 对对绞电缆按照标准 EIA/TIA 568B 线序：橙、绿、蓝、棕的顺序排列，应依次将线对 2（橙）、线对 3（绿）、线对 1（蓝）、线对 4（棕）排列，如图 9.44 所示。

（8）拆分线对并捋直。将裸露的对称电缆线对的扭绞部分导线松开，使它们不再扭曲在一起，以便能看到每一根线。然后用手指将每一根线捋直。

（9）上压线端子。将网线按照颜色插入端子中再将端子放入接头内就可以自动对齐，如图 9.58 所示。这时候再在接头外壳上施以压力接头内的触点就可以刺破芯线外皮完成接入。

安装压线端子上的色标将不同颜色的线对应放在相应的孔中，这套是上下两层的设计，因此蓝、棕线对要相应地剪短，如图 9.59 所示。

图 9.58　上压线端子

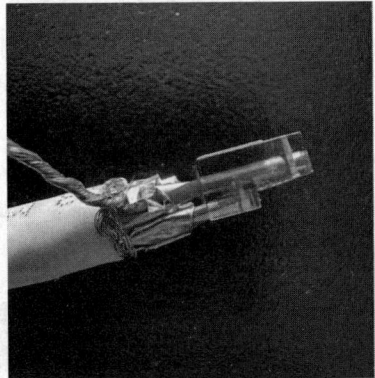

图 9.59　上下两层的压线端子

（10）压制。将端子放到接头内部对应的位置。压端子和接头内部结构平行，如图 9.60 所示。

（11）合上盖子。网线外部的屏蔽层线捻做下规整，这个将两束捻成一束。然后缠绕到接头尾部，如图 9.61 所示。

从侧边露出一点后，将盖子合上。再用偏口钳子将侧边露出的多余屏蔽线线头剪掉，使外壳平整。

图 9.60　将端子放到接头内部

图 9.61　合上盖子

（12）绑线。在护套上有一个开口，是可以插入尼龙绑带的。一般的做法是护套未完全套住插头之前将尼龙棒线绕过内部的网线穿入护套，如图 9.62 所示。

在护套推到位的时候,这根尼龙绑带恰好落在插头尾部的凸起上,这时候绑带不仅可以束缚网线和插头的位置关系,也可以扎紧屏蔽线的线头,让屏蔽线和插头外壳有更好的接触。确认扎带兜住屏插头尾闩后扎紧扎带即可,如图9.63所示。

图 9.62　插入尼龙绑带

图 9.63　扎紧绑带

由于护套的结构,当剪掉多余的扎带后,尼龙扎带的锁扣恰好会陷进缺口中,并不会妨碍日常使用。

(13) 制作另一端。重复剥线和压接,完成对绞电缆跳线另一端的制作。

(14) 测试。使用网络测线仪对对绞电缆跳线进行测通测试。若编号1~8的灯依次对应亮起,则测通测试良好。

还有一种常见的开合式的结构,带有一个简单的小压线端子,前5步基本一样,从(6)开始,制作方法如下。

(6) 上压线端子。上压线端子的时候不用剥去线对的屏蔽层。将压线端子一插到底,直接碰触到网线护套,将压线端子顶住翻出的屏蔽层,这个顶住是真的"顶住",一定要顶紧,如图9.64所示。

(7) 去除线对屏蔽层。在保留屏蔽层的状态下从端子底部去掉多余的屏蔽层,如图9.65所示。

图 9.64　上压线端子

图 9.65　去除线对屏蔽层

(8) 线芯入孔。将线芯按照颜色压入端子对应的孔中,如图9.66所示。

(9) 剪线。用偏口钳子剪掉压线端子多余的芯线。偏口钳要贴紧线座位剪断线芯。如果是不锋利的偏口钳子很难不留凸起,如图9.67所示。

图 9.66　线芯入孔

图 9.67　剪线

(10) 压盒。在压线端子的末端是有一大一小两卡笋的,这两个卡笋和接头上的卡槽相对应,将压线端子放入插头内,分出来的两根外屏蔽线照着图的方式放在外壳两侧。这样压一下就可以让外屏蔽层和插头外壳有充分的接触,如图 9.68 所示。

(11) 绑线。用配套的扎带绑紧插头的尾闩,这边的插头也就做完了。扎带绑紧后,将绑带剪齐,如图 9.69 所示。

图 9.68　压盒

图 9.69　扎带绑紧

习　　题

一、选择题

1. 管槽安装的基本要求不包括(　　)。

　　A. 走最短的路由　　　　　　　　　　　B. 管槽路由与建筑物基线保持一致

　　C. 横平竖直　　　　　　　　　　　　　D. 注意房间内的整体布局

2. 在敷设管道时,应尽量减少弯头,每根管的弯头不应超过(　　)个,并不应有 S 形弯出现。

　　A. 2　　　　　　　　　B. 3　　　　　　　　　C. 4　　　　　　　　　D. 5

3. 布放缆线在线槽内的截面利用率应为(　　)。

　　A. 25%～30%　　　　B. 40%～50%　　　　C. 30%～50%　　　　D. 50%～60%

4. 缆线桥架内缆线垂直敷设时,在缆线的上端每间隔(　　)m 处应固定在桥架的支架上;水平敷设时,在缆线的首端、尾端、转弯及每间隔 5～10m 处进行固定。

　　A. 0.5　　　　　　　　B. 1.5　　　　　　　　C. 2.5　　　　　　　　D. 3.5

二、思考题

1. 列出常用 3 种对绞电缆端接工具,并指出其适用场合。

2. 简述对绞电缆终接的基本要求。

3. 简述信息模块的端接要求。

三、实训题

1. 制作 5e 类屏蔽和非屏蔽对绞电缆直通线跳线、交叉线各一条。

2. 制作 6/6$_A$ 类屏蔽和非屏蔽对绞电缆直通线跳线、交叉线各一条。

3. 将 5e 类屏蔽和非屏蔽对绞电缆端接在 5e 类信息模块上并安装到信息面板。

4. 将 6/6$_A$ 类屏蔽和非屏蔽对绞电缆端接在 6 类信息模块上并安装到信息面板。

电信间缆线端接

电信间是"放置电信设备、电缆或光缆终端、配线架等，并进行布线交接的一个专用空间。是建筑物干线子系统和配线子系统的指定连接地点"。主要为楼层安装配线设备（机柜、机架、机箱、配线架等）和楼层计算机网络设备（交换机等）的场地，并可考虑在该场地设置缆线竖井、等电位接地体、电源插座、UPS 配电箱等设施。在场地面积满足的情况下，也可设置建筑物诸如安防、消防、建筑设备监控系统、无线信号覆盖等系统的布线线槽和功能模块的安装。

10.1 任务描述

建筑群子系统的干线缆线、建筑物干线子系统的干线缆线和配线子系统的水平缆线敷设完毕后，在电信间要进行端接和连接，此时电信间中机柜或机架的位置在敷设缆线时已经确定。本任务主要是在电信间进行电缆、光缆的端接和互连。在电信间缆线端接主要包括 RJ-45 型配线架的端接、110 型配线架的端接、光纤配线架的连接以及它们之间的互连。

10.2 相关知识

10.2.1 电信间的缆线端接原理

前面已经介绍在电信间缆线端接主要包括 RJ-45 型配线架的端接、IDC 配线架的端接、光缆在配线架中的熔接等。

1. 5 对连接块端接原理

110 型配线架一般使用 5 对连接块，5 对连接块中间有 10 个双头刀片，每个刀片两头分别压接一根线芯，实现两根线芯的电气连接。图 10.1(a)所示为模块压线前结构，图 10.1(b)所示为模块压线后结构。

5 对连接块的端接原理：在连接块下层端接时，将每根线在 110 型配线架底座上对应的接线口放好，用力快速将 5 对连接块向下压紧，在压紧过程中刀片首先快速划破线芯绝缘护套，然后与铜线芯紧密接触，实现刀片与线芯的电气连接。

5 对连接块上层端接与信息模块端接原理相同。将线逐一放到上部对应的端接口，在压紧过程中刀片首先快速划破线芯绝缘护套，然后与铜线芯紧密接触，实现刀片与线芯的电气连接。这样 5 对连接块刀片两端都压好线，实现了两根线的可靠电气连接，同时裁掉了多余的线头。

(a) 模块压线前结构　　　　　　　　　(b) 模块压线后结构

图 10.1　模块压线

2．RJ-45 型配线架的端接原理

RJ-45 型配线架端接的基本原理：将线芯用机械力量压入两个刀片中间，在压入过程中刀片将对绞电缆的绝缘护套划破并与铜线芯紧密接触，同时金属刀片的弹性将铜线芯长期夹紧，实现长期稳定的电气连接。图 10.2 所示为 RJ-45 模块化配线架端接。

图 10.2　RJ-45 模块化配线架端接

10.2.2　机柜安装的基本要求

目前，国内外综合布线系统所使用的配线设备的外形尺寸基本相同，都采用通用的 19in 标准机柜，实现设备的统一布置和安装施工。

机柜安装的基本要求如下。

(1) 机柜型号、规格，安装位置，应符合设计要求。

(2) 机柜安装前必须检查机柜排风设备是否完好，设备托板数量是否齐全以及滑轮、支撑柱是否完好等。

(3) 机柜(架)排列位置、安装位置和设备面向都应按设计要求，并符合实际测定后的机房平面布置图中的需要。

(4) 机柜(架)安装完工后，机柜安装垂直偏差度应不大于 3mm，水平误差不应大于 2mm。几个机柜并排在一起，面板应在同一平面上并与基准线平行，前后偏差不得大于 3mm；两个机柜中间缝隙不得大于 3mm。对于相互有一定间隔而排成一列的设备，其面板前后偏差不得大于 5mm。

(5) 机柜及其内部设备上的各种零件不应脱落或碰坏，表面漆面不应有脱落及划痕，如果进行补漆，其颜色应与原来漆色协调一致。各种标志应统一、完整、清晰、醒目。

(6) 机柜(架)、配线设备箱体、电缆桥架及线槽等设备的安装应牢固可靠。如有抗震要求，应按抗震设计进行加固。各种螺丝必须拧紧，无松动、缺少、损坏或锈蚀等缺陷，机架不应有摇动现象。

(7) 机柜要做好防雷接地保护，接地装置应符合相关规定的要求，并保持良好的电气连接。

(8) 悬挂式壁挂安装应安装在平整坚固的墙面上，机柜距地面至少 300mm，距地面宜为 1200mm，保持与墙面水平、垂直，垂直偏差应小于 3mm。

(9) 落地式机柜、机架的高度不宜超过 2.1m，且其内部所有连接点的高度不宜低于地面

以上 0.15m。

（10）机柜内的设备、部件的安装,应在机柜定位完毕并固定后进行,安装在机柜内的设备应牢固,机柜上的固定螺丝、垫片和弹簧垫圈均应按要求紧固不得遗漏。

（11）落地式柜体安装,安装基座时要综合考虑机柜的开门方向和操作便利性,优先考虑配线舱的开门方向。设备舱门和配线舱门必须能完全开启。

（12）柜体安装完毕应做好标识,标识应统一、清晰、美观。机箱安装完毕后,柜体进出线缆孔洞应采用防火胶泥封堵。做好防鼠、防虫、防水和防潮处理。

（13）机柜、机架及其间隙的设计和尺寸应确保:

① 初始线缆(包括后续附加线缆)的安装符合最小弯曲半径(静态的和运行的)的设计要求,当包含多种线缆类型或线缆具有多个弯曲半径时,应采用最大的最小弯曲半径。

② 能为线缆和跳线的管理提供场所,按计划在水平或垂直方向对所有线缆、跳线进行充分管理。

③ 能为信息技术布缆和设备提供合理的功能接地和保护接地配件。

④ 能按预期为信息技术设备提供足够的通风。

⑤ 符合信息技术布缆和电力布缆间的线缆分隔要求。

⑥ 为便于施工和维护人员操作,机柜(架)前至少应留有 800mm 的空间,机柜(架)背面距离墙面应大于 600mm,以便人员施工、维护和通行。相邻机架设备应靠近,同列机架和设备的机面应排列平齐。

10.2.3　光缆连接的类型和施工内容及要求

1. 光缆连接的类型和施工内容

光缆连接是综合布线系统工程中极为重要的施工项目,按其连接类型可分为光缆接续和光缆终端两类。

（1）光缆接续是光缆直接连接,中间没有任何设备,它是固定接续;光缆终端是中间安装设备,例如,光缆接续箱(LIU,又称光缆互连装置、光缆接续箱)和光缆配线架(LGX,又称光纤接线架)。光缆接续的施工内容应包括光纤接续,铜导线、金属护层和加强芯的连接,接头损耗测量,接头套管(盒)的封合安装以及光缆接头的保护措施的安装等。

（2）光缆终端的施工内容一般不包括光缆终端设备的安装。主要是光缆本身终端部分,通常包括光缆布置(包括光缆终端的位置),光纤整理和连接器的制作及插接,铜导线、金属护层和加强芯的终端和接地等施工内容。

2. 光纤接续

光缆接续包含光纤接续,铜导线(如为光纤和铜导线组合光缆时)、金属护层和加强芯的连接,接头套管(盒)的封合安装等。

1）光纤接续的类型

目前,光纤接续按照是否采用电源或热源分类,可分为热接法和冷接法,其中,热接法采用电源或热源,通常为熔接法;冷接法不采用电源或热源,通常有粘接法、机械法和压接法。目前一般采用熔接法。

光纤接续按照连接方式是否活动,可分为固定连接方式和活动连接方式,其中,熔接法和粘接法为固定连接方式,采用光纤连接器实现光纤连接是活动连接方式。

光纤接续以光纤芯数多少分类,可分为单芯光纤熔接法和多芯光纤熔接法。

2）光纤接续产生损耗的原因

影响光纤接续损耗的因素较多，大体可分为光纤本征因素和非本征因素两类。

光纤本征因素是指光纤自身因素，主要有以下 4 点。

（1）光纤模场直径不一致。

（2）两根光纤芯径失配。

（3）纤芯截面不圆。

（4）纤芯与包层同心度不佳。

影响光纤接续损耗的非本征因素即接续技术，有以下 5 种。

（1）轴心错位。单模光纤纤芯很细，两根对接光纤轴心错位会影响接续损耗。当错位 $1.2\mu m$ 时，接续损耗达 0.5dB。

（2）轴心倾斜。当光纤断面倾斜 1°时，约产生 0.6dB 的接续损耗，如果要求接续损耗≤0.1dB，则单模光纤的倾斜角应≤0.3°。

（3）端面分离。活动连接器的连接不好，很容易产生端面分离，造成接续损耗较大。当熔机放电电压较低时，也容易产生端面分离，此情况一般在有拉力测试功能的熔接机中可以发现。

（4）端面质量。光纤端面的平整度差时也会产生损耗，甚至产生气泡。

（5）接续点附近光纤物理变形。光缆在架设过程中的拉伸变形，接续盒中夹固光缆压力太大等，都会对接续损耗有影响，甚至熔接几次都不能改善。

另外，接续人员操作水平、操作步骤、盘纤工艺水平、熔接机中电极清洁程度、熔接参数设置、工作环境清洁程度等均会影响到熔接损耗的值。

3）光纤熔接法

光纤熔接法是光纤接续中使用最为广泛的一种方法，它又被称为电弧焊接法。其工作原理是利用电弧放电产生高温，使被连接的光纤熔化而焊接成为一体。光纤熔接法基本上采用预放电熔接方式，它是将接续光纤的端面对准，这些端面经过加工处理，在熔接前，必须相互紧贴，通过预熔，将光纤端面的毛刺、残留物清除掉，从而使光纤端面清洁、平整，提高熔接质量。

3. 光缆终端的连接方式

综合布线系统的光缆终端一般都是在设备上或专制的终端盒，在设备上是利用其装设的连接硬件，如耦合器、适配器等器件，使光纤互相连接。终端盒采用光缆尾纤与盒内的光纤连接器连接。这些光纤连接方式都是采用活动接续，分为光纤交叉连接（又称光纤跳接）和光纤互相连接（简称光纤互连，又称光纤对接）两种。

1）光纤交叉连接

光纤交叉连接与对绞电缆在建筑物配线架或交接箱上进行跳线连接是基本相似的，它是一种以光缆终端设备为中心，对线路进行集中和管理的设施。目的是便于线路维护管理而考虑设置，既可简化光纤连接，又便于重新配置、新增或拆除线路等调整工作。在需要调整时，一般采用两端均装有连接器的光纤跳线或光纤跨接线，按标准规定，它们的长度都不超过 10m。在终端设备上安装耦合器、适配器或连接器面板进行插接，使终端在设备上的输入和输出光缆互相连接，形成完整的光通路。

这些光缆终端设备主要有光缆配线架、光缆接线箱和光缆终端盒等多种类型与品种，在前面已经介绍过。光纤交叉连接示意图如图 10.3 所示。

2）光纤互相连接

光纤互相连接是综合布线系统中较常用的光纤连接方法，有时也可作为线路管理使用。

图 10.3　光纤交叉连接示意图

它的主要特点是将来自不同光缆的光纤,例如,分别是输入端和输出端的光纤,通过连接套轴互相连接,在中间不必通过光纤跳线或光纤跨接线连接,如图 10.4 所示。因此,在综合布线系统中如不考虑对线路进行经常性的调整工作,要求降低光能量的损耗时,常常使用光纤互连模块,因为光纤互相连接的光能量损耗远比光纤交叉连接要小。

图 10.4　光纤互相连接示意图

10.2.4　电信间布线施工工具

在电信间缆线端接主要包括 RJ-45 型配线架的端接、110 型配线架的端接、光纤在配线架的端接。其中,RJ-45 型配线架的端接、110 型配线架的端接常用的工具主要有 110 型打线钳、剥线钳和 5 对打线钳,在前面已经介绍过。光纤端接使用的工具主要有以下几种。

1．光纤剥离钳

光纤剥离钳用于剥除光纤涂覆层和外护层。光纤剥离钳的种类很多,图 11.5 所示为一款常用的光纤剥离钳。钳刃上的 V 形口用于精确剥离 $250\mu m$、$500\mu m$ 的涂覆层和 $900\mu m$ 的缓冲层。第二开孔用于剥离 3mm 的尾纤外护层。

2．光纤剪刀

光纤剪刀用于修剪凯弗拉线(Kevlar,是一种韧性很高的线,用于光纤加固)。光纤剪刀是一种防滑锯齿剪刀,复位弹簧可以提高剪切速度,只能用来修剪光纤的凯弗拉线,不能修剪光纤内芯玻璃层及作为剥皮之用,如图 10.6 所示。

3．光纤连接器压线钳

光纤连接器压线钳用于压接 FC、SC、ST 等连接器,如图 10.7 所示。

图 10.5　光纤剥离钳　　　　图 10.6　光纤剪刀　　　　图 10.7　光纤连接器压线钳

4．光纤切割工具

光纤切割工具用于光纤的切割,包括通用光纤切割工具和光纤切割笔。其中,通用光纤切割工具用于光纤的精密切割,如图 10.8 所示;光纤切割笔用于光纤的简易切割,如图 10.9 所示。

5．光纤熔接机

光纤熔接机采用芯对芯标准系统进行快速、全自动熔接,图 10.10 所示为一种单芯光纤熔接机,光纤熔接机一般都带有光纤切割工具。

图 10.8　通用光纤切割工具　　　图 10.9　光纤切割笔　　　图 10.10　单芯光纤熔接机

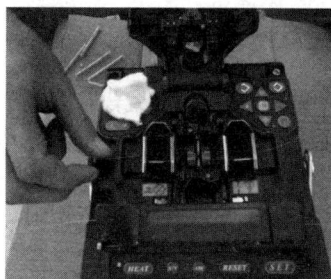

6．开缆工具

开缆工具的功能是剥离光缆的外护套,典型的几种开缆工具如图 10.11～图 10.13 所示。

图 10.11　横向开缆刀　　　　图 10.12　纵向开缆刀　　　　图 10.13　纵横向综合开缆刀

10.3　任务实施：电信间电缆端接施工

超 5 类配线
架打线

10.3.1　标准机柜和配线架等的安装

通用 19in(1in＝2.54cm)标准机柜,以 U(0.625in＋0.625in＋0.5in 通用孔距)为一个安装单位,可适用于所有的 19in 设备的安装。

安装在通用 19in 标准机柜的配线架、交换机、路由器等配线设备和网络设备也是以 U 为单位的。

1. 机柜内设备的安装布局及要求

(1) 机柜由上到下主要分为 4 个区域：交流分配单元、配线架、有源设备、光缆终端盒。

(2) 交流配电单元从安全性的要求放在机柜的最上端。

(3) 语音及网络配线架安装在易于操作的位置,放在交流配电单元的下面。

(4) 配线架往下为有源设备区：差不多的设备根据功能及线缆连接需要安排位置,比如交换机、路由器,光端机,网桥,三者是一一连接的,为了防止信号线的交叉及功能区域的易于维护,最好的排列顺序从下往上是光端机、网桥、路由器、交换机。大的设备安装在机柜下部,并且使用机柜托盘承重。光纤收发器由于体积小,数量多,无法在机柜里面固定安装,也放在托盘上安装。

(5) 最底层放光缆终端盒,也放在托盘上安装。

(6) 缆线采用地面出线方式时,引入机柜内的缆线应从机柜的下方进入机柜,沿机柜后方两侧立杆向上引入配线架,卡入跳线架连接块内的单根线缆色标应和跳线架的色标相一致,大对数线缆按标准色谱的组合规定进行排序。采取桥架出线方式时,一般缆线从机柜顶部穿入机柜内部,配线架宜安装在机柜上部。缆线采取从机柜侧面穿入机柜内部时,配线架宜安装在机柜中部。

2. 机柜内配线架等设备的安装要求

(1) 配线架和理线架的安装。根据机柜安装示意图,在机柜相应位置上安装 4 个浮动螺母,然后将所安装设备用附件 M4 螺钉固定在机柜上,每安装一个配线架(最多两个)均应在相邻位置安装 1 个理线架,以使线缆整齐有序。应注意电缆的施工最小曲率半径应大于电缆外径的 8 倍。

(2) 有源设备的安装。有源设备如为标准的 19 英寸,也像配线架一样安装,如果有源设备过重或有源设备不是标准的 19 英寸,可通过使用托架实现。

(3) 进线电缆管理安装。进线电缆可以从机柜顶部或底部引入,将电缆平直安排、合理布置,并用尼龙扣带捆扎在 L 型穿线环上,电缆应敷设到所连接的模块或配线架附近的缆线固定支架处,也可用尼龙扣带将电缆固定在缆线固定架上。

（4）跳线电缆管理安装。跳线电缆的长度应根据两端需要连接的接线端子间的距离来决定,跳线电缆必须合理布置,并安装在 U 型立柱上的走线环和理线架的穿线环上,以便走线整齐有序,便于维护检修。

10.3.2　RJ-45 型模块式快速配线架的安装与端接

目前,常见的对绞电缆配线架有 110 型配线架和模块式快速配线架。其中,模块式快速配线架主要应用于楼层管理间和设备间内的计算机网络电缆的管理。各厂家模块式快速配线架的结构和安装方法基本相同。下面以 RJ-45 型配线架为例,介绍模块式快速配线架在机架上的安装步骤。

步骤 1：根据机柜布局图,查看配线架应该安装的位置,使用螺钉将配线架固定在机架上,如图 10.14 所示。可先将 RJ-45 模块单元安装在配线架上。针对屏蔽系统,则打开屏蔽装置。屏蔽配线架还需要与机柜连接。

步骤 2：在端接线对之前,要整理缆线。将缆线松松地用带子缠绕在配线架的导入边缘上,最好将缆线用带子缠绕固定在垂直通道的挂架上,这在缆线移动期间可保证避免线对的变形。在配线架背面安装理线环,将电缆整理好后固定在理线环中并使用扎带固定。一般情况下,每 6 根电缆作为一组进行绑扎,如图 10.15 所示。

图 10.14　在机架上安装配线架

图 10.15　安装理线环并整理固定缆线

步骤 3：根据每根电缆连接接口的位置,测量端接电缆应预留的长度,然后截断电缆,如图 10.16 所示。

图 10.16　测量预留电缆长度并截断电缆

步骤4：根据系统安装标准选定 EIA/TIA 568A 或 EIA/TIA 568B 标签，然后将标签压入模块组插槽，如图 10.17 所示。

步骤5：根据标签色标排列顺序，将对应颜色的线对逐一压入槽内，然后使用打线工具固定线，如图 10.18 所示。

图 10.17　调整合适标签并安装在模块组槽位内

图 10.18　将线对逐一压入槽内并打压固定

步骤6：将每组缆线压入槽位，然后整理并绑扎固定缆线，如图 10.19 所示。

步骤7：将跳线通过配线架下方的理线架整理固定后，逐一接插到配线架前面板的 RJ-45 接口，最好编好标签并贴在配线架前面板，如图 10.20 所示。

图 10.19　整理并绑扎固定缆线

图 10.20　将跳线接插到各接口并贴好标签

10.3.3　110 配线架的安装与端接

110 配线架主要用于语音配线子系统，一般采用 110 型配线架，主要是上级程控交换机过来的接线与到桌面终端的语音信息点连接线之间的连接和跳线部分，便于管理、维护、测试。

在墙上或托架上安装好 110P 型配线架后，缆线端接的步骤如下。

步骤1：根据 110 配线架的类型和施工要求，将 110 配线架安装到机柜或墙面上，并根据 110 配线架的安装方式，在紧挨 110 配线架的垂直方向或水平下方安装理线装置。

步骤2：先把底部 110P 型配线模块上要端接的 24 条 4 对双绞线电缆牵引到位。每个配线槽中放 6 条。左边的缆线端接在配线模块的左半部分，右边的缆线端接在配线模块的右半部分。在配线架的内边缘处松弛地将缆线捆起来，并在每条缆线上标记出剥除缆线外皮的位置，然后解开捆扎，在标记处刻痕，刻好痕后再放回原处，暂不要剥去外皮，如图 10.21 所示。

步骤 3：当所有 4 个缆束都刻好痕并放回原处后，安装 110P 型配线模块（用铆钉），并开始进行端接。端接时从第一条缆线开始，按下列的步骤进行。

在每条刻痕点之外最少 15cm 处将缆线切割，并将刻痕的外皮去掉。

然后沿着 110P 型配线模块的边缘将 4 对导线拉进前面的线槽中去。

用索引条上的高齿将一对导线分开，在转弯处拉紧，使对绞电缆解开部分最少，并在线对末端对捻，如图 10.22 所示。

每束6根4对对绞电缆

在配线架边缘处捆扎

图 10.21　在配线架边缘捆扎

步骤 4：在将线对安放到索引条中之后，按颜色编码检查线对是否安放正确，或是否变形。无误后，再用工具把每个线对压下并切除线头。当所有 4 个索引条上的线对都安装就位后，即可安装 4 对线的 110 型连接块。

步骤 5：110P 型交叉连接使用快接式接插软线，预先装好连接器，只要把插头夹到所需位置，就可完成交叉连接。

将缆线安放在索引条上

沿着转弯处将缆线拉紧

剥除外皮处

按左右各布放6根,且上下各布放3根缆线的方式,可使缆线剥除外皮的长度最小

图 10.22　在配线模块上布放线对

步骤 6：为了保证在 110 型配线模块上获得端接的高质量，要做到以下几点。

（1）为了避免线缆线对分开，转弯处必须拉紧。

（2）线对必须对着块中的线槽压下，而不能对着任一个牵引条，在安装连接块时，应避免损坏缆线。

（3）线对基本上要放在线槽的中心，向下贴紧配线模块，以避免连续的端接在线槽中堆积起来时所造成的线对的变形。

（4）必须保持"对接"的正确性，直到在牵引条上的分开点为止，这点对于保证缆线传输性能是至关重要的。

（5）为了使没有外皮线对的长度变得更小，要指定端接的位置。

① 最左边的 6 条缆线端接在左边的上两条和下两条牵引条的位置上。

② 最右边的 6 条缆线端接在右边的上两条和下两条牵引条的位置上。

③ 必须返回去仔细检查前面第 1 步中完成的工作,看看缆线分组是否正确,是否形成可接受的标注顺序。

10.3.4　双绞线链路的整理

1. 桥架中缆线的整理

在通常情况下,楼层桥架中的缆线只需理顺即可,无须进行捆扎。而主干桥架中的缆线则需要使用扎带进行简单的捆扎,以区别不同的楼层,并减少重力拉伸缆线,从而避免改变其物理属性(绞合度、长度等)和电气性能。

2. 机柜内走线要求

(1) 缆线的布放应自然平直,不得产生扭绞、打圈接头等现象,不应受外力的挤压和损伤。

(2) 缆线两端应贴有标签,应标明编号,标签书写应清晰,端正和正确。标签应选用不易损坏的材料。

(3) 在线缆预留方面,对于固定安装的机柜,在机柜内不应有预留线长,预留线应预留在可以隐蔽的地方,长度为 1～1.5m。对于可移动的机柜,连入机柜的全部线缆在连入机柜的入口处,应至少预留 1m,同时各种线缆的预留长度相互之间的差别应不超过 0.5m。

(4) 缆线终接后,应有余量。

(5) 不同电压等级,不同电流类别的线路应分开布置,分隔敷设。

(6) 接线端子各种标志应齐全,数据配线架及交换机设备安装完成后,标贴机打标签:注明对应房间号以及端口号。

(7) 缆线在终接前,必须核对缆线标识内容是否正确。

(8) 缆线中间不允许有接头。

(9) 对绞电缆与插接件连接应认准线号、线位色标,不得颠倒和错接。

(10) 弯曲半径。跳线允许的最小弯曲半径需要遵守跳线厂商的操作规范。标准规定,非屏蔽对绞电缆(UTP)的最小弯曲半径应为缆线直径的四倍,屏蔽对绞电缆则为缆线直径的八倍。

(11) 跳线拉伸及应力。配线过程中,请勿用力过度,否则可能加大对跳线和连接器的应力,从而导致性能降低。

(12) 捆扎。跳线不一定都需要捆扎,如果捆扎需要遵守厂商的捆扎原则,不要捆扎过紧,否则会引起双绞线变形。请勿过分拧紧线夹,应以各条跳线能自由转动为宜。可以使用专用产品,考虑选择无须工具即可反复使用的产品,如尼龙粘扣带。

3. 线缆整理

在机房内,应当做到每根线从进入机房开始,直到配线架的模块为止,都应做到横平竖直不交叉。并按电子设备排线的要求,做到每个弯角处都有缆线固定,保证缆线在弯角处有一定的转弯半径,同时做到横平竖直。

1) 前面板缆线的整理

如果交换机与配线架位于同一机柜中,则只需选择适当长度的跳线,将跳线打个环(图 10.23)后置于理线器中。然后,两端分别连接至交换机和配线架端口。

所有连接都完成后,盖上理线架的盖板即可,如图 10.24 所示。

图 10.23 跳线打环

图 10.24 盖上理线架盖板

如果配线架与交换机位于不同的机柜,那么需要使用较长的跳线(大致 5m 以上),并且必须对跳线进行整理。

配线架和交换机的前面板除了需要使用水平理线器外,还需要使用垂直理线器。

2)后部缆线整理

配线架后部集中着网络布线系统中的所有水平布线,因此,有大量的缆线需要进行整理。在通常情况下,每一个配线架中的缆线在理顺之后,应当使用尼龙粘扣带依次捆扎固定,如图 10.25 所示。水平缆线的捆扎固定方向应当左右交替,以便于垂直部分固定在机柜两侧。

然后将所有垂直部分缆线依次捆扎固定在机柜的两侧,如图 10.26 所示。在捆扎固定缆线时,应注意不要过分折弯对绞电路,并且扎带不要扎得过紧,以免影响缆线的电气性能。

图 10.25 捆扎固定水平缆线

图 10.26 捆扎固定垂直缆线

10.4 任务实施:电信间光缆施工

光纤熔接过程

10.4.1 光缆交接盒中的光纤熔接

光纤熔接法所用的空气预放电熔接装置称为光纤熔接机,按照一次熔接的光纤数量可分为单芯熔接机和多芯熔接机。下面以单芯熔接机为例来介绍光纤熔接的过程。

步骤 1:准备好相应工具和材料。在光纤熔接过程中不仅需要专业的熔接工具,还需要很多工具,如光纤切割工具、光纤剥离钳、热缩套管、酒精等。

步骤 2:安装工作。将户外接来的用黑色保护外皮包裹的光缆从光缆接续盒、光纤配线架、光缆配线箱等的后方接口放入光纤收容箱中,如图 10.27 所示。

步骤3：去皮工作。

(1)使用光缆专用开剥工具(偏口钳或钢丝钳)剥开光缆加固钢丝,将光缆外护套开剥长度1m左右。

(2)剥开另一侧光缆加固钢丝,然后将两侧的加固钢丝剪掉,只保留10cm左右,如图10.28所示。

(3)剥除光纤外皮1m左右,即剥至剥开的加固钢丝附近。

(4)用美工刀在光纤金属保护层上轻轻刻痕,如图10.29所示。折弯光纤金属保护层并使其断裂,折弯角度不能大于45°,以避免损伤其中的光纤。

图10.27　光缆穿入接续盒

图10.28　剥开另一侧光缆加固钢丝

图10.29　在光纤金属保护层上刻痕

(5)用美工刀在塑料保护管四周轻轻刻痕,如图10.30所示。轻轻用力,以免损伤光纤,也可使用光纤剥离钳完成该操作。轻轻折弯塑料保护管并使其断裂,如图10.31所示。同样折弯角度不能大于45°,以避免损伤其中的光纤。

(6)将塑料保护管轻轻抽出,露出其中的光纤,如图10.32所示。

步骤4：清洁工作。用较好的纸巾蘸上高纯度酒精,使其充分浸湿。轻轻擦拭和清洁光缆中的每一根光纤,去除所有附着于光纤上的油脂,如图10.33所示。

图10.30　在塑料保护管上刻痕

图10.31　折弯塑料保护管

步骤5：套接工作。为欲熔接的光纤套上光纤热缩套管,如图10.34所示。热缩套管(管内有一根不锈钢棒)主要用于在光纤对接好后套在连接处,经过加热形成新的保护层。

步骤6：熔接工作。

(1)使用光纤剥离钳剥除光纤涂覆层,如图10.35所示。剥除光纤涂覆层时,要掌握平、稳、快"三字"剥纤法。"平"即持纤要平,左手拇指和食指捏紧光纤,使之呈水平状,所露长度以5cm为准,余纤在无名指、小拇指之间自然打弯,以增加力度,防止打滑。"稳"即剥离钳要握得

图 10.32　抽出塑料保护管　　　　图 10.33　擦拭光纤(1)　　　　图 10.34　为光纤套上热缩套管

稳。"快"即剥纤要快。剥离钳应与光纤垂直,向上方内倾斜一定角度,然后用钳口轻轻卡住光纤,右手随之用力,顺光纤轴向平推出去,整个过程要自然流畅,一气呵成。

(2)用蘸酒精的潮湿纸巾将光纤外表面擦拭干净,如图 10.36 所示。注意观察光纤剥除部分的涂覆层是否全部去除,若有残余则必须去掉。

(3)用光纤切割器切割光纤,使其拥有平整的断面。切割的长度要适中,保留 2～3cm。光纤端面切割是光纤接续中的关键工序,如图 10.37 所示。它要求处理后的端面平整、无毛刺、无缺损,且与轴线垂直,呈现一个光滑平整的镜面区,并保持清洁,避免灰尘污染。

图 10.35　剥除光纤涂覆层　　　　图 10.36　擦拭光纤(2)　　　　图 10.37　光纤切割

光纤端面切割有 3 种方法:刻痕法、切割钳法和超声波电动切割法。

(4)将切割好的光纤置于光纤熔接机的一侧,如图 10.38 所示,并在光纤熔接机上固定好该光纤,如图 10.39 所示。

(5)如果有成品尾纤,可以取一根与光缆同种型号的光纤跳线,从中间剪断作为尾纤使用,如图 10.40 所示。

图 10.38　置于光纤熔接机一侧　　　图 10.39　固定光纤(1)　　　图 10.40　用光纤跳线制作的尾纤

注意:光纤连接器的类型一定要与光纤终端盒的光纤适配器相匹配。

（6）使用石英剪刀剪除光纤跳线的石棉保护层，如图 10.41 所示，剥除的外保护层之间长度至少为 20cm。

（7）用沾酒精的潮湿纸巾将光纤尾纤中的光纤外表面擦拭干净。

（8）使用光纤切割器切割光纤尾纤，保留 2～3cm。

（9）将切割好的尾纤置于光纤熔接机的另一侧，并使两条光纤尽量对齐，如图 10.42 所示。

图 10.41 剥好的尾纤

图 10.42 放置尾纤

（10）在光纤熔接机上固定好尾纤，如图 10.43 所示。

（11）按 Set 键开始光纤熔接，两条光纤的 x、y 轴将自动调节，并显示在屏幕上。熔接结束后，观察损耗值。若熔接不成功，光纤熔接机会显示具体原因。熔接好的接续点损耗一般低于 0.05dB 以下方可认为合格。若高于 0.05dB 以上，可用手动熔接按钮再熔接一次。一般熔接次数为 1～2 次最佳，若超过 3 次，熔接损耗反而会增加，这时应断开重新熔接，直至达到标准要求为止。如果熔接失败，可重新剥除两侧光纤的绝缘包层并切割，然后重新熔接操作。

步骤 7：包装工作。

（1）熔接测试通过后，用光纤热缩套管完全套住剥掉绝缘包层的部分，如图 10.44 所示。

图 10.43 固定好尾纤

图 10.44 套热缩套管

（2）将套好热缩套管的光纤放到加热器中，如图 10.45 所示。由于光纤在连接时去掉了接续部位的涂覆层，使其机械强度降低，一般要用热缩套管对接续部位进行加强保护。将预先穿至光纤某一端的热缩套管移至光纤连接处，使熔接点位于热缩套管中间，轻轻拉直光纤接头，放入光纤熔接机的加热器内加热。

（3）按 HEAT 键开始对热缩套管进行加热。稍等片刻，取出已加热好的光纤，如图 10.46 所示。

图 10.45　将套好热缩套管的光纤放到加热器中

图 10.46　取出已加热好的光纤

上述过程是熔接一芯光纤的过程。重复上述操作过程,直至该光缆中所有光纤全部熔接完成。

(4) 将已熔接好的热缩套管置于光缆终端盒的固定槽中,如图 10.47 所示。

(5) 在光缆终端盒将光纤盘好,并用不干胶纸进行固定,如图 10.48 所示。同时将加固钢丝折弯且与光缆终端盒固定。并使用尼龙粘扣带进一步加固。

(6) 将光纤连接器一一置入光纤终端盒的适配器中并固定,如图 10.49 所示。

(7) 将光缆终端盒用螺钉封好,并固定于机柜。

图 10.47　热缩套管置于固定槽

图 10.48　固定光纤(2)

图 10.49　连接适配器

10.4.2　光纤配线架的施工

光纤配线架适用于光纤信道中端接和管理,可以完成光缆与尾纤盘绕和端接,还可以在面板上安装各种类型的光纤适配器,实现光缆与光纤跳线之间的插接。

光纤配线架由箱体、光纤连接盘、面板 3 部分组成,如图 10.50 所示。

光纤配线架集光缆熔接、尾纤收容、跳接线收容 3 种功能于一体。余长收容在两个特制的半圆塑料绕线盘上,保证光纤的弯曲半径大于 37.5mm;面板安装光纤适配器,如 ST、SC、SFF 等。采用抽屉式结构,安装时只要抽出箱体,就可以在机柜正面进行盘绕、端接等工作。自带面板、熔接盘和绕线盘,只要配备适配器和尾纤(或光纤连接器)就可进行端接和跳线。

光纤配线架的施工步骤如下。

(1) 用双手从两侧轻抬面板后,将箱体向自己方向拉即可抽出箱体(不能全部抽出)。

图 10.50 光纤配线架

（2）将光缆端部剪去约 1m 长，然后取适当长度（约 1.5m），剥出外层护套。从光缆开剥取出金属加强芯（如果有光缆加强芯的话）约 85mm 长度后剪去其余部分，并将金属加强芯固定在接地桩上，并用尼龙粘扣带将光缆轧紧并使其稳固。开剥后的光缆束管用 PVC（约 0.9m）保护软管置换后，盘在绕线盘上并引入熔接盘，在熔接盘入口处用粘扣带扎紧 PVC 软管，如图 10.51 所示。

图 10.51 固定光纤(3)

（3）取 1.5m 长的光纤尾纤，在离连接器头 0.9m 处（根据适配器位置不同稍有长短）剥出光纤，并在连接器根部和外护套根部贴上同号的标识纸。将尾纤的连接器头固定在适配器面板的适配器上。将尾纤盘在绕线盘上并引入熔接盘。用尼龙粘扣带将尾纤固定在熔接盘片入口处，如图 10.51 所示。

（4）将熔接盘移至箱体外进行光纤熔接。熔接点用热缩套管保护，并卡入熔接盘内的热缩套管卡座内。完成后将熔接盘固定在箱体内并理顺，固定光纤，如图 10.51 所示。

（5）将箱体推回光纤配线架机架后，光纤配线架安装完毕。

10.4.3 光纤连接器件的管理与标识

在光缆布线工程中，对光纤连接器件进行管理是应用、维护光纤系统中重要的手段和方法。光纤端接场按功能管理，其标记分为 Level 1 和 Level 2 两级。

Level 1 标识用于点到点的光纤连接，即用于互连场，标识通过一个直接的金属箍把一根输入光纤与另一根输出光纤连接（简单的发送端到接收端的连接）。

Level 2 标识用于交连场，标识每一根输入光纤通过单光纤跨接线连接到输出光纤。交连场的每根光纤上都有两种标识：一种是非综合布线系统标识，它标明该光纤所连接的具体终端设备；另一种是综合布线系统标识，它标明该光纤的识别码。一种交连场光纤管理标识如图 10.52 所示。

每根光纤应用光纤标签标识，标签标识的内容包括两类信息：①光纤远端的位置。包括设备位置、交连场墙或楼层连接器等；②光纤本身的说明。包括光纤类型、该光纤所在光缆的区间号、离此连接点最近处的光纤颜色等，如图 10.53 所示。

图 10.52 交连场光纤管理标识

除了每根光纤标签提供的标识信息外，在每条光缆上还可增加光缆标签标识，以提供该光缆远端的位置及特殊信息。光缆标签的特殊信息包括光缆编号、使用的光纤数、备用的光纤数以及长度，用两行来描述，如图 10.54 所示，第 1 行表示此光缆的远端在第一教学楼 302 房间，第 2 行表示启用光纤数为 6 根，备用光纤数为 2 根，光缆长度为 990m。

图 10.53 光纤标签标识范例

图 10.54 光缆标签标识范例

习　题

一、选择题

1. 缆线应有余量以适应终接、检测和变更。双绞线电缆在工作区的余留长度一般为(　　)cm。

    A. 1~2　　　　　　　B. 3~6　　　　　　　C. 5~10　　　　　　　D. 15~30

2. 缆线应有余量以适应终接、检测和变更。双绞线电缆在电信间的余留长度一般为(　　)cm。

    A. 1~5　　　　　　　B. 2~5　　　　　　　C. 2~6　　　　　　　D. 3~6

3. 双绞线电缆开绞的距离不超过(　　)cm。

    A. 1　　　　　　　　B. 4　　　　　　　　C. 13　　　　　　　　D. 20

4. 在电信间和设备间的打线过程中,经常会碰到25对大对数缆线,其中,大对数电缆的线序通过主色和副色来区分,其中主色线序是白、红、黑、黄、紫;每个主色里面又包括5种副色,其线序是(　　)。

    A. 绿、橙、蓝、棕、灰　　　　　　　　　B. 橙、绿、蓝、棕、灰

    C. 灰、绿、橙、蓝、棕　　　　　　　　　D. 蓝、绿、橙、棕、灰

5. 光缆芯线终接应符合下列(　　)要求。

    A. 采用光纤连接盘对光纤进行连接、保护,在连接盘中光纤的弯曲半径应符合按施工工艺要求

    B. 光纤熔接处应加以保护和固定

    C. 光纤连接盘面板应有标志

    D. 光纤连接损耗,最大损耗值小于0.3dB

6. 下列正确地描述了光纤熔接的过程顺序的是(　　)。

    A. 盘纤固定→开剥光缆→分纤→制作对接光纤端面→熔接光纤→加热热缩套管

    B. 开剥光缆→盘纤固定→分纤→制作对接光纤端面→熔接光纤→加热热缩管

    C. 开剥光缆→分纤→制作对接光纤端面→加热热缩套管→熔接光纤→盘纤固定

    D. 开剥光缆→分纤→制作对接光纤端面→熔接光纤→加热热缩套管→盘纤固定

二、思考题

1. 试列出5种常用的光缆端接施工工具。

2. 简述光缆施工的基本要求。

3. 光缆施工前应如何对光缆进行检验?

4. 简述配线子系统光缆敷设的步骤。

5. 简述在弱电竖井敷设光缆的基本方法和步骤。

三、实训题

1. 在机柜上安装光纤配线架并整理光纤跳线。

2. 到学校办公楼、机关办公大楼观察电缆竖井内干线光缆的布放。

3. 到校园、企事业单位等网络中心,观察网络中心机房光纤配线架的整理。

任务11

综合布线系统链路的连接

11.1 任务描述

综合布线完成之后，也就是在缆线敷设后，并进行了工作区信息模块的打接以及电信间和设备间的端接施工后，在每个链路上至少存在2个接插件、4个插头，因此还需要借助跳线将每段链路完整地连接在一起，才能实现计算机之间彼此的通信。

11.2 相关知识

11.2.1 电信间连接方式

在《综合布线系统工程设计规范》(GB/T 50311—2016)中规定：电信间FD与电话交换配线及计算机网络设备之间的连接方式应符合以下要求。

1. 电话交换配线的连接方式

在电信间FD(设备间BD、进线间CD)处，电话交换系统配线设备模块之间宜采用跳线互连。如图4.30所示要求。FD支持电话系统配线设备有两大类：FD配线设备采用IDC配线模块；FD配线设备建筑物主干侧采用IDC配线架和水平侧采用RJ-45配线模块。

2. 计算机网络设备的连接方式

计算机网络设备的连接方式通常有以下两种情况。

1) 在电信间安装有计算机网络设备

在电信间安装有计算机网络设备通常又分为以下两种方式进行互通。

第一种方式是交叉连接方式，即跳线连接方式，如图4.33所示。

在电信间内所安装的计算机网络设备通过设备缆线(电缆或光缆)连接至配线设备(FD)以后，经过跳线管理，将设备的端口经过水平缆线连接至工作区的终端设备，此种为传统的连接方式，称为交叉连接方式。它们之间的连接关系示意图如图11.1所示。在该示意图中，水平缆线和干线缆线全部采用对绞电缆。

整个链路的交叉连接方式如图11.2所示。此时，整个链路的介质采用对绞电缆，即建筑群子系统、建筑物干线子系统、配线子系统全部采用对绞电缆。

第二种方式是互连连接方式，即经设备缆线连接方式，如图4.35所示。

在此种连接方式中，利用网络设备端口连接模块(点或光)取代设备侧的配线模块。这时，相当于网络设备的端口直接通过跳线连接至模块，既减少了线段和模块以降低工程造价，又提高了通路的整体传输性能。因此，可以认为是一种优化的连接方式。它们之间的连接关系示

图 11.1 交叉连接方式的连接关系示意图

图 11.2 整个链路的交叉连接方式

意图如图 11.3 所示。在该示意图中,水平缆线和干线缆线全部采用对绞电缆。建筑物配线架 (BD)和楼层配线架(FD)合二为一,在一个配线架上实现。

整个链路的互连连接方式如图 11.4 所示。此时,整个链路的介质也全部采用对绞电缆, 即建筑群子系统、建筑物干线子系统、配线子系统全部采用对绞电缆。

2) 在电信间没有安装计算机网络设备

在电信间没有安装计算机网络设备,通常也分为两种方式进行互通。

图 11.3　互连连接方式的连接关系示意图

图 11.4　整个链路的互连连接方式

（1）电信间设楼层配线设备方式

通过四对对绞电缆连接到设备间，水平电缆连接到各工作区的信息点。它们之间通过跳线连接。连接示意图如图 11.5 所示。

图 11.5　电信间设楼层配线架交叉连接示意图

整个链路的连接方式如图 11.6 所示。

图 11.6　电信间设楼层配线架的链路连接方式

（2）电信间没有设楼层配线设备方式

从设备间直接布 4 对对绞电缆到工作区的信息点，此时水平电缆和主干电缆为一根 4 对对绞电缆，如图 11.7 所示。

图 11.7　电信间不设楼层配线架连接方式

11.2.2　电信间的形式

在综合布线系统实际工程中，建筑群配线设备（CD）所在的楼宇通常为园区网的网络中心，或称数据中心，也就是综合布线系统结构中的设备间。在包含设备间的楼宇中，往往建筑群配线设备（CD）、建筑物配线设备（BD）和该楼层的楼层配线设备（FD）共同装在设备间内；在不包含设备间的楼宇中，BD 通常设在该楼宇的一个电信间中，即建筑物配线设备（BD）和其中一个楼层配线设备（FD）装在一个电信间（通常为底层）中，该电信间包含建筑物配线设备（BD）和楼层配线设备（FD）的设备。在这里只介绍电信间的缆线端接方式。

为了简化网络系统结构和减少配线架等设备数量，允许将不同功能的配线设备组合在一个配线设备上。如将建筑物配线设备（BD）和楼层配线设备（FD）合二为一集成在一个配线设备上，也可以将建筑物配线设备（BD）和楼层配线设备（FD）合二为一，在一个配线设备上实现。

参照国家标准，电信间通常有两种方式：一种为独立的电信间，作为楼层配线间使用，将干线子系统的干线缆线和配线子系统的水平缆线在这里连接。另一种包含有建筑物配线设备（BD）的电信间，实际上起到了连接建筑群子系统的主干缆线、建筑物干线子系统的主干缆线和配线子系统的水平缆线。

1. 包含有建筑物配线设备（BD）的电信间

在该电信间中要完成建筑群子系统的主干缆线、建筑物干线子系统的主干缆线和配线子系统的水平缆线的连接。

1）电话交换配线的连接方式

电话系统的建筑群子系统的主干电缆、建筑物干线子系统的主干电缆通常都采用大对数电缆,而配线子系统的水平电缆采用与数据网络一样的电缆一次到位。建筑群子系统的主干电缆、建筑物干线子系统的主干电缆通常采用 IDC 配线架,配线子系统的水平电缆采用 RJ-45 型模块化配线架。它们之间在电信间要完成无源设备的交接。

图 11.8 所示为 IDC 配线架之间的连接,图 11.9 所示为 IDC 配线架和 RJ-45 型模块化配线架之间的连接。

图 11.8 IDC 配线架与 IDC 配线架在机柜中的连接

图 11.9 IDC 配线架与 RJ-45 型模块化配线架在机柜中的连接

2) 计算机网络设备的连接方式

计算机网络数据通信系统的建筑群子系统的主干缆线通常采用光缆,而建筑物干线子系统的主干缆线通常可以采用光缆,也可以采用对绞电缆,配线子系统的水平缆线通常采用双绞线,当有特殊要求时也可以采用光缆。在综合布线实际工程中有以下几种情况。

(1) 光缆+电缆+电缆方式。建筑群子系统的主干缆线通常采用光缆,建筑物干线子系统的干线缆线和配线子系统的水平缆线采用对绞电缆。此时建筑群子系统的主干光缆端接到该电信间的光纤配线架,建筑物干线子系统的干线电缆和配线子系统的水平电缆端接到该电信间的 RJ-45 型模块化配线架。在该电信间需要配置分布层交换机和接入层交换机。

分布层交换机通过建筑群干线光缆连接到园区设备间的核心交换机,通过建筑物干线电缆连接到各电信间的接入层交换机;各电信间的接入层交换机通过建筑物干线电缆连接到分布层交换机,通过水平电缆连接到各工作区的信息点。它们之间的连接示意图如图 11.10 所示。

图 11.10　光缆＋电缆＋电缆方式电信间缆线连接示意图

整个链路的连接方式如图 11.11 所示。此时,整个链路的介质采用光缆＋对绞电缆,即建筑群子系统采用光缆,建筑物干线子系统、配线子系统采用对绞电缆。

(2) 光缆＋光缆＋电缆方式。建筑群子系统和建筑物干线子系统的主干缆线都采用光缆,配线子系统的水平缆线采用对绞电缆。此时建筑群子系统和建筑物干线子系统的主干光缆端接到该电信间的光纤配线架上,配线子系统的水平电缆端接到该电信间的 RJ-45 型模块化配线架上。在该电信间需要配置分布层交换机和接入层交换机。分布层交换机通过建筑群干线光缆连接到园区设备间的核心交换机,通过建筑物干线光缆连接到各电信间的接入层交

图 11.11 光缆电缆混合链路(1)

换机；各电信间的接入层交换机通过建筑物干线光缆连接到分布层交换机，通过水平电缆连接到各工作区的信息点。分布层交换机为光纤接口，如果接入层交换机上没有光纤接口，中间需要光电转换器。它们之间的连接示意图如图 11.12 所示。

图 11.12 光缆＋光缆＋电缆方式电信间缆线连接示意图

在图 11.12 中,把建筑群子系统的干线光缆和建筑物干线子系统的干线光缆端接到一个光纤配线架上,接入层交换机没有光纤接口,通过光纤转换器和建筑物干线光缆连接。

整个链路的连接方式如图 11.13 所示。此时,整个链路的介质采用光缆+对绞电缆,即建筑群子系统、建筑物干线子系统采用光缆,配线子系统采用对绞电缆。

图 11.13　光缆电缆混合链路(2)

(3) 全光缆方式。建筑群子系统、建筑物干线子系统的主干缆线和配线子系统的水平缆线都采用光缆,组成一个全光链路的网络。此时在该电信间只需光缆配线架和光纤交换机。

当建筑物干线光缆和建筑群干线光缆的芯数较少时,建筑群子系统的干线光缆和建筑物干线子系统的干线光缆可以合用一个光纤配线架,配线子系统的水平光缆根据信息点的数据确定光纤配线架的数量。它们之间的连接示意图如图 11.14 所示。

在图 11.14 中,显示了建筑群子系统、建筑物子系统、配线子系统 3 个子系统。但在实际工程中,综合布线系统采用光纤光缆传输系统时,其网络结构和设备配置可以简化。例如,在建筑物内各个楼层的电信间可不设置传输或网络设备,甚至可以不设楼层配线接续设备。但是全程采用的光纤光缆应选用相同类型和品种的产品,以求全程技术性能统一,以保证通信质量优良,不至于产生不匹配的或不能衔接的问题。当干线子系统和配线子系统均采用光纤光缆并混合组成光纤信道时,其连接方式应符合以下规定。

① 光纤信道构成(1)。光缆经电信间 FD 光纤跳线连接。

水平光缆和主干光缆都敷设到楼层电信间的光纤配线设备,通过光纤跳线连接构成光信道,并应符合如图 3.11 所示的连接方式。光信道的构成,水平光缆在电信间不作延伸。在一般情况下,信息的传递通过计算机网络设备经主干端口下传。主干光缆中并不包括水平光缆的容量在内,它只满足工作区接入终端设备电端口所需的接入电信间计算机网络设备骨干光端口所需求的光纤容量。

加上建筑群子系统的干线光缆,其连接示意图如图 11.14 所示。完整的光纤链路连接方式如图 11.15 所示。

② 光纤信道构成(2):水平光缆和主干光缆在楼层电信间。

水平光缆和主干光缆在楼层电信间经端接(熔接或机械连接)构成,FD 只设光纤之间的连接点,如图 3.12 所示。

图 11.14　全光缆方式电信间缆线连接示意图

图 11.15　光纤信道构成(1)

在图 3.12 中,水平光缆和主干光缆在 FD 处做端接,光纤的连接可以采用光纤熔接或机械连接。完整的光纤信道连接示意图如图 11.16 所示。

图 11.16　光纤信道构成(2)

水平光缆经主干光缆延伸,主干光缆光纤应包括网络设备主干端口和水平光缆所需求的容量。

③ 光纤信道构成(3):水平光缆经过电信间直接连至大楼设备间光配线设备构成。

水平光缆经过电信间直接连至大楼设备间光配线设备构成,电信间只作为光缆路径的场所。在此情况下,在电信间不设 FD。光纤信道如图 3.13 所示。

在图 3.13 中,水平光缆直接路经电信间,连接至设备间总配线设备,中间不做任何处理。完整的光纤信道连接示意图如图 11.17 所示。

图 11.17　光纤信道构成(3)

2．不包含有建筑物配线设备(BD)的电信间

在不包含有建筑物配线设备的电信间,只是建筑物干线子系统的干线缆线和配线子系统的水平缆线端接与连接的场所。不含有建筑物配线设备(BD)的电信间的连接方式只是其中的一部分,在包含有建筑物配线设备(BD)的电信间中去掉建筑群子系统即可。

1）电话交换配线的连接方式

电话系统的建筑物干线子系统的主干电缆通常都采用大对数电缆,而配线子系统的水平电缆采用与数据网络一样的对绞电缆一次到位。干线子系统电缆 IDC 配线架、水平电缆采用

RJ-45 型配线架,它们之间的连接为无源连接,如图 11.9 所示。

2)计算机网络设备的连接方式

在前面已经介绍过,计算机网络数据通信系统中,建筑物干线子系统的主干缆线通常采用光缆,也可以采用对绞电缆,配线子系统的水平缆线通常采用对绞电缆,当有特殊要求时也可采用光缆。通常有全光缆方式、光缆＋电缆方式和全电缆方式。

在包含有建筑物配线设备(BD)的电信间中去掉建筑群子系统即可。所不同的是,因为在不包含有建筑物配线设备(BD)的电信间中只有一条光缆,如果光缆芯数较少,此时从经济角度出发在实际工程中经常采用光缆终端盒。

11.2.3　综合布线系统中光缆的极性管理

在综合布线系统中,光缆主要被应用于垂直主干布线和建筑群主干布线,只有少量被应用于对安全性、传输距离和传输速率要求较高的水平布线。

光纤在接续和连接时,需要注意光纤的极性。在标准中,通常用 A 和 B 来表示光纤的极性。在光纤链路施工过程中,需要对光纤链路的极性做出标识。这样,将缩短光纤连接和线路查找的时间。

1. 一般原理

大多数光纤系统都是采用一对光纤来进行传输的,一根用于正向的信号传输,而另一根则用于反向的信号传输。在安装和维护这类系统时,需要特别注意信号是否在相应的光纤上传输,确保始终保持正确的传送接收极性。LAN 电子设备中使用的光电收发器具有双工光纤端口,一个用于传送,另一个用于接收。

同一应用系统(例如以太网)中的所有双工光电收发器的传送和接收端口位置都是相同的。从收发器插座的键槽(用于帮助确定方向的槽缝)朝上的位置看光电收发器端口,发送端一般在左侧,接收端在右侧。

将光电收发器相互连接时,信号必须是交叉传递的。交叉连接是将一个设备的发送端连接到另一个设备的接收端。信道中的各个元件都应提供交叉连接。信道元件包括配线架间的各个跳线、适配器(耦合)以及缆线段。无论信道是由一条跳线组成的,还是由多条缆线和跳线串联而成,信道中的元件数始终是奇数。

奇数的交叉连接实际上等于一条交叉连接,按这样的程序无论何时发送端都会连接到接收端,而接收端也总是连接到发送端。

2. 跳线交叉连接

如图 11.18 所示的双工跳线可以提供交叉连接,原因是光纤一端的插头位置将会连接到另一端的相反的插头位置。为清楚起见,图中以 3 个不同的方向标示了该交叉跳线。在所有示意图中,两根光纤都是一端连接插头位置 A,另一端连接插头位置 B。请注意连接头上的键槽位置。

现今的大多数光纤系统如何在一对光纤传输的基础上,用其中的一条光纤将信号以一个方向进行传播,用另一条光纤实现反向传播。对该系统进行安装和维护时,重点是确保信号在正确的光纤上传播,以使发射/接收极性始终如一。

3. 端到端光纤信道极性管理

图 11.19 说明的是使用对称定位方法形成的端到端连接,起点是主要的交叉连接,经过了

图 11.18　交叉跳线视图

中间的交叉连接或者水平连接,最后到达通信信息口。对于图中的每一缆线节段和每一跳线,将一端插入适配器 A 位置,将另一端插入适配器 B 位置。

图 11.19　端到端极性管理

两个工作站之间所布的布线信道内有着众所周知的"跨接"。固定的缆线节段必须按照各光纤对中的跨接进行安装,使光纤对中的每根光纤的一头插入适配器 A 位置,而另一头插入适配器 B 位置。要完成作业很简单,只需按照两种方法之一来决定适配器的方向并调节配线架中的光纤顺序即可。

当相同定向的适配器进行交叉连接时,信号从奇数编号的光纤中转移至偶数编号的光纤中。没有按照以上方法进行操作时,可能会出现极性问题。任何一个违背了 A-B 规则的连接,将减少一个跨接并可能产生偶数个跨接,继而导致系统内出现错误的极性。有时候,安装人员或者用户试图通过减少链路中的另一个跨接来解决这个问题,这可以通过使用单工跳线或者通过使用直连跳线代替跨接缆线来实现。这个方法可能导致缆线管理出现问题,应避免采用该方法,因为这些跳线在以后可能会被无意地用于有着正确路由的信道中。要解决极性问题,必须确定哪些配线架中未按照规定应用上述方法,并分别进行纠正。记住:在正确安装的光纤连接中,在 A 位置输入的信号将在 B 位置输出。一旦正确安装了这些系统,将一直能保持极性。

4. 光纤链路极性管理

具体方法:奇数芯数的光纤以位置 A 开始,位置 B 结束。而偶数芯数的光纤以位置 B 开始,位置 A 结束。

在光纤链路两端,光纤芯数可以都采用连续性的排列(比如,1,2,3,4,…),但是光纤适配器却需要采用两端相反的方式连接(例如,一端为 A-B,A-B……;另一端则为 B-A,B-A……),如图 11.20 所示。

图 11.20 光纤极性表示方法
注:阴影部分仅用于说明。

除了上述的排序方法外,光纤芯数也可以采用交叉排列的方式接续。交叉排列的方式,光纤链路的一端按照正常的连续排列(如 1,2,3,4,…),另一端则为交叉方式(如 2,1,4,3……)。这时链路两端的适配器则不需要采用反向连接(如同为 A-B,A-B……)。

5. 光纤连接硬件的安装规定

每一条光纤传输通道包括两根光纤,一根接收信号,另一根发送信号,即光信号只能单向传输。如果收对收,发对发,光纤传输系统肯定不能工作。因此光纤工作前,应先确定信号在光纤中的传输方向。

(1)连接器和适配器采用色码来区别,不同的颜色容易判断不同类型的光纤,以保证光纤硬件(连接器件和适配器)不会因不同型号的光纤而错误对接。

(2)连接硬件应有光纤单芯连接和光纤双芯连接两种类型。

① 为保证通信引出端和配线架(或配线盘)布线侧的灵活性,建议使用光纤单芯连接器终端连接水平光缆或干线光缆。

② 在通信引出端和配线架(或配线盘)用户侧,建议使用光纤双芯连接起来建立和保持双芯光纤传输系统每一条发送光纤和接收光纤的正确极性。光纤双芯适配器可以由两个单芯适配器组成,也可以用一个整体封装的双芯单元的部件。

使用配套的光纤双芯连接器,实现光纤双芯适配器与设备光缆、接插软线的连接。

③ 在通信引出端上使用定位销,或在适配器上根据方位 A 和方位 B 的标签来确定极性。为了保证综合布线系统中极性正确和统一,要求定位销的排列方向、标签和光纤配置,必须在整个综合布线系统中保持一致,使光纤传输系统中的发送和接收的极性正确排列。

在未安装光缆布线基座的地方,规定通信引出端采用光纤双芯连接器,并用其定位销确定极性,如图 11.21 所示。在装有 BFOC/2.5 连接器基座的地方,可使用 BFOC/2.5 连接器连接到通信引出端,但要满足下列要求。

a. 使用光纤双芯连接器时,宜使用定位销确定其极性,如图 11.21 所示。

图 11.21　光纤双芯连接器的连接方法

b. 使用光纤单芯连接器时,适配器宜用标志,以确定它们的极性,如图 11.22 所示。

图 11.22　光纤单芯连接器的连接方法

c. 使用一个 BFOC/2.5-SC(混合)光纤适配器代替两个光纤单芯连接器时,应使用定位销确定极性,如图 11.23 所示。

配线架上的光纤连接通过可拆卸式光纤连接器和适配器来完成。必须严格控制配线架上的连接变更,或采用上述的定位装置,可以保证极性正确和连接质量。

图 11.23　光纤单芯 BFOC/2.5 连接器到光纤双芯 SC(混合)连接器的连接方法

习　　题

一、选择题

1. 光纤信道分为 OF-300、OF-500 和 OF-2000 3 个等级,各等级光纤信道应支持的应用长度不应小于(　　)。

    A. 200m、400m、1000m   B. 100m、200m、500m

    C. 300m、500m、2000m   D. 500m、1500m、3000m

2. 配线设备和通信设备之间采用接插软线或跳线上的连接器件相连的一种连接方式称为(　　)。

    A. 交连   B. 互连   C. 直连   D. 下连

3. 不用接插软线或跳线,使用连接器把一端的电缆、光缆与另一端的电缆、光缆直接相连的一种连接方式称为(　　)。

    A. 交连   B. 互连   C. 直连   D. 下连

4. (　　)用于配线架到交换设备和信息插座到计算机的连接。

    A. 理线架   B. 跳线   C. 110C 型连接块   D. 尾纤

二、简答题

1. 在电信间,安装有计算机网络设备的互连方式有几种?

2. 在电信间,没有安装计算机网络设备的互连方式有几种?

3. 在综合布线系统中,电信间通常有哪几种形式?

4. 在综合布线系统中,光缆的极性连接的原理是什么?

任务12

综合布线管理系统的标识

12.1 任务描述

在综合布线系统中,网络应用的变化会导致连接点经常出现移动、增加等变化。一旦没有标记或使用了不恰当的标记,都会导致最终用户不得不付出更高的维护费来解决连接点的管理问题。因此,在综合布线系统施工过程中需要进行建立详细的标识系统,它对于网络布线系统来说是一个非常重要的环节。

12.2 相关知识

12.2.1 综合布线管理系统概述

1. 管理系统管理的组件

综合布线管理系统可管理以下组件。

(1) 电信线缆。

(2) 电信终端、接点及包含它们的机箱。

(3) 电信路径和路径系统。

(4) 电信空间,包括机柜、机架。

(5) 接至接地网络的电信联结。

管理系统依据类型、位置、用途和其他准则确认布缆系统的各部分。

2. 布缆管理级别

布缆管理是一个管理布缆和连接的系统,布缆管理系统使得布缆组件按照它们的类型、位置、用途和其他准则进行标识。在《信息技术用户建筑群布缆的实现和操作 第1部分:管理》(GB/T 34961.1—2018)中规定了4种典型的管理级别,以适应不同复杂程度的电信基础设施。

确定最小管理级别的最相关因素是基础设施的规模大小和复杂程度。电信空间(例如设备间、公用设备间、电信间、公用电信间和入口设施空间等)的数量能够表明复杂的程度。

对一些级别系统,可以进行扩充,且扩充时不需要对现存的标识符或标签做出修改。对于关键任务系统、超过 $7000m^2$ 的建筑或多住户建筑,强烈建议对路径、空间和外部元素进行管理。

(1) 1级。1级管理涉及建筑群的管理需求,这种管理由单个设备间提供服务。该设备间是唯一需要管理的电信空间,没有需要管理的电信间,也没有要管理的主干布缆系统或者外部布缆系统。简单的线缆路径一般很易理解,不需要管理。为了管理线缆路径或阻燃位置,应该使用 2 级或更高级的管理。1 级管理通常使用纸质文件或通用电子表格软件来实现。

（2）2 级。2 级管理为单个建筑或单住户提供电信基础设施管理，这种管理由单个建筑内的单个或多个电信空间（例如，管理一个或多个电信间的设备间）提供服务。2 级管理包括 1 级管理的所有内容，再加上主干布缆标识符，多元素接地系统、等电位系统以及阻燃设施。线缆路径易直观理解，因此，对线缆路径的管理是可选的。2 级管理可以使用纸质文件，通用电子表格软件或专用线缆管理软件来实现。

（3）3 级。3 级管理适用于园区，包括园区内的建筑和外部布缆系统。3 级管理包括 2 级管理的所有内容，再加上建筑和园区布缆的标识符。建议管理建筑路径、空间及外部布缆元素。3 级管理可以使用纸质文件，通用电子表格软件或专用线缆管理软件。

（4）4 级。4 级管理适用于多位置系统。4 级管理包括 3 级管理的所有内容，再加上每个位置的标识符和园区间布缆的可选标识符，例如广域网连接。对于关键任务系统，大型建筑，多住户建筑，强烈建议对路径空间及外部布缆元素进行管理。4 级管理可以使用通用电子表格软件或专用线缆管理软件。

12.2.2　标识符要求

综合布线系统应在需要管理的各个部位设置标签，分配由不同长度的编码和数字组成的标识符以表示相关的管理信息。

标识符可由数字、英文字母、汉语拼音或其他字符组成，布线系统内相同类型的器件与缆线的标识符应具有同样特征（相同数量的字母和数字等）。

综合布线管理系统的标识符的设置应符合下列规定。

（1）标识符应包括安装场地、缆线终端位置、缆线管道、水平缆线、主干缆线、连接器件、接地等类型的专用标识，系统中每一组件应指定一个唯一标识符。

（2）标识符在管理系统中是唯一的。标识符的关键用途是找到组件相关附加信息的记录。

1．机柜的标识

通常，设备间机柜内配线架端口和设备端口所设定的编码规则按"机柜序号－配线架序号－端口类别－端口序号"的形式显示。比如，假定某个端口标识显示为 R01C15-P40F01，按规则可解读为：第一排列机柜（R01）中的第 15 个机柜（C15）于 40U 高度（P40）上所安装丝网光纤配线架（F）的第 01 个端口（01）。

机柜标识应固定在操作人员可见的明显位置，如每个机柜的前后门顶部。

2．楼层电信间连接到设备间

为了区分来自楼层电信间的垂直主干，应至少采用一位字符来表示。

3．铜缆和光纤配线架的标识

机柜或机架安装的铜缆和光纤配线架标识宜遵循"机柜标识-配线架安装 U 位"的方式，采用配线架安装的 U 位来标识配线架是保证标识的唯一性，且简单易懂的一种通用方法。

假定某个端口标识显示为 R01C10-P40F，按规则可解读为：第一排机柜（R01），第 10 个机柜（C10）的第 40U 安装高度（P40）上所安装的光纤配线架（F）。

4．线缆及跳线的标识

原则上线缆标识应采用"近端端口标识/远端端口标识"的方式来命名，并用牢固的标签粘贴在线缆两端。

1) 单根的铜缆标识

假设某根铜缆对绞电缆连接了 R01C10 机柜上的 P40 位的铜缆配线架端口 C01 和 R01C08 机柜上的 P40 位的铜缆配线架端口 C01,在 R01C10 机柜内线缆端的标识如下:

R01C10-P40C01/R01C08-P40C01。

相应地,在 R01C08 机柜内线缆端的标识如下:

R01C08-P40C01/R01C10-P40C01。

在"/"的前半部分表示为本机柜内安装的位置,后半部分则表示线缆路由终接点的位置。

2) 多根的铜缆/光缆的标识

假设某根 12 芯光缆连接了 R01C10 机柜上的 P40 位的光纤配线架第 A 个卡槽上的端口 F01～F12 和 R01C01 机柜内的 P40 位的光纤配线架第 A 个卡槽上的端口 F01～F12。在 R01C10 机柜内标识如下:

R01C10-P40A01～12/R01C08-P40A01～12。

相应地,在 R01C08 机柜内的标识如下:

R01C08-P40A01～12/R01C10-P40A01～12。

5. 管槽的标识管理

管槽需要进行管理,标识可以使用粘贴式标签和插入式标签卡。粘贴式标签适合于密闭管槽,插入式标签卡适合于开放式托架。

标签卡并可轻松卡接在桥架的侧面和底部以不同颜色区别不同类型的缆线,也可根据用户的要求印上工程名称及缆线的型号等,使缆线管理更灵活、美观、方便。

管槽标识要求见如图 12.1 所示。

6. 信息出口标识

标签应设置于接插件、面板或多用户信息插盒(MUTOA)处,以能够明确标识具有相应标识符的独立接插件为准。命名中应指示该端口对应的配线架端口号或设备的端口号,如图 12.2 所示。

图 12.1 管槽标识要求

图 12.2 信息出口标识

7. 管理级别和相关的标识符

一个唯一的标识符与电信基础设施的各要素相关作为查询该要素相关的信息记录的线索。表 12.1 举例说明了按级别分组的电信基础设施的要素及其标识符。

表 12.1 按级别分组的电信基础设施的要素及其标识符

标识符	标识符的描述	级别			
		1	2	3	4
ann	水平链路	R	—	—	—
ft	电信间	—	R	R	R
ft-annn	电信间—水平链路(推荐格式)	—	R	R	R
ft1/ft2c	建筑物内主干电缆	—	R	R	R
ft1/ft2c-n	建筑物内主干线对	—	R	R	R
TMGB	电信主接地汇流排	R	R	R	R
ft-TGB	电信接地汇流排	—	R	R	R
f-FSLn(h)	防火位置(时间等级)	—	R	R	R
B1ft1/b2ft2c	建筑物间主干电缆	—	—	R	R
B1ft1/b2ft2c-n	建筑物间主干线对	—	—	R	R
b	建筑物	—	—	R	R
s	场所或建筑群	—	—	—	R
Ft-UUUn(q)	建筑物水平缆线及主干缆线敷设的管槽部分	—	O	O	O
ft1/ft2-UUUn(q)	建筑物水平缆线及主干缆线敷设的管槽部分(两个电信间或区域之间)	—	O	O	O
S-UUUn(q)	户外缆线敷设的引入建筑物的管槽部分	—	—	O	O
B1ft1/b2ft2-UUUn(q)	建筑物间的缆线敷设的管槽或配线设施	—	—	O	O
WANn	广域网连接	—	—	—	O
PNLn	专网连接	—	—	—	O

注：R＝required identifier for class(要求的标识符)；O＝optional identifier for class(可选的标识符)。

12.2.3 组件标签

每一个组件应用标识符标记清楚。标记可通过可靠地把标签固连到组件上,或者直接标记到组件之上来实现。

1. 标签要求。

标签内容应与管理系统中记录的标识符直接关联;标签应贴牢固;标签应适应安装点的环境(如防潮、防热或防紫外线),且标签的设计寿命应相同或大于要贴标签的组件的寿命。

(1)非机器可读标签应满足以下要求。

- 保持颜色和文本好辨识(通过采用适当的大小、颜色和对比度)。
- 通过打印、机器生成或制造作为该组件的一部分。

(2)机器可读标签应满足以下要求。

- 采用永久性的媒体。
- 通过打印、机器生成或制造作为该组件的一部分。
- 位于机器可唯一读取的位置。

标签位置应位于可读取的地方。为了布缆维护方便,可增加其他额外的标签。

按照指定的管理等级,针对需要添加标签的基础设施组件,表 12.2 中列出了添加标签要求。

表 12.2 添加标签要求

组件	添加标签的要求	对标签的特定要求
电信空间	位于所有入口的外部,包括门上或门旁	包括空间标识符
机架、机柜	标识符位于前表面的上部; 在后表面不直接接触墙面时,标识符位于机架、机柜后表面的上部	包括机架、机柜标识符
机柜、机架阵列	位于阵列两端	包括阵列标识符
配线架和模块	位于外部表面上	包括配线架和模块标识符
线缆	位于两端,在线缆接入到终端设备之前,明确显示; 在端接点中间的任意一端,如接头、聚合点及配线点	包括线缆标识符
TO	位于 TO 机箱的外表面上	包括 TO 标识符
保护性接地联结	符合相关标准和法规; 相关标准和法规的其他规定:在联结导体的两端,在线缆接入到终端设备之前,明确显示	
功能性接地联结	在联结导体的两端,在线缆接入终端设备之前,明确显示标签类型	

2. 标签类型

根据设置的部位不同,可使用粘贴性、插入型或其他类型标签。标签表示内容应清晰,材质应符合工程应用环境要求,具有耐磨、抗恶劣环境、附着力强等性能。

(1)粘贴型。背面为不干胶的标签纸,可以直接贴到各种物体的表面。

(2)插入型。应具有良好的防撕性能,够经受环境的考验,并且符合 RoHS 对应的标准。常用的材料类型包括聚酯、聚乙烯、举亚胺酯。

(3)覆盖保护膜标签。电缆标识最常用的是覆盖保护膜标签(图 12.3),这种标签带有黏性并且在打印部分之外带有一层透明保护薄膜,可以保护标签打印内容,防止刮伤或腐蚀。

图 12.3 覆盖保护膜标签

(4)套管标识。只能在端接之前使用,通过电线的开口端套在电线上。有普通套管和热缩套管之分。热缩套管在热缩之前可以随便更换标识,具有灵活性。经过热缩后,套管就成为能耐恶劣环境的永久标识。

(5)旗形标签。光纤类缆线建议使用旗形标签。规格:30mm×20mm;颜色:白色,如图 12.4 所示。

(6)吊牌标签。大对数电缆建议使用吊牌。规格:76.20mm×19.05mm;颜色:白色。大对数缆线一般选择吊牌标签,如图 12.5 所示。

缆线的直径决定了所需的长度或套管的直径。缠绕式标签适用于各种不同直径的标签。

图 12.4 旗形标签

图 12.5 吊牌标签

打印区域按照业务必须选用不同颜色标识,建议选择红、橙、黄、绿、棕、蓝、紫、灰、白颜色。标签的选用与使用应参照下列原则。

(1)选用粘贴型标签时,缆线应采用换套型标签,标签在缆线上应不少于一圈,配线设备和其他设施应采用偏平型标签。

(2)标签衬底应耐用,可适应各种恶劣环境,不可将民用标签应用于综合布线工程;插入型标签应设置在明显位置、固定牢靠。

3. 色标

标签、线缆、线和端接位置的色标可以用来区分布缆系统拓扑结构的不同层次,区分不同的配线架,或区分不同的服务。为最大限度地发挥色标的作用,这样的色标在整个系统中应是统一的。

不同颜色的配线设备之间应采用相应的跳线进行连接,色标的应用场所应按照下列原则,如图 12.6 所示。

图 12.6 色标应用位置示

（1）橙色：用于分界点，连接入口设施与外部网络的配线设备。

（2）绿色：用于建筑物分界点，连接入口设施与建筑群的配线设备。

（3）紫色：用于与信息通信设施(PBX、计算机网络、传输等设备)连接的配线设备。

（4）白色：用于连接建筑物内主干缆线的配线设备(一级主干)。

（5）灰色：用于连接建筑物内主干缆线的配线设备(二级主干)。

（6）棕色：用于连接建筑群主干缆线的配线设备。

（7）蓝色：用于连接水平缆线的配线设备。

（8）黄色：用于报警、安全等其他线路。

（9）红色：预留备用。

综合布线系统中所使用的区分不同服务的色标应保持一致，对于不同性能缆线级别所连接的配线设备，可用加强颜色或适当的标记加以区分。

12.2.4　记录

布缆管理系统中被唯一标识的每一个组件都应有其记录。记录应包括安装日期。并且只要布缆基础设施发生变化，就应对记录进行更新。应进行变更控制，同时记录应至少保留一个特定的时间。

记录可以利用基于计算机或基于纸质的管理系统生成并保存。

与布缆组件、路径和空间有关的记录应该使用它们的标识符而相互链接，并且可以进一步参照有关电源、供暖、空调、照明等的建筑物记录。

1．必需的记录

应提供如下所述的有关布缆基础设施的必须记录。

（1）线缆：端点的位置、类型、编号、线对。

（2）电信插座：标识符、类型、位置。

（3）配线架：标识符、名称、类型、位置、连接。

（4）楼层平面图：电信插座、配线架、路径位置。

2．可选记录

当对布缆基础设施，包括路径和空间做修改时，可能需要的附加记录。

（1）线缆记录。

光缆或铜缆的类型；线缆特征数据(例如：产品编号、外皮颜色)；外皮和内芯标识；制造商；未端接导体号和故障导体的号；长度；衰减/串扰等数据；线缆两端及集合点处引线连接的标识；性能等级(适用时)；接地位置；屏蔽层处理；运行中的传输系统；日期编码；产品编号；标识符；表示与配线架、插座、路径和空间连接的标识符。

（2）电信插座记录。

性能等级(适用时)；单模或多模光纤；屏蔽或非屏蔽；制造商；在未端接所有的插针孔情况下，端接的数量和布局；产品编号；连接的端口和线缆标识；表示与配线架、插座、路径和空间等相互关联的标识符。

（3）配线架记录。

可用及已用的铜缆、光缆或线对的编号；制造商；导体编号；表示与线缆、插座、路径和空间连接的标识符；产品编号；配线架的正视图。

（4）路径记录。

类型；金属或非金属；尺寸、机械数据；路径分支点；制造商；标识；长度；位置；安装在该路径中的线缆记录；接地位置。

（5）空间记录。

位置；尺寸；标识；位于空间中的设备；空间；类型。

（6）绘图和工作指令。根据工程实际，由用户自行填写。

（7）链路和信道测试结果。根据工程实际，由用户自行填写。

（8）有源组件记录。

设备类型；型号；线缆的可用性（端口数量）；标识符；端口的适配性；端口标识；设备位置；制造商；用户姓名、部门、电话分机；电信插座位置；序列号、安装日期。

（9）协议记录。协议的详细信息也可被记录。

12.2.5 报告

报告是一种方式，通过这种方式获知电信基础设施的信息。

1. 纸质管理系统

对于较小、复杂程度较低的系统，可以使用良好设计的纸质管理系统。基于手工记录或电子表格的管理系统，可能需要额外的保存记录提供报告功能。如一份基础设施的图纸或制图使运维人员能够在给定的工作区域内，轻松地找到所有的电信插座，即使它们已经连接到多个电信空间的链路。

表 12.3 所示为电信记录表格中各条目含义。

表 12.3 电信记录表格各条目含义

条　　目	说　　明
位置	建筑物的地址
楼层	该表所隶属建筑物的楼层
配线架号码	配线架编号，可以是字母数字形式，如 1A
外观：面板/模块	一个区域中的面板或模块号码
端口/线对	特定的面板或模块上的独立线对
服务类型：线路来源	语音线路（V）、数据线路（D）、复合的语音数据线路（V/D）即 ISDN、音频/视频（AV）、CCCB（C）
交叉连接于	线路的来源（局域网集线器、PABX 端口号码等）
面板/模块	交叉连接的线路面板或模块
端口/线对	端口/线对交叉连接的独立插座或线路
线缆长度	用于特定端口或线对的线缆长度（以米表示）
线缆类型	用于本线路的线缆的种类
安装日期	线缆敷设的日期（可选）
其他	例如：与特定线路有关的相关元素，如传输测试、用户名称、用户领域（会计、销售等）

表 12.4 为布缆记录示例。

表 12.4 布缆记录示例

电信布缆记录									
位置：				楼层：				配线架号码：	
外 观		服务类型	线路来源	交叉连接于		线缆长度/m	线缆类型	日 期	其他
面板/模块	端口/线对			面板/模块	端口/线对				

2. 基于计算机的管理系统

基于计算机的管理系统可能会使用"管理记录"的数据库来维护布缆有关的最新信息。它使用户能够控制线缆的移动、增加和变更,生成布缆系统的状态报告。

管理系统的复杂性与电信基础设施的大小有关。对于小系统,可以使用用户化的商业数据库程序。对于一个大型机构,布缆管理系统可能需要一个完善的数据库、一套有效的数据检索程序以及附加功能。例如,计算机管理软件包可以直接从 CAD 程序中输入图形,或者向外部软件包输出报告,或者通过 E-mail 发送工作指令,并能自动对已完成的工作进行记录更新,也可以作为布缆设计工具使用。

线缆组件、路径和空间的记录之间通过使用标识符可彼此相关联,进而为下一步对电力、供暖、空调、照明等系统的记录提供参考。

图 12.7 给出了数据库记录的概述和可能相关联的例子。这种关联支持管理记录中电信基础设施信息的检索。每一种记录类型都须定义一个主索引标识,以形成基础设施标识和记录之间的关联。

图 12.7 线缆管理数据库及可能的关联

报告是在数据库信息的基础上产生的。报告可采取列表、表格、图表、表单等不同形式。报告可用于状态测定、故障排除,并有助于规划。

12.3 综合布线系统工程标识示例

标识设计与工程规模和应用特点有一定关系,可以根据布线工程系统的构成具体要求来设计。标识设计可以采用辅助中文说明。对于完整的综合布线系统的标识设计示例图如图 12.8 所示。

图 12.8 综合布线系统的标识设计示例图

标识设计方案如表 12.5 所示。

表 12.5 标识设计方案

位置号	说 明	标 识 设 计	标 识 说 明
1	设备缆线	A10-D02-C14	设备缆线连接到:A 建筑物 10 层—D 功能区域 02 房间—C 面板第 14 端口
2	面板	D02-C14-D	D 功能区域 02 房间—C 面板第 14 端口—D(数据业务)
3	水平缆线	A10-D02-C14/10A-A08-E24	端接于: 工作区:A 建筑物 10 层—D 功能区域 02 房间—C 面板第 14 端口 电信间:10 层 A 电信间—A 列 08 机柜—E 配线架第 24 端口

位置号	说　明	标 识 设 计	标 识 说 明
4	配线架	10A-A08-E24	10 层 A 电信间—A 列 08 机柜—E 配线架第 24 端口
5	跳线	A08-E24/A08-F14	A 列 08 机柜—E 配线架第 24 端口/A 列 08 机柜—F 配线架第 14 端口
6	配线架	10A-A08-F14	10 层 A 电信间—A 列 08 机柜—F 配线架第 14 端口
7	设备缆线	A08-F14-Q02	A 列 08 机柜—F 配线架第 14 端口—机柜 Q 交换机 02 号设备端口
8	设备缆线	A08-G04-Q06	A 列 08 机柜—G 配线架第 04 端口—机柜 Q 交换机 06 号设备端口
9	配线架	10A-A08-G04	10 层 A 电信间—A 列 08 机柜—G 配线架第 04 端口
10	跳线	A08-G04/A08-H02	A 列 08 机柜—G 配线架第 04 端口/A 列 08 机柜—H 配线架第 02 端口
11	配线架	10A-A08-H02	10 层 A 电信间—A 列 08 机柜—H 配线架第 02 端口
12	主干电缆（语音主干）	10A-A08-H02/A01-A02-C04/H18	端接于： 电信间：10 层 A 电信间—A 列 08 机柜—H 配线架第 02 端口 设备间：A 建筑物 01 层—A 设备间 02 号房—C 列 04 机柜/H 配线架第 18 端口
13	主干光缆（数据主干）	10A-A08-L02/A01-A02-C02/F15	端接于： 电信间：10 层 A 电信间—A 列 08 机柜—L 配线架第 02 端口 设备间：A 建筑物 01 层—A 设备间 02 号房—C 列 02 机柜/F 配线架第 15 端口
14	配线架	A02-C04/H18	A 设备间 02 号房—C 列 04 机柜/H 配线架第 18 端口
15	跳线	A02-C04/H18-A02-C02/E06	A 设备间 02 号房—C 列 04 机柜/H 配线架第 18 端口—A 设备间 02 号房—C 列 02 机柜/E 配线架第 06 端口
16	配线架	A02-C02/E06	A 设备间 02 号房—C 列 02 机柜/E 配线架第 06 端口
17	设备缆线	C02/E06-D01/J04	C 列 02 机柜/E 配线架第 06 端口—D 电话交换机 01 机柜/J 机柜 04 号设备端口
18	配线架	A02-C02/F15	A 设备间 02 号房—C 列 02 机柜/F 配线架第 15 端口
19	跳线	A02-C02/F15-A02-C02/K22	A 设备间 02 号房—C 列 02 机柜/F 配线架第 15 端口—A 设备间 02 号房—C 列 02 机柜/K 配线架第 22 端口
20	配线架	A02-C02/K22	A 设备间 02 号房—C 列 02 机柜/K 配线架第 22 端口
21	设备缆线	C02/K22-J04	C 列 02 机柜/K 配线架第 22 端口—J 机柜 04 号设备端口
22	主干电缆（语音主干）	A02-C04/T32—1A-A01/T22	A 设备间 02 号房—C 列 04 机柜/T 配线架第 32 端口—地下 1 层 A 进线间—A 列 01 机柜/T 配线架第 22 端口
23	主干光缆（数据主干）	A02-C02/T15—1A-A01/T01	A 设备间 02 号房—C 列 02 机柜/T 配线架第 15 端口—地下 1 层 A 进线间—A 列 01 机柜/T 配线架第 01 端口
24	配线架	—1A-A01/A01	地下 1 层 A 进线间—A 列 01 机柜/A 配线架第 01 端口
25	跳线	—1A-A01/A01—1A-A02/B01	地下 1 层 A 进线间—A 列 01 机柜/A 配线架第 01 端口—地下 1 层 A 进线间—A 列 02 机柜/B 配线架第 01 端口
26	配线架	—1A-A02/B01	地下 1 层 A 进线间—A 列 02 机柜/B 配线架第 01 端口

习　题

一、选择题

1. 下列不属于综合布线系统标记类型的是(　　)。

　　A. 电缆标记　　　　　　B. 场标记　　　　　　C. 插入标记　　　　D. 颜色标记

2. 对于插入标记的色标,综合布线系统有较为统一的规定,其中在设备间与干线电缆和建筑群间干线电缆使用(　　)色标进行标记。

　　A. 蓝色　　　　　　　　B. 绿色　　　　　　　C. 橙色　　　　　　D. 白色

3. 综合布线管理系统宜满足下列(　　)要求。

　　A. 管理系统级别选择应符合设计要求

　　B. 需要管理的每个组成部分均设置标签,并由唯一的标识符进行表示,标识符与标签的设置应符合设计要求

　　C. 管理系统的记录文档应详细完整并汉化,包括每个标识符相关信息、记录、报告、图纸等

　　D. 不同级别的管理系统可采用电子表格、专用管理软件或电子配线设备等进行维护管理

4. (　　)是对设备间、电信间的配线设备、缆线和信息插座等设施,按一定的模式进行标识和记录。

　　A. 管理　　　　　　　　B. 管理方式　　　　　C. 色标　　　　　　D. 交叉连接

二、简答题

1. 在电信间,安装有计算机网络设备的互连方式有几种?

2. 在电信间,没有安装计算机网络设备的互连方式有几种?

3. 在综合布线系统中,电信间通常有哪几种形式?

4. 在综合布线系统中,光缆的极性连接的原理是什么?

5. 常用的标识方式有哪几种?

综合布线系统工程测试与验收

一个优质的综合布线系统工程,不仅要设计合理,选择好的布线器材,还要有一支经过专门培训的、高素质的施工队伍,且在工程进行过程中和施工结束时要及时进行测试。目前,在实际网络工程施工中,人们往往对设计指标、设计方案比较关心,对施工质量却不太关心,忽略测试等环节,工程验收形式化。等到开通业务时,发现问题很多,方才认识到测试的重要性。

实践证明,计算机网络故障70%是由综合布线系统质量引起的。要保证综合布线系统工程的质量,必须在整个施工过程中进行严格的测试。对于综合布线系统的施工方来说,测试主要有两个目的:一是提高施工的质量和速度;二是向建设方证明其所做的投资得到了应有的质量保证。

下面通过3个工作任务来学习综合布线系统工程测试与验收相关的内容。

任务 13　铜缆链路的测试与故障排除

任务 14　光纤信道和链路测试

任务 15　综合布线系统工程验收

任务 13

铜缆链路的测试与故障排除

电缆敷设工程的最后一步是对布线系统的测试和评估,每个新敷设的布线系统都会存在这样或那样的问题。即使有经验的布线工程承包商,它所新敷设的布线系统也会有失败概率。因此,电缆敷设后需要进行测试。

13.1 任 务 描 述

当综合布线系统工程的布线项目完成后,就进入了布线的测试和验收工作阶段,即依照相关的现场电缆/光缆的认证测试标准,采用公认的经过计量认可的测量仪器对已布施的电缆和光缆按其设计时所选用的规格、标准进行验证测试和认证测试。也就是说,必须在综合布线系统工程验收和网络运行调试之前进行电缆和光缆的性能测试。

13.2 相 关 知 识

13.2.1 综合布线系统测试概述

在综合布线系统中,缆线的连接硬件本身的质量以及安装工艺都直接影响网络的正常运行。综合布线常用的是电缆和光缆两类。

总的来说,可将电缆故障分为连接故障和电气特性故障两类。连接故障大多是施工工艺差或是电缆受到意外损坏所造成的,如电缆连接不严、短路、开路等。电气特性故障是指电缆在传输过程中达不到设计要求,引起电气特性故障的主要原因除了电缆本身的质量外,还包括施工中缆线的弯曲过度、捆绑太紧、拉伸过度和干扰源过近等。

光缆故障可分为光链路的连接故障和光链路的传输特性故障两大类,光链路的连接故障一般是连接不当或几何形变或者轻微污染所造成的,如弯曲过度、受压断裂、熔接不良、核心直接不匹配、接头的抛光接触不良及污染。光链路的传输特性故障主要由传输损耗、色散等引起。

一般来说,综合布线系统的测试内容主要包括以下几点。

(1) 信息插座到楼层电信间配线架的连通性测试。

(2) 主干线包括建筑群缆线和干线缆线的连通性测试。

(3) 跳线测试。

(4) 电缆通道性能测试。

(5) 光缆通道性能测试。

13.2.2 综合布线系统测试类型

综合布线系统工程测试是综合布线系统工程中一个关键性环节,它能够验证综合布线系统前期工程中的设计和施工的质量水平,为后续的网络调试以及工程验收做必要的、定量性的准备,是工程建设过程中的重要环节。综合布线系统的测试分为以下 3 种。

1. 验证测试

验证测试又称随工测试,是边施工边测试,主要检测缆线的质量和安装工艺,及时发现并纠正问题,避免返工。验证测试不需要使用复杂的测试仪,只需使用能测试接线通断和缆线长度的测试仪(验证测试并不测试电缆的电气指标)。因为在工程竣工检查中,发现信息链路不通、短路、反接、线对交叉、链路超长等问题占整个工程质量问题的 80%,这些问题应在施工初期通过重新端接、调换缆线、修正布线路由等措施来解决。

2. 鉴定测试

鉴定测试是在验证测试的基础上,增加了故障诊断测试和多种类别的电缆测试。

3. 认证测试

认证测试又称为竣工测试、验收测试,是所有测试工作中最重要的环节,是在工程验收时对综合布线系统的安装、电气特性、传输性能、设计、选材和施工质量的全面检验。综合布线系统的性能不仅取决于综合布线系统方案设计、施工工艺,还取决于在工程中所选的器材的质量。认证测试是检验工程设计水平和工程质量的总体水平,所以对于综合布线系统必须要求进行认证测试。

认证测试通常分为两种类型,即自我认证测试和第三方认证测试。

1) 自我认证测试

自我认证测试由施工方自己组织进行,按照设计施工方案对工程每一条链路进行测试,确保每一条链路都符合标准要求。如果发现未达标链路,应进行修改,直至复测合格;同时需要编制确切的测试技术档案,写出测试报告,交建设方存档。测试记录应准确、完整、规范,方便查阅。由施工方组织的认证测试可邀请设计方、施工监理方等共同参与,建设方也应派遣网络管理人员参加测试工作,了解测试过程,方便日后的管理和维护。

认证测试是设计方、施工方对所承担的工程进行的一个总结性质量检验。承担认证测试工作的人员应当是经过测试仪供应商的技术培训并获得资格认证。

2) 第三方认证测试

综合布线系统是计算机网络的基础工程,工程质量将直接影响建设方的计算机网络能否按设计要求顺利开通,网络系统能否正常运转,这是建设方最为关心的问题。随着网络技术的发展,对综合布线系统施工工艺的要求不断提高,越来越多的建设方不但要求综合布线系统施工方提供综合布线系统的自我认证测试,而且会委托第三方对系统进行验收测试,以确保布线施工的质量。这是对综合布线系统验收质量管理的规范化做法。

第三方认证测试目前主要采用两种做法。

(1) 对工程要求高,使用器材类别高,投资较大的工程,建设方除要求施工方要做自我认证测试外,还邀请第三方对工程做全面验收测试。

(2) 建设方在施工方做自我认证测试的同时,请第三方对综合布线系统链路做抽样测试。按工程规模确定抽样样本数量,一般 1000 个信息点以上的工程抽样 30%,1000 个信息点以下的工程抽样 50%。

13.2.3　综合布线系统测试标准

为了综合布线系统工程施工质量检查、随工检验和竣工验收的技术要求,2016 年 8 月,我国出台了国家标准《综合布线系统工程验收规范》(GB/T 50312—2016)。

该标准包括目前使用最广泛的 5 类、6 类、6_A 类、7 类、7_A 类对绞电缆和光缆链路和信道的测试方法,在本任务中以该标准为主线,适当参照其他标准内容进行介绍,以供在综合布线系统工程施工、验收和运行中参考执行。

13.2.4　电缆的认证测试模型

在国标《综合布线系统工程验收规范》(GB/T 50312—2016)中规定了两种测试模型永久链路模型和信道模型。各等级的布线系统应按照永久链路模型和信道模型进行测试。

1. 永久链路模型

永久链路又称固定链路,适合 5 类以上的,即 D、E、E_A、F、F_A 级别的布线系统测试,并由永久链路测试方式替代基本链路测试。永久链路方式供工程安装人员和用户用以测量安装的固定链路性能。永久链路由最长为 90m 的水平电缆、水平电缆两端的接插件(一端为工作区信息插座,另一端为楼层配线架)和链路可选的 CP 集合点组成,永久链路不包括两端测试电缆,电缆总长度最大为 90m。永久链路模型如图 13.1 所示。

图 13.1　永久链路模型

注: H 为从信息插座至楼层配线设备(包括集合点)的水平电缆长度,$H \leqslant 90m$。

永久链路测试方式能自动排除测试跳线在测试过程中本身带来的误差,使测试结果更准确、合理。当测试永久链路时,测试仪表能自动扣除测试电缆的影响。

2. 信道模型

信道模型适合用户用以验证包括用户终端连接的设备电缆与配线设备模块之间跳线在内的整体信道的性能。是在永久链路连接模型的基础上包括工作区和电信间的设备电缆和跳线。信道最长为 100m。信道模型如图 13.2 所示。

信道模型测试的是网络设备到计算机间端到端的整体性能,是用户所关心的,所以信道模型也被称为用户链路。

永久链路由综合布线系统施工方负责完成。通常,综合布线系统施工方在完成综合布线系统工程的时候,布线系统所要连接的设备、器件并没有完全安装,而且并不是所有的电缆都

图 13.2　信道模型

注：A 为工作区终端设备电缆长度；B 为 CP 缆线长度；C 为水平缆线长度；D 为配线设备连接跳线长度；E 为配线设备到设备连接电缆长度；$B+C \leqslant 90m$，$A+D+E \leqslant 10m$。

会连接到设备或器件上，所以，综合布线系统施工方只能向用户提交一份基于永久链路模型的测试报告。

从用户角度来说，用于高速网络传输或其他通信传输的链路不仅仅要包含永久链路部分，还应包括用于连接设备的用户电缆，所以希望得到基于信道的测试报告。无论采用何种模型，都是为了认证布线工程是否达到设计要求。在实际测试应用中，选择哪一种测量连接方式，应根据需求和实际情况决定。使用信道模型更符合实际使用的情况，但是很难实现，所以对 5e 类、6 类、6_A、7、7_A 综合布线系统，一般工程验收测试都选择永久链路模型。

13.2.5　对绞电缆布线系统测试规定

对绞电缆布线系统永久链路、CP 链路及信道测试应符合下列规定。

(1) 综合布线工程应对每一个完工后的信息点进行永久链路测试。主干缆线采用电缆时也可按照永久链路的连接模型进行测试。永久链路测试是布线系统工程质量验证的必要手段。在工程中不能以信道测试取代永久链路测试。

(2) 对包含设备缆线和跳线在内的拟用或在用电缆链路进行质量认证时可按信道方式测试。

信道测试适用于设备开通前测试、故障恢复后测试、升级扩容设备前再认证测试等。信道测试时，由于跳线更换导致每次测得的参数不一致，因此测试的结果不宜作为永久保存的验收文本。信道测试应在工程完工后及时实施，否则经常会因信道的组成缺失器件而无法完成测试工作。所以，永久链路测试应作为首选测试方式，其次选择信道测试方式。

(3) 对跳线和设备缆线进行质量认证时，可进行元件级测试。元件级测试适用于布线产品的入库测试、进场测试、选型测试等。

(4) 对绞电缆布线系统链路或信道应测试长度、连接图、回波损耗(RL)、插入损耗(IL)、近端串音(NEXT)、近端串音功率和(PSNEXT)、衰减近端串音比(ACR-N)、衰减近端串音比功率和(PSACR-N)、衰减远端串音比(ACR-F)、衰减远端串音比功率和(PSACR-F)、环路电阻、时延、时延偏差等，指标参数应符合国标《综合布线系统工程验收规范》(GB/T 50312—2016)中附录 B 的规定。

(5) 现场条件允许时，宜对 E_A 级、F_A 级对绞电缆布线系统的外部近端串音功率和

(PS ANEXT)和外部远端串音功率和(PS AACR-F)进行抽测。

(6) 屏蔽布线系统应在符合国标《综合布线系统工程验收规范》(GB/T 50312—2016)中第 8.0.3 条第 4 款规定的测试内容,还应检测屏蔽层的导通性能。屏蔽布线系统用于工业级以太网和数据中心时,还应排除虚接地的情况。

屏蔽电缆直流电阻不应超过 $R=62.5/D$[其中,R 为屏蔽层直流电阻(Ω/km);D 为缆线屏蔽层外径(mm)]计算值。

(7) 对绞电缆布线系统应用于工业以太网、POE 及高速信道等场景时,可检测 TCL、ELTCTL、不平衡电阻、耦合衰减等屏蔽特性指标。

13.2.6　电缆的认证测试参数

1. 对绞电缆永久链路或信道测试项目

对绞电缆永久链路或信道包括从各电信间的楼层配线设备(FD)到设备间的建筑物配线设备(BD)的主干电缆和从各工作区的信息点(TO)到电信间的楼层配线设备(FD)之间的水平电缆。

(1) 接线图的测试。接线图测试的主要目的是确认链路的连接是否正确,要确认链路一端的每一个针与另一端相应针的物理连接是否正确。接线图测试要确认链路电缆中线对是否正确,判断是否有开路、短路、方向、交错和串对等情况。如图 13.3(a)所示是水平电缆采用 T568B 标准线序的正确连接。接线图正确的线对组合应为 1/2、3/6、4/5、7/8,并应分为非屏蔽和屏蔽两类,对于非 RJ-45 的连接方式按相关规定要求列出结果。

接线图的测试会显示出所测的每条 8 芯电缆与模块接线端子连接的实际状态,常见的错误连接线序一般有以下三种情况:如图 13.3(b)、(c)、(d)所示。

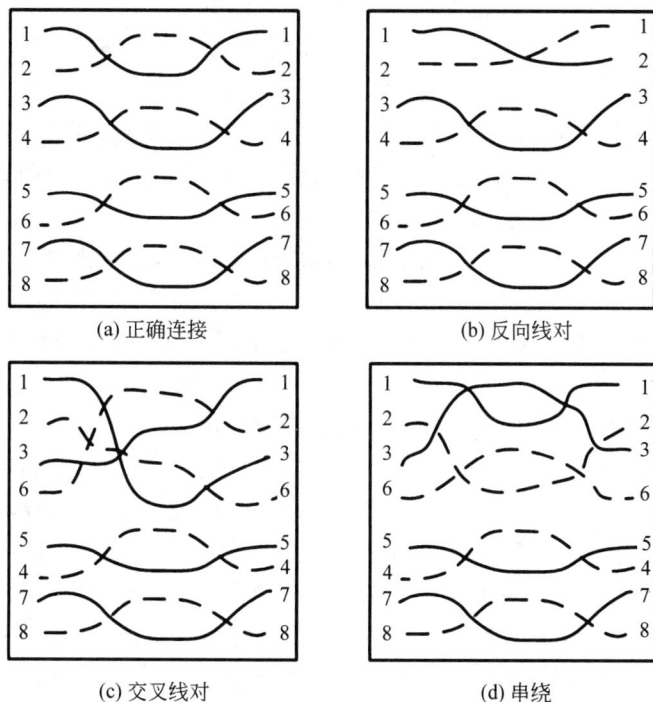

(a) 正确连接　　　　　　　　(b) 反向线对

(c) 交叉线对　　　　　　　　(d) 串绕

图 13.3　接线图的测试可能出现的结果

① 反向线对：即将同一线对的线序接反，通常是由于在打线时粗心大意造成的，如图 13.3(b)所示。

② 交叉线对(错对)：即同一线对在两端针位接反，如一端 1→2，另一端接在 4→5，如图 13.3(c)所示。出现这种情况最有可能的原因是两端使用了不同的标准，如一端采用 T568A 标准，而另一端采用 T568B 标准。

③ 串绕：就是将原来的线对分别拆开重新组成新的线对，出现这种故障时端与端的连通性正常，用一般的万用表或简单测试仪"能手"检测不出来，需要使用专门的电缆认证测试仪才能检测出来。如图 13.3(d)所示。

(2) 长度。链路长度是指连接电缆的物理长度。布线链路及信道缆线长度应在测试连接图所要求的极限长度范围之内。永久链路 90m，信道 100m。每一条链路长度都要记录在管理系统中。在综合布线实际应用中，布线长度略超过标准，在不影响使用时也是可以允许的。

电缆长度常用电子长度测量来估算。电子长度测量是应用时域反射仪(TDR)的测试技术，基于链路的传输时延和电缆额定传播速率(NVP)而实现的。

(3) 特性阻抗。特性阻抗是指当电缆无限长时该电缆所具有的阻抗，是阻止电流通过导体的一种电阻名称，它不是常规意义上的直流电阻。一条电缆的特性阻抗是由电缆的电导率、电容以及阻值组合后的综合特性。

特性阻抗用来衡量传输介质的传输特性，且不随传输线的长度改变而发生变化。双绞线常见的特性阻抗规格是 100Ω 和 120Ω。其中 100Ω 通常用于计算机数据通信网络，120Ω 较多用于现场总线和工控网。

(4) 回波损耗(Return Loss，RL)。回波损耗是反射系数绝对值的倒数，以分贝值表示。回波损耗的值在 0dB 到无穷大之间，回波损耗越大表示匹配越好。0 表示全反射，无穷大表示完全匹配。回波损耗的大小可以近似地反映阻抗不连续的大小。

在布线的两端均应符合回波损耗值的要求，布线系统永久链路或信道的最小回波损耗值应符合规定。

电缆制造中的瑕疵点、电缆安装时的损伤破损点、弯曲过度点、捆扎过度点、受力过大点、电缆与模块连接点、RJ-45 接头与信息插座的连接点等都可能变成比较明显的阻抗不连续点(回波干扰源)。

(5) 插入损耗(Insertion Loss)。当信号在电缆上传播时，信号强度随着距离增大逐渐变小。衰减量与线路长度、芯线直径、温度、阻抗、信号频率有关。传输的频率越高，衰减加大，所以电缆的线径必须加粗，否则不能达到 100m 的传输距离。以前标准叫作衰减(Attenuation)，现在统一标准为插入损耗。

布线系统永久链路或信道的最大插入损耗值应符合规定。

(6) 近端串音(NEXT)。在一条链路中处于线缆一侧的某发送线对，对于同侧的其他相邻(接收)线对通过电磁感应所造成的信号耦合(由发射机在近端传送信号，在相邻线对近端测出的不良信号耦合)为近端串音。

线对与线对之间的最小近端串音在布线的两端均应符合近端串音(NEXT)值的要求。

(7) 近端串音功率和(PSNEXT)。在 4 对对绞电缆一侧测量 3 个相邻线对对某线对近端串音总和(所有近端干扰信号同时工作时，在接收线对上形成的组合串扰)。

最小近端串音功率和(PSNEXT)在布线的两端均应符合 PSNEXT 值的要求。

(8) 衰减近端串音比(ACR-N)。来自同一信道主串线对的近端串音衰减与被串线对的插入损耗之间的差值,单位为 dB。

(9) 衰减近端串音比功率和(PSACR-N)。来自同一信道内多个主串线对的近端串音衰减功率和与被串线对的插入损耗之间的差值,单位为 dB。

(10) 衰减远端串音比(ACR-F)。来自同一信道主串线对的远端串音衰减与被串线对的插入损耗之间的差值,单位为 dB。

(11) 衰减远端串音比功率和(PSACR-F)。来自同一信道内多个主串线对的远端串音衰减功率和与被串线对的插入损耗之间的差值,单位为 dB。

(12) 直流环路电阻。双绞线两根金属芯线电阻值之和,线对越长,线径越细,则阻值越大。环路电阻过大,链路的损耗也会比较大。连接点接触不良,也会出现环路电阻偏大,甚至会被认为开路。

(13) 传播时延。指电磁信号或光信号在传输介质中传播一定的距离所花费的时间,即从发送端发送数据开始,到接收端收到数据(或者从接收端发送确认帧,到发送端收到确认帧),总共经历的时间。

布线系统永久链路或信道的最大传播时延应符合规定。

(14) 传播时延偏差。以同一缆线中信号传播时延最小的线对作为参考,其余线对与参考线对时延差值(最快线对与最慢线对信号传输时延的差值)。

(15) 外部近端串音功率和(PSANEXT)。在近端测量的一个或多个信道的多对主串线对与另一信道被串线对之间的信号隔离度功率和。

(16) 外部衰减远端串音比功率和(PSAACR-F)。一个或多个信道的多对主串线对的外部远端串音衰减功率和与另一个信道的被串线对的插入损耗之间的差值,单位为 dB。

2．不同等级链路或信道测试项目

对绞电缆布线系统链路或信道测试项目和指标参数应符合国标《综合布线系统工程验收规范》(GB/T 50312—2016)附录 B　综合布线系统工程电气测试方法与测试内容中的规定。不同等级的永久链路或信道测试项目不同,如表 13.1 所示。

表 13.1　对绞电缆组成的永久链路或 CP 链路、信道的测试项目

测 试 项 目	等　　级					
	C	D	E	E_A	F	F_A
回波损耗(RL)	√	√	√	√	√	√
插入损耗(IL)	√	√	√	√	√	√
近端串音(NEXT)	√	√	√	√	√	√
近端串音功率和(PSNEXT)		√	√	√	√	√
衰减近端串音比(ACR-N)		√	√	√	√	√
衰减近端串音比功率和(PSACR-N)		√	√	√	√	√
衰减远端串音比(ACR-F)		√	√	√	√	√
衰减远端串音比功率和(PSACR-F)		√	√	√	√	√
直流环路电阻	√	√	√	√	√	√
最大传播时延	√	√	√	√	√	√
最大传播时延偏差	√	√	√	√	√	√
外部近端串音功率和(PSANEXT)				√		√

续表

测 试 项 目	等 级					
	C	D	E	E_A	F	F_A
外部近端串音功率和平均值($PSANEXT_{avg}$)				√		
外部 ACR-F 功率和($PSAACR\text{-}F$)				√		√
外部 ACR-F 功率和平均值($PSAACR\text{-}F_{avg}$)				√		

3. 测试结果记录

所有电缆的链路和信道测试结果应有记录,记录在管理系统中并纳入文档管理。电缆系统电气性能测试项目应根据布线信道或链路的设计等级和布线系统的类别要求制定。各项测试结果应有详细记录,作为竣工资料的一部分。测试记录内容和形式宜符合表 13.2 的要求。

表 13.2　综合布线系统工程电缆(链路/信道)性能指标测试记录

工程项目名称		备注
工程编号		
测试模型	链路(布线系统级别)	
	信道(布线系统级别)	
信息点位置	地址码	
	缆线表示编号	
	配线端口标识码	
测试指标项目	是否通过测试	处理情况
长度		
接线图		
测试记录	测试日期、测试环境及工程实施阶段:	
	测试单位及人员:	
	测试仪表型号、编号、精度情况和制造商;测试连接图、采用软件版本、测试对绞电缆及配线模块的详细情况(类型和制造商,相关性能指标):	

13.2.7　测试仪器

测试仪器是综合布线系统测试和工程验收的重要工具。

1. 测试仪器的类型

综合布线系统工程所涉及的测试仪器有许多类型,其功能和用途也不尽相同。从所测试的对象上可以分为铜缆类测试仪和光纤类测试仪两大类,而铜缆类测试仪又可分为 5 类缆线测试仪和 6 类缆线测试仪等类型。

电缆测试仪具有电缆的验证测试和认证测试功能,主要用于检测电缆质量及电缆的安装质量。

目前,全球有许多公司生产了各种相关的测试仪,用于测试网络中电缆和光缆的参数,常用测试仪表有 AT&T、Fluke、3M、Micro Test 等公司生产的产品。从国内众多综合布线系统商所采用的测试仪器情况看,较权威的测试仪器是 Fluke 公司生产的网络测试仪系列。Fluke(福禄克)公司生产 200 多种测试仪以及 1300 多种附件和选件。

2. 测试仪精度

测试仪精度应定期检测,每次现场测试前仪表厂家应出示测试仪的精度有效期限证明。

电缆布线系统的现场测试仪的精度符合表 13.3 的规定并能向下兼容。

表 13.3　测试仪表精度

布线等级	D	E	E_A	F	F_A
仪表精度	Ⅱ e	Ⅲ	Ⅲ e	Ⅳ	Ⅴ

3. 常用测试仪表

下面介绍 3 种典型的验证测试仪。

1）简易布线通断测试仪

图 13.4 所示是最简单的电缆通断测试仪,包括主机和远端机,测试时,缆线两端分别连接到主机和远端机上,根据显示灯的闪烁次序就能判断对绞电缆 8 芯线的通断情况,但不能确定故障点的位置。这种仪器的功能相对简单,通常只用于测试网络的通断情况,可以完成对绞电缆和同轴电缆的测试。

2）MicroScanner2 电缆检测仪（MS2）

Fluke MicroScanner Pro2 是专为防止和解决电缆安装问题而设计的,如图 13.5 所示。使用线序适配器可以迅速检验 4 对线的连通性,以确认被测电缆的线序正确与否,并识别开路、短路、跨接、串扰或任何错误连线,迅速定位故障,从而确保基本的连通性和端接的正确性。

图 13.4　"能手"测试仪　　　　　　　图 13.5　Fluke MicroScanner Pro2 测试仪

3）Fluke DTX 系列电缆认证分析仪

福禄克网络公司推出的 DTX 系列电缆认证分析仪全面支持国标《综合布线系统工程验收规范》（GB/T 50312—2016）。Fluke DTX 系列中文数字式电缆认证分析仪有 DTX-LT AP

图 13.6　Fluke DTX-1800 AP
电缆认证分析仪

［标准型（350Mbps 带宽）］、DTX-1200 AP［增强型（350Mbps 带宽）］、DTX-11200 AP［超强型（900Mbps 带宽），7 类］等几种类型可供选择。图 13.6 所示为 Fluke DTX-1800 AP 电缆认证分析仪。这种测试仪可以进行基本的连通性测试，也可以进行比较复杂的电缆性能测试，能够完成指定频率范围内衰减、近端串扰等各种参数的测试，从而确定其是否能够支持高速网络。

　　这种测试仪一般包括两部分：基座部分和远端部分。基座部分可以生成高频信号，这些信号可以模拟高速局域网设备发出的信号。电缆认证分析仪可以将高频信号输入双绞线布线系统来测试它们在系统中的传输性能。电缆认证分析仪是评估 5 类、5e 类和 6 类布线系统的最常用的测试设备，综合布线系统工程在认证验收测试中使用的测试仪必须是电缆认证分析仪。

13.2.8　电缆通道测试

　　对于一个完整的对绞电缆信道，有时候需要作为一个信道整体来测试，有时候需要分开来测试。通常有以下几种情况。

1. 跳线

测试方法是将要测试的对绞电缆跳线的两端分别插入测试仪的主测试端和远程测试端的 RJ-45 端口。打开测试仪电源。

2. 永久链路

永久链路根据电信间的设备连接方式通常有以下几种情况。

（1）从工作区的信息插座到电信间的配线架（FD）的水平链路。

（2）从电信间的配线架到设备间的配线架（BD）的主干链路。

（3）从工作区的信息插座到设备间的配线架（BD）的链路，在电信间楼层配线架与建筑物配线架之间通过跳线连接。

3. 信道测试

在永久链路的两端使用跳线代替测试跳线。

13.2.9　解决测试错误

　　电缆测试过程中，经常会碰到某些测试项目不合格的情况，这说明对绞电缆及其相关连接的硬件安装工艺不合格，或者产品质量不达标。要有效地解决测试中出现的各种问题，就必须认真理解各项测试参数的内涵，并依靠测试仪准确地定位故障。下面介绍测试过程中经常出现的问题及相应的解决办法。

1. 接线图测试未通过

接线图测试未通过的可能原因有以下 3 点。

（1）对绞电缆两端的接线线序不对，造成测试接线图出现交叉现象。

（2）对绞电缆两端的接头有断路、短路、交叉、破裂的现象。

（3）某些网络特意需要发送端和接收端跨接，当测试这些网络链路时，由于设备线路的跨接，测试接线图会出现交叉。

相应的解决问题的方法如下。

（1）对于对绞电缆两端端接线序不对的情况，可以采取重新端接的方式来解决。

（2）对于对绞电缆两端的接头出现的短路、断路等现象，首先应根据测试仪显示的接线图判定对绞电缆的哪一端出现了问题，然后重新端接。

（3）对于跨接问题，应确认其是否符合设计要求。

2．链路长度测试未通过

链路长度测试未通过的可能原因有以下 3 点。

（1）测试 NVP 设置不正确。

（2）实际长度超长，如对绞电缆信道长度不应超过 100m。

（3）对绞电缆开路或短路。

相应的解决问题的方法如下。

（1）可用已知的电缆确定并重新校准测试仪的 NVP。

（2）对于电缆超长问题，只能重新布设电缆来解决。

（3）对于对绞电缆开路或短路的问题，首先要根据测试仪显示的信息，准确地定位电缆开路或短路的位置，然后重新端接电缆。

3．近端串扰测试未通过

近端串扰测试未通过的可能原因有以下 5 点。

（1）对绞电缆端接点接触不良。

（2）对绞电缆远端连接点短路。

（3）对绞电缆线对扭绞不良。

（4）存在外部干扰源影响。

（5）对绞电缆和连接硬件性能问题，或不是同一类产品。

相应的解决问题的方法如下。

（1）对于接触点接触不良的问题，经常出现在模块压接和配线架压接方面，因此应对电缆所端接的模块和配线架进行重新压接加固。

（2）对于远端连接点短路问题，可以通过重新端接电缆来解决。

（3）对于对绞电缆在端接模块或配线架时，线对扭绞不良，则应采取重新端接的方法来解决。

（4）对于外部干扰源，只能采用金属线槽或更换为屏蔽对绞电缆的手段来解决。

（5）对于对绞电缆和连接硬件的性能问题，只能采取更换的方式来彻底解决，所有缆线及连接硬件应更换为相同类型的产品。

4．衰减测试未通过

衰减测试未通过的可能原因有以下 4 点。

（1）对绞电缆超长。

（2）对绞电缆端接点接触不良。

（3）电缆和连接硬件性能问题，或不是同一类产品。

（4）现场温度过高。

相应的解决问题的方法如下。

（1）对于超长的对绞电缆，只能采取更换电缆的方式来解决。

（2）对于对绞电缆端接质量问题，可采取重新端接的方式来解决。

（3）对于电缆和连接硬件的性能问题，应采取更换的方式来彻底解决，所有缆线及连接硬件应更换为相同类型的产品。

13.3　任务实施：对绞电缆链路测试实施

13.3.1　对绞电缆连通性简单测试

对于小型网络或者对于传输速率要求不高的网络而言，只需简单地做一下网络布线的连通性测试即可。

连通性测试通常可以采用“能手”测试仪。

图 13.7　对绞电缆跳线连通性测试

1．跳线连通性测试

将要测试的对绞电缆跳线的两端分别插入“能手”测试仪的主测试端和远程测试端的 RJ-45 端口，将开关开至 ON（S 为慢速挡）逐个顺序闪亮，如图 13.7 所示。

若连接不正常，按下述情况显示。

（1）若有一根导线断路，则主测试端和远程测试端对应线号的灯都不亮。

（2）若有几条导线断路，则相对应的几条线都不亮，当导线少于 2 根线连通时，灯都不亮。

（3）若两头网线乱序，则与主测试端连通的远程测试端的线号亮。

（4）当导线有两根短路时，则主测试端显示不变，而远程测试端显示短路的两根线灯都亮。若有 3 根以上（含 3 根）线短路时，则所有短路的几条线对应的灯都不亮。

（5）如果出现红灯或黄灯，就说明存在接触不良等现象，此时最好先用压线钳压制两端 RJ-45 接头一次，再测，如果故障依旧存在，就得检查一下芯线排列顺序是否正确。如果芯线顺序错误，那么就应重新进行制作。

2．永久链路测试

（1）首先制作两根跳线（或采用的测试跳线），并确认该跳线的连通性完好。

（2）使用一根跳线连接配线架预测试端口和主测试端。

（3）使用另一根跳线连接至信息插座（与该配线架端口相对应的端口）和远程测试端。

连接图与图 13.7 类似。测试过程与跳线连通性测试相同。

13.3.2　对绞链路或跳线验证测试

对绞电缆验证测试可以采用 Fluke MicroScanner Pro2 验证测试仪。

（1）启动测试仪。如果测试仪已经启动并处于同轴电缆模式，按 Y 切换到对绞电缆测试模式。

（2）将测试仪和线序适配器或 ID 定位器连至布线中，如图 13.8 所示。

测试将连续运行，直到更改模式或关闭测试仪。

图 13.8　连接到对绞电缆布线

（3）分析对绞电缆测试结果。图 13.9 所示为 Fluke MicroScanner Pro2 验证测试仪显示屏，各部分含义如下。

图 13.9　Fluke MicroScanner Pro2 验证测试仪显示屏

① 测试仪图标。

② 细节屏幕指示符。

③ 指示哪个端口为现用端口，RJ-45 端口还是同轴电缆端口。

④ 音频模式指示符。

⑤ 以太网供电模块指示符（PoE）。

⑥ 带 ft/m 指示符的数字显示。

⑦ 测试活动指示符，在测试正在进行时会以动画方式显示。

⑧ 当音频发生器处于 IntelliTone 模式时，会显示 IntelliTone。

⑨ 表示电缆上存在短路。

⑩ 电话电压指示符。

⑪ 表示线序适配器连接到电缆的远端。

⑫ 电池电量不足指示符。

⑬ 表示 ID 定位器连接到电缆的远端并显示定位器的编号。

⑭ 以太网端口指示符。

⑮ 线序示意图。对于开路,线对点亮段的数量表示与故障位置的大致距离。最右侧的段表示屏蔽。

⑯ ⚠ 表示电缆存在故障或带有高压。当出现线对串扰问题时,显示 SPLIT(串扰)。

当对绞电缆布线存在问题,在显示屏上会显示出来,以下各图显示了双绞线布线的典型测试结果。

1) 对绞电缆布线上存在开路

图 13.10 所示为显示第 4 根线上存在开路。图中所示的 3 个线对长度的段表示开路大致位于至布线端部距离的 3/4 处。电缆长度为 75.4m。要查看与开路处的距离,使用"△"或"▽"来查看线对的单独结果。

注意:如果线对中只有一根线开路并且未连接线序适配器或远程 ID 定位器,线对中的两根线均显示为开路。

如果线对中的两根线均开路,警告图标不显示,因为线对开路对某些布线应用属于正常现象。

2) 对绞电缆布线上存在短路

图 13.11 所示为显示第 5 根和第 6 根线之间存在短路,短路的接线会闪烁来表示故障。电缆长度为 75.4m。

图 13.10   链路开路

图 13.11   链路短路

注意:当存在短路时,远端适配器和未短路接线的线序不显示。

3) 线路跨接

图 13.12 所示为显示第 3 根和第 4 根线跨接。线位号会闪烁来表示故障。电缆长度为 53.9m。电缆为屏蔽式。检测线路跨接需要连接远端适配器。

4) 线对跨接

图 13.13 所示为显示线对 1,线对 2 和线对 3,线对 6 跨接。线位号会闪烁来表示故障。这可能是由于接错 568A 和 568B 电缆引起的,检测线对跨接需要使用远端适配器。

图 13.12　线路跨接

图 13.13　线对跨接

5）串绕

图 13.14 所示为显示线对 3，线对 6 和线对 4，线对 5 存在串绕。串绕的线对会闪烁来表示故障。电缆长度为 75.4m。在串绕的线对中，端到端的连通性正确，但是所连接的线来自不同线对。线对串绕会导致串扰过大，因而干扰网络运行。

图 13.14　链路串绕

6）查看单独结果

要查看每个线对的单独结果，可用"△"或"▽"在屏幕之间移动。在此模式下，测试仪仅连续测试你正在查看的线对。

图 13.15 所示为单独结果。其中，图 13.15（a）所示线对 1 和线对 2 在 29.8m 处存在短路。图 13.15（b）所示线对 3 和线对 6 为 67.7m 长并以线序适配器端接。图 13.15（c）所示线对 4 和线对 5 在 48.1m 处存在开路。开路可能是一根或两根接线。

13.3.3　对绞电缆链路及信道认证测试

对绞电缆链路及信道认证测试可以使用 Fluke DTX 系列电缆认证分析仪。下面以 Fluke DTX-1800 为例来介绍对双绞线链路及信道认证测试。关于 Fluke DTX-1800 电缆认证分析仪在这里不再详细介绍。

1．基准设置

在使用测试仪之前，首先需要进行基准设置。

基准设置程序可用于设置插入损耗及 ACR-F（ELFEXT）测量的基准，在下面时间运行测

图 13.15　单独线对的结果屏幕

试仪的基准设置程序。

(1) 如果要将测试仪用于不同的智能远端,可将测试仪的基准设置为两个不同的智能远端。

(2) 通常每隔 30 天就需要运行测试仪的基准设置程序,以确保取得准确度最高的测试结果。

更换链路接口适配器后无须重新设置基准。

设置基准设置的步骤如下。

(1) 开启测试仪及智能远端,等候 1min,然后才开始设置基准。

(2) 连接永久链路及信道适配器,如图 13.16 所示。

图 13.16　对绞电缆基准连接

(3) 将测试仪旋转开关转至 SPECIAL FUNCTION(特殊功能)位置,并开启智能远端。

(4) 选中设置基准,然后按 Enter 键,如果同时连接了光缆模块及铜缆适配器,接下来选择链路接口适配器。

(5) 按 TEST 键。

2. 缆线类型及相关测试参数的设置

在用测试仪测试之前,需要选择测试依据的标准、选择测试链路类型(基本链路、永久链路、信道)、选择缆线类型(3 类、5 类、5e 类、6 类对绞电缆,还是多模光纤或单模光纤)。同时还需要对测试时的相关参数(如测试极限、NVP、插座配置等)进行设置。

具体操作方法是将测试仪旋转开关转至 SETP(设置)位置,用方向键选中对绞电缆;然后按 Enter 键,对相关参数进行设置。表 13.4 列出了可设置的部分测试参数。

表 13.4　Fluke DTX-1800 对绞电缆认证测试部分设置参数

设　置　值	说　　明
SETP→对绞电缆→缆线类型	选择一种适用于被测缆线的缆线类型:缆线类型按类型及制造商分类,选择自定义可创建电缆类型
SETP→对绞电缆→测试极限	为测试任务选择适当的测试极限,其中选择自定义可创建测试极限
SETP→对绞电缆→NVP	额定传播速度可与测得的传播时延一起来确定缆线长度。选定的缆线类型所定义的默认值代表该特定类型的典型 NVP。如果需要,可以输入另一个值。若要确定实际的数值,更改 NVP,直到测得的长度与缆线的已知长度相同。使用至少 15m(50ft)长的缆线。建议的长度为 30m(100ft)。增加 NVP 将会增加测得的长度
SETP→对绞电缆→插座配置	输出配置设置值决定测试哪一个缆线对以及将哪一个线对号指定给该线对。要查看某个配置的线序,按插座配置屏幕中的 F1 取样;选择"自定义"可以创建一个配置
SETP→双绞线→HDTDX/HDTDR	仅通过 * /失败:测试仪仅以 PASS(通过) * 或 FAIL(失败)为 AUTOTEST(自动测试)。 显示 HDTDX(高精度时域串绕分析)和 HDTDR(高精度时域反射计分析)结果。 所有自动测试:测试仪为所有自动测试显示 HDTDX(高精度时域串绕分析)和 HDTDR(高精度时域反射计分析)结果
SETP→对绞电缆→AC 线序	选择启用以通过一个未通电的以太网供电(PoE)MidSpan 设备来测试布线系统
SPECIAL FUNCTION→设置基准	首次一起使用两个装置时,必须将测试仪的基准设置为智能远端。还需每隔 30 天设置基准一次

3. 连接被测线路

为了将测试仪和智能远端连入被测链路,除了需要测试仪主机和智能远端外,还需要一些附件,主要包括以下 5 项。

(1) 测试仪及智能远端连电池组。

(2) 内存卡(可选)。

(3) 两个带电源线的交流适配器(可选)。

(4) 用于测试永久链路:两个永久链路适配器。

(5) 用于测试通道:两个通道适配器。

链路接口适配器提供用于测试不同类型的对绞电缆 LAN 布线的正确插座及接口电路。测试仪提供的通道及永久链路适配器适用于测试至第 6 类布线。

如果是信道测试,需要使用两个信道适配器;如果用于测试永久链路,则需要使用两个永久链路适配器。

图 13.17 所示为 Fluke DTX-1800 电缆认证分析仪的永久链路测试连接。图 13.18 所示为 Fluke DTX-1800 电缆认证分析仪的信道测试连接。

图 13.17　Fluke DTX-1800 电缆认证分析仪的永久链路测试连接

4. 进行自动测试

自动测试是最常用的功能。自动测试会运行认证测试所需的所有测试。测试完毕,所有测试和测试结果全部列出,以便查看每项测试的详细结果。结果可以保存、打印或传送至计算机。

(1) 将适用于该任务的适配器连接至测试仪及智能远端。

(2) 将旋转开关转至设置,然后选择对绞电缆。从对绞电缆选项卡中设置以下设置值。

① 缆线类型。选择一个缆线类型列表;然后选择要测试的缆线类型。

② 测试极限。选择执行任务所需的测试极限值。屏幕画面会显示最近使用的 9 个极限值。按 F1 键来查看其他极限值列表。

(3) 将旋转开关转至 AUTOTEST(自动测试),然后开启智能永久链路测试连接远端。如图 13.17 所示的永久链路测试连接方法或如图 13.18 所示的信道测试连接方法,连接至布线。

图 13.18　Fluke DTX-1800 电缆认证分析仪的信道测试连接

(4) 如果安装了光缆模块,可能需要按 F1 键更改媒介来选择对绞电缆作为媒介类型。

（5）按测试仪或智能远端的 TEST 键。若要随时停止测试，按 EXIT 键。

技巧：按测试仪或智能远端的 TEST 键启动音频发生器，这样便能在需要时使用音频探测器，然后才进行连接。音频也会激活连接布线另一端休眠中或电源已关闭的测试仪。

（6）测试仪会在完成测试后显示"自动测试概要"屏幕。

（7）如果自动测试失败，按 F1 错误信息键来查看可能的失败原因。

（8）若要保存测试结果，按 SAVE 键。选择或建立一个缆线标识码；然后再按一次 SAVE 键。

5. 测试结果的处理

测试仪会在测试完成后显示"自动测试概要"屏幕，如图 13.19 所示。

（1）通过：所有参数均在极限范围内。

失败：有一个或一个以上的参数超出极限值。

通过＊/失败＊：有一个或一个以上的参数在测试仪准确度的不确定性范围内，且特定的测试标准要求"＊"注记。

（2）按 F2 键或 F3 键来滚动屏幕画面。

（3）如果测试失败，按 F1 键来查看诊断信息。

（4）屏幕画面操作提示。使用↑↓键来选中某个参数；然后按 Enter 键。

（5）"✔"：测试结果通过。

"ⅰ"：参数已被测量，但选定的测试极限内没有通过/失败极限值。

"✗"：测试结果失败。

图 13.19　"自动测试概要"屏幕

（6）通过＊/失败＊结果。标有星号的结果表示测得的数值在测试仪准确度的误差范围内通过＊/失败＊结果见图 13.20，且特定的测试标准要求"＊"注记。这些测试结果被视作勉强可用的。勉强通过及接近失败结果分别以蓝色及红色星号标注。

图 13.20　通过＊/失败＊结果

PASS（通过）＊可以视作测试结果通过。

FAIL（失败）＊的测试结果应视作完全失败。

6. 自动诊断

如果自动测试失败，按 F1 键以查阅有关失败的诊断信息。诊断屏幕画面会显示可能的失败原因及建议采取的措施来解决问题。测试失败可能产生一个以上的诊断屏幕。在这种情况下,按 F2 键来查看其他屏幕。图 13.21 所示为诊断屏幕画面的实例。

图 13.21　诊断屏幕画面的实例

7.缆线标识码

(1) 每次测试后可从预先产生的列表中选择缆线标识码或者建立一个新的标识码。

(2) 若要选择缆线标识码来源,将旋转开关转至 SETP,选择仪器设置值,选择缆线标识码来源,然后选择一个来源。

① 自动递增。每当按下 SAVE 键时递增标识码的最后一个字符。

② 列表。运行将 LinkWare 软件所建立的标识码列表下载至测试仪。

③ 自动序列。使用由模板产生的序列标识码列表。水平、主干及园区网模板均需遵循 ANSI/TIA/EIA 606A 标准所规定的标识码格式。

④ 无。每一次按 SAVE 键后建立标识码。

(3) 若要建立序列标识码列表,可执行下面的步骤。

从自动序列屏幕中,选择一个模板。

从自动序列屏幕中,选择开始标识码列表。使用软键,在顺序表中输入第 1 个标识码,完成后按 SAVE 键。

选择停止标识码。在顺序表中输入最后 1 个标识码,完成后按 SAVE 键。

按 F3 键样本列表键来查看顺序表。

在缆线标识码列表中已使用的标识号以"＄"标识。

8.查看、移动、删除测试结果

若要查看保存的测试结果,执行下面的步骤。

(1) 将旋转开关转至 Special Function,然后选择查看/删除结果。

(2) 如果需要,按 F1 键更改资料夹键来查找想查看的测试结果。

(3) 突出显示测试结果,然后按 Enter 键进入。

若要删除测试结果或资料夹,执行下列步骤。

(1) 将旋转开关转至 Special Function,然后选择查看/删除结果。

(2) 如果需要,按 F1 键更改资料夹键来查找想查看的测试结果。

(3) 执行下面其中一个步骤。

① 若要删除一个结果,突出显示该结果,按 F2 键删除。

② 若要删除当前资料夹中的所有结果或者删除一个资料夹,按 F2 键删除。

9. 测试报告

1）测试报告的生成

与 Fluke 公司系列测试仪配合使用的测试管理软件是 Fluke 公司的 LinkWare 电缆测试管理软件。LinkWare 电缆测试管理软件支持 TIA/EIA 606A 标准，允许添加 TIA/EIA 606A 标准管理信息到 LinkWare 数据库。该软件可以组织、定制、打印和保存 Fluke 系列测试仪测试的铜缆和光缆记录，并配合 LinkWare Stats 软件生成各种图形测试报告。

使用 LinkWare 电缆测试管理软件管理测试数据并生成测试报告的操作步骤如下。

（1）安装 LinkWare 电缆测试管理软件。

（2）Fluke 测试仪通过 RS-232 串行接口或 USB 接口与 PC 的串口相连。

（3）导入测试仪中的测试数据。例如，要导入 DTX-1800 电缆认证分析仪中存储的测试数据，则在 LinkWare 软件窗口中选择 File→Import From→DTA Cable Analyzer 命令。

（4）导入数据后，双击某测试数据记录，查看该测试数据的情况。

（5）生成测试报告。测试报告有两种文件格式：ASCII 码文本文件格式和 Acrobat Reader 的 .pdf。

2）评估测试报告

通过电缆测试管理软件生成测试报告后，要组织人员对测试结果进行统计分析，以判定整个综合布线系统工程质量是否符合设计要求。使用 Fluke LinkWare 电缆测试管理软件生成的测试报告中会明确给出每条被测链路的测试结果。如果链路的测试结果合格，则给出 PASS 的结论。如果链路的测试结果不合格，则给出 Fail 的结论。

对测试报告中每条被测链路的测试结果进行统计，就可以知道整个工程的达标率。要想快速地统计出整个被测链路的合格率，可以借助于 LinkWare Stats 软件，该软件生成的统计报表的首页会显示出被测链路的合格率。

对于测试不合格的链路，施工方必须限时整改。只有整个工程的链路全部测试合格，才能确认整个综合布线系统工程通过测试验收。

习　　题

一、选择题

1. 将同一线对的两端针位接反的故障，属于（　　）故障。

    A. 交叉　　　　　　　B. 反接　　　　　　　C. 错对　　　　　　　D. 串扰

2. 下列有关电缆认证测试的描述，不正确的是（　　）。

    A. 认证测试主要是确定电缆及相关连接硬件和安装工艺是否达到规范和设计要求

    B. 认证测试是对通道性能进行确认

    C. 认证测试需要使用能满足特定要求的测试仪器并按照一定的测试方法进行测试

    D. 认证测试不能检测电缆链路或通道中连接的连通性

3. 下列有关串扰故障的描述，不正确的是（　　）。

    A. 串扰就是将原来的线对分别拆开重新组成新的线对

    B. 出现串扰故障时端与端的连通性不正常

    C. 用一般的万用表或简单电缆测试仪"能手"检测不出串扰故障

    D. 串扰故障需要使用专门的电缆认证测试仪才能检测出来

4. 下列有关长度测试的描述,不正确的是(　　)。
   A. 长度测量采用时域反射原理(TDR)
   B. 长度 L 值的计算公式为 $L = T \cdot NVP \cdot C$
   C. NVP 为电缆的标称传输速率,典型 UTP 电缆的 NVP 值是 $62\% \sim 72\%$
   D. 校正 NVP 值的方式是使用一段已知长度(必须在 15m 以上)同批号电缆来校正测试仪的长度值至已知长度

5. 回波损耗是衡量(　　)的参数。
   A. 阻抗一致性　　　　B. 抗干扰特性　　　　C. 连通性　　　　D. 物理长度

6. 接线图错误不包括(　　)。
   A. 反对、错对　　　　B. 开路、短路　　　　C. 超时　　　　D. 串扰

二、思考题

1. 什么是电缆的验证测试?什么是电缆的认证测试?

2. 电缆认证测试的标准或规范有哪些?

3. 什么是基本链路?什么是永久链路?什么是信道?

4. 简述永久链路和信道的区别。

5. 电缆认证测试模型有哪些?试分析各个模型的异同点。

6. 5e 类布线系统和 6 类布线系统在认证测试时分别需要测试哪些参数?

7. 常用的电缆测试设备有哪些?分别可以进行什么测试?

8. 对绞电缆布线的常见故障有哪些?

9. 分析对绞电缆近端串扰未通过的原因及解决的方法。

10. 分析对绞电缆接线图未通过的原因及解决的方法。

11. 分析对绞电缆链路长度未通过的原因及解决的方法。

12. 分析对绞电缆衰减未通过的原因及解决的方法。

三、实训题

以一幢大楼的布线为依据,进行电缆认证测试,得出测试报告。

光纤信道和链路测试

14.1 任务描述

光缆安装的最后一步就是对光纤进行测试,测试目的是检测光缆敷设和端接是否正确。

14.2 相关知识

光纤链路的传输质量不仅取决于光纤和连接器件的质量,还取决于光纤连接的安装水平及应用环境。

14.2.1 光纤信道和链路测试知识

1. 光纤信道和链路测试要求

光纤信道和链路测试测试前应对所有的光纤连接器件进行清洗,并应将测试接收器校准至零位。

布线系统性能测试应符合下列规定。

光纤信道或链路测试的衰减应符合《综合布线系统工程验收规范》(GB/T 50312—2016)附录 C 的规定,并应记录测试所得的光纤长度。

(1) 当 OM3、OM4、OM5 光纤应用于 10Gbps 及以上链路时,应使用发射和接收补偿光纤进行双向 OTDR 测试。

(2) 当光纤布线系统性能指标的检测结果不能满足设计要求时,宜通过 OTDR 测试曲线进行故障定位测试。

2. 光纤测试内容

光纤测试应根据工程设计的应用情况,光纤测试应按等级 1 或等级 2 测试模型与方法完成。

光纤链路通常可以使用可视故障定位仪进行连通性的测试,一般可达 3~5km。故障定位仪也可与光时域反射仪(OTDR)配合检查故障点。

(1) 等级 1 测试内容包括光纤信道或链路的衰减、长度与极性。测试使用光纤损耗仪 OLTS 测量每条光纤链路的衰减及计算光纤长度。

一级测试只关心光纤链路的总衰减值是否符合要求,并不关心链路中的可能影响误码率的连接点(连接器、熔接点、跳线等)的质量,所以测试的对象主要是低速光纤布线链路(千兆及以下)。需要使用光缆损耗测试设备。

(2) 等级 2 测试除了包括等级 1 测试内容外,还包括利用光时域反射(OTDR)测试曲线获得信道或链路中各点的衰减、回波损耗值是否满足设计要求。

OTDR 测试曲线是一条光缆随长度变化的反射能量的衰减图形。通过检查整个光纤路径的每个不一致性(点),可以深入查看由光缆、连接器或熔接点构成这条链路的详细性能以及施工质量。OTDR 测试曲线可以近似地估算链路的衰减值,可用于光缆链路的补充性评估和故障准确定位,但不能替代使用 OLTS 进行的插入损耗精确测量。结合上述两个等级的光纤测试,施工者可以最全面地认识光缆的安装质量。对于关心光纤高速链路质量的网络拥有者(甲方),等级 2 测试具有非常重要的作用,它可以帮助减少"升级阵痛"(升级阵痛的典型表现是 100Mbps 或 1Gbps 以太网使用正常,但升级到 1Gbps 特别是 10Gbps 以太网则运行不正常甚至不能连通,检查其长度、衰减值又都符合 1Gbps 或 10Gbps 的参数要求)。网络拥有者(甲方)可借助等级 2 测试获得安装质量的更高级证明和对未来质量的长期保障。

等级 2 光纤测试需要使用光时域反射仪(OTDR),并对链路中的各种"事件"进行评估。这些"事件"可以是熔接点差、连接点差(插头/插座)、端面脏污、擦伤、光洁度不足、凸台、内陷、断裂、气泡、弯曲过度、捆扎过紧等,可以用 OTDR 测试曲线直接或间接地定位。这其中,端面脏污、擦伤是比例最高的故障原因。

3. 光纤测试标准

光纤链路现场认证测试标准有北美地区的《商业大楼通讯布线标签》(TIA/EIA 568B.3 标准),国际标准化组织的《信息技术——用户基础设施结构化布线》(ISO/IEC 11801:2017 标准)和《综合布线系统工程验收规范》(GB/T 50312—2016)。

4. 光纤信道和链路测试方法

光纤信道和链路测试方法可采用"单跳线法""双跳线法"和"三跳线法"。

1)"单跳线"测试方法连接模型

"单跳线"测试方法校准连接方式如图 14.1 所示,"单跳线"信道测试连接方式如图 14.2 所示。

图 14.1　"单跳线"测试方法校准连接方式

图 14.2　"单跳线"信道测试连接方式

2)"双跳线"测试方法连接模型

"双跳线"测试方法校准连接方式如图 14.3 所示,"双跳线"信道测试连接方式如图 14.4 所示。

图 14.3　"双跳线"测试方法校准连接方式

图 14.4　"双跳线"信道测试连接方式

3）"三跳线"测试方法连接模型

"三跳线"测试方法校准连接方式如图 14.5 所示,"三跳线"链路测试连接方式如图 14.6 所示,"三跳线"信道测试连接方式如图 14.7 所示。

图 14.5　"三跳线"测试方法校准连接方式

图 14.6　"三跳线"链路测试连接方式

图 14.7　"三跳线"信道测试连接方式

5．测试光源

常用光源的选择,一般单模光纤使用典型的 1310/1550nm 激光光源,多模光纤使用典型的 850/1300nm LED 光源。对于不常用的其他波长测试则选择对应波长的光源。比如,应用测试中 1Gbps 和 10Gbps 以太网大量使用的 850nm 波长的 VECSEL 准激光光源。

光纤连续性是对光纤的基本要求,在进行光纤连续性测量时,通常将红色激光、发光二极管或其他可见光从光纤的一端注入,并在光纤的另一端监视光的输出(注意:不要用眼睛对着看,以免激光灼伤眼睛)。如果在光线中有断裂或其他的不连续点,则光纤输出端的光功率就会下降或者根本没有光输出。

6．测试跳线选择

如何选择测试跳线?被测光纤链路两端的接插件端口有许多规格,常见的如 ST、FC、SC、FDDI 等,还有各种小型连接器如 LC、VF45、MT-RT 等,但仪器上一般只有一个规格的测试接口,这就需要根据被测链路选择测试跳线。这种测试跳线的插头一端与仪器接口相通,另一端与被测链路的接口相通。通过灵活选用各种测试跳线,就可以测试几乎任何接口的光纤链路。有时,也可以选择不同的光纤耦合器来进行测试,这种耦合器两端的耦合接口是不同类型的。

如果需要进行等级 2 测试,则 OTDR 测试跳线的选择与等级 1 测试基本相同,只是一般倾向于选择稍长的测试跳线,以便避开测试死区。为了清晰地评估第一个接入的被测光纤链路接头,还可以在被测链路前面加一段"发射补偿光纤"(提高精度并避开死区);为了清晰地评估最后一个链路接头,可以增加一段"接收补偿光纤"。

为了保证 OTDR 仪器接入链路后能稳定地进行测试,测试规程一般都要求在测试前清洁测试跳线和仪器端口,或者使用光纤显微镜检查测试跳线的端面质量,部分 OTDR 仪器在开始测试前会自动评估测试跳线的端面连接质量。

14.2.2　综合布线系统光纤链路测试

1．光纤链路测试连接

对光纤链路性能测试是对每一条光纤链路的两端在双波长情况下测试收/发情况。在国家标准《综合布线系统工程验收规范》(GB/T 50312—2016)中定义。

(1) 在两端对光纤逐根进行双向(收与发)测试时,连接方式如图 14.8 所示,其中,光纤连接器件可以为工作区 TO、电信间 FD、设备间 BD、CD 的 SC、ST、SFF 连接器件。

图 14.8　光纤链路测试连接(单芯)

(2) 光缆可以为水平光缆、建筑物主干光缆和建筑群主干光缆。

(3) 光纤链路中不包括光纤跳线在内。

2．光纤链路衰减

必须对光纤链路上的所有部件进行衰减测试。衰减测试就是对光功率损耗的测试。引起光纤链路损耗的原因主要有以下 4 点。

(1) 材料原因。光纤纯度不够,或材料密度的变化太大。

(2) 光缆的弯曲程度。包括安装弯曲和产品制造弯曲问题。光缆对弯曲非常敏感,如果弯曲半径大于 2 倍的光缆外径,大部分光将保留在光缆核心内。单模光缆比多模光缆更敏感。

(3) 光缆结合以及连接的耦合损耗。主要由截面不匹配、间隙损耗、轴心不匹配和角度不匹配造成。

(4) 不洁或连接质量不良。主要由不洁净的连接,灰尘阻碍光传输,手指的油污影响光传输,不洁净光缆连接器等造成。

3．光纤链路测试技术指标

在综合布线系统中,光纤链路的距离较短,因此与波长有关的衰减可以忽略,光纤连接器损耗和光纤接续子损耗是水平光纤链路的主要损耗。

(1) 布线系统所采用光纤的性能指标及光纤信道指标应符合设计要求。不同类型的光缆在标称的波长,每千米最大光缆衰减值应符合表 14.1 的规定。

表 14.1　每千米最大光缆衰减值

项　目	多模光纤		单模光纤				
	OM1、OM2、OM3、OM4		OS1		OS2		
波长/nm	850	1300	1310	1550	1310	1383	1550
衰减/dB	3.5	1.5	1.0	1.0	0.4	0.4	0.4

(2) 光缆布线信道在规定的传输窗口测量出的最大光衰减(介入损耗)应不超过表 14.2 的规定,该指标已包括光纤接续点与连接器件的衰减在内。

表 14.2　光缆信道衰减范围

级　别	最大信道衰减/dB			
	单 模 光 纤		多 模 光 纤	
	1310nm	1550nm	850nm	1300nm
OF-300	1.80	1.80	2.55	1.95
OF-500	2.00	2.00	3.25	2.25
OF-2000	3.50	3.50	8.50	4.50

注：每个连接处的衰减值最大为 1.5dB。

（3）插入损耗是指光发射机与光接收机之间插入光缆或元器件产生的信号损耗，通常指衰减。光纤链路的插入损耗极限值可用以下公式计算。

- 光纤链路损耗＝光纤损耗＋连接器件损耗＋光纤接续点损耗。
- 光纤损耗＝光纤损耗系数(dB/km)×光纤长度(km)。
- 连接器件损耗＝连接器件损耗(个)×连接器件个数(个)。
- 光纤连接点损耗＝光纤连接点损耗(个)×光纤连接点个数(个)。

表 14.3 给出了光纤接续及连接器件损耗的参考值。

表 14.3　光纤接续及连接器件损耗的参考值　　　　　　单位：dB

类　别	多 模 光 纤		单 模 光 纤	
	平均值	最大值	平均值	最大值
光纤熔接	0.15	0.30	0.15	0.30
光纤机械连接	—	0.30	—	0.30
光纤连接器件	0.65/0.50(高要求工程可选 0.50)		—	
	最大值 0.75(为采用预端接时含 MPO-LC 转接器件)			

4. 测试记录

同样，所有光纤链路和信道测试结果应有记录，记录在管理系统中并纳入文档管理。各项测试结果应有详细记录，作为竣工资料的一部分。测试记录内容和形式宜符合表 14.4 的要求。

表 14.4　综合布线系统工程光纤性能指标测试记录

工程项目名称			备注
工程编号			
测试模型	链路(布线系统级别)		
	信道(布线系统级别)		
信息点位置	地址码		
	缆线表示编号		
	配线端口标识码		

续表

测试指标项目	光纤类型	测试方法	是否通过测试	处理情况
测试记录	测试日期、测试环境及工程实施阶段： 测试单位及人员： 测试仪表型号、编号、精度情况和制造商；测试连接图、采用软件版本、测试对绞电缆及配线模块的详细情况(类型和制造商，相关性能指标)：			

14.2.3　光纤测试设备

用于光纤的测试设备与用于铜缆的不同,每个测试设备都必须能够产生光脉冲,然后在光纤链路的另一端对其测试。不同的测试设备具有不同的测试功能,应用于不同的测试环境。一些设备只可以进行基本的连通性测试,有些设备则可以在不同的波长上进行全面测试。

1. 光纤识别仪和光纤故障定位仪

光纤识别仪和光纤故障定位仪是一种简单的光纤测试设备。这种设备可以用来定位没有标记的光缆或诊断布线链路中存在的故障。光纤识别仪和光纤故障定位仪可测试长度在 5km 以上的光纤链路段,这两种设备在定位和处理光纤链路的故障时都很省时。

光纤识别仪是一种在不破坏光纤、不中断通信的前提下迅速、准确地识别光纤路线,指出光纤中是否有光信号通过以及光信号走向,而且它能识别 2kHz 的调制信号,光纤夹头具有机械阻尼设计,以确保不对光纤造成永久性伤害,是线路日常维护、抢修、割接的必备工具之一,使用简便,操作舒适,如图 14.9 所示。

光纤故障定位仪是可以识别光纤链路中故障的设备,如图 14.10 所示。可以从视觉上识别出光纤链路的断开或光纤断裂。

2. 光功率计

光功率计是测试光纤布线链路损耗的基本测试设备,如图 14.11 所示。它可以测量光缆的出纤光功率。在光纤链路段,用光功率计可以测量传输信号的损耗和衰减。

大多数光功率计是手提式设备,用于测试多模光缆布线系统的光功率计的工作波长是 850nm 和 1300nm,用于测试单模光缆的光功率计的工作波长是 1310nm 和 1550nm。光功率计和激光光源一起使用,是测试评估楼内、楼区布线多模光缆和野外单模光缆最常用的测试设备。

图 14.9 光纤识别仪

图 14.10 光纤故障定位仪

3. 光纤测试光源

在进行光功率测量时必须有一个稳定的光源。光纤测试光源可以产生稳定的光脉冲。光纤测试光源和光功率计一起使用,这样,光功率计就可以测试出光纤链路段的损耗。光纤测试光源如图 14.12 所示。目前的光纤测试光源主要有 LED(发光二极管)光源和激光光源两种。VCSEL(垂直腔体表面发射激光)光源是一种性能好且制造成本低的激光光源,目前很多网络互联设备都可以提供 VCSEL 光源的端口。表 14.5 给出了 3 种光源的比较。

图 14.11 光功率计

图 14.12 光纤测试光源

表 14.5 3 种光源的比较

光源类型	工作波长/nm	光纤类型	带 宽	元器件	价格
LED	850	多模	>200MHz	简单	便宜
激光	850、1310、1550	单模	>5GHz	复杂	昂贵
VCSEL	850	多模	>1GHz	适中	适中

4. 光损耗测试仪

光损耗测试仪是由光功率计和光纤测试光源组合在一起构成的。光损耗测试仪包括所有进行链路段测试所必需的光纤跳线、连接器和耦合器。光损耗测试仪可以用来测试单模光缆和多模光缆。用于测试多模光缆的光损耗测试仪有一个 LED 光源,可以产生 850nm 和 1300nm 的光;用于测试单模光缆的光损耗测试仪有一个激光光源,可以产生 1310nm 和

1550nm 的光,如图 14.13 所示。

5. 光时域反射仪

光时域反射仪(OTDR)是最复杂的光纤测试设备,图 14.14 所示为 Fluke 公司的 OptiFiber 光缆认证(OTDR)分析仪——OF-500。OTDR 可以进行光纤损耗的测试,也可以进行长度测试,还可以确定光纤链路故障的起因和故障位置。

图 14.13　光损耗测试仪

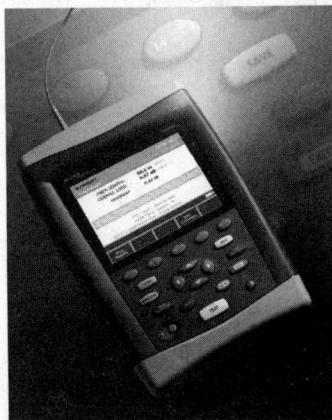

图 14.14　光时域反射仪

OTDR 使用的是激光光源,而不像光功率计那样使用 LED。OTDR 基于回波散射的工作方式,光纤连接器和接续子在连接点上都会将部分光反射回来。OTDR 通过测试回波散射的量来检测链路中的光纤连接器和接续子。OTDR 还可以通过测量回波散射信号返回的时间来确定链路的距离。

6. Fluke DTX 测试仪选配光纤模块

使用 Fluke DTX 测试仪测试光纤链路时,必须配置光纤链路测试模块,并根据光纤链路的类型选择单模模块或多模模块。

将多模或单模 DTX 光缆模块插入 DTX 电缆认证分析仪背面专用的插槽中,无须再拆卸下来,如图 14.15 所示。不像传统的光缆适配器需要和对绞电缆适配器共享一个连接头,DTX 光缆测试模块通过专用的数字接口和 DTX 通信。对绞电缆适配器和光缆模块可以同时接插在 DTX 上。这样的优点就是单键可快速在铜缆和光缆介质测试间进行转换。

图 14.15　Fluke DTX 光纤链路测试模块

无论是光纤等级 1 测试还是等级 2 测试,均可以使用 DTX 系列电缆认证分析仪来完成。对应地需要选择合适的光纤测试适配器。

14.2.4　测试仪器的常规操作程序

测试前需要先回答一组问题:被测链路是通用性测试(存档)还是应用性测试,是一类测试还是二类测试,是单模光缆还是多模光缆,是否需要极性测试,是否选择双波长测试,是否需要精确测试(B 模式),是否需要测试链路结构图等问题。

常见的测试仪器操作程序如下。

(1) 准备测试模块和测试跳线、充电。

(2) 开机。

(3) 选择测试介质(单模、多模、电缆等——如果需要)。

(4) 选择光纤测试标准(Tier1/2、骨干、水平等,通用、应用等,SETP)。

(5) 确定是否需要使用卷轴(心轴,多模光纤,SETP)。

(6) 设置折射率(如果需要,SETP)。

(7) 选择测试模式(建议 B 模式,SETP)。

(8) 安装测试跳线。

(9) 设置参考值(归零)。

(10) 安装补偿跳线(补偿光纤)。

(11) 选择测试范围(如果需要,SETP)。

(12) 按测试键实施测试(衰减/长度/OTDR 测试曲线/事件/链路结构图/端面图等)。

(13) 存储数据(命名/存入)。

(14) 重复完成批量测试。

(15) 取出/打印/转存/处理数据。

(16) 关机(或充电)。

14.3　任务实施:综合布线系统光纤链路测试

14.3.1　连通性简单测试

1. 光纤跳线连通性简单测试

(1) 将光纤跳线的两端与所连接的设备断开。

(2) 用一支激光笔(作为玩具使用的即可)对准光纤跳线的一端,查看另一端是否有光线出来。

如果手头没有激光笔,使用明亮的手电筒也可以。

2. 测试光纤链路连通性

可以使用以下两种方法测试光纤链路的连通性。

方法 1:将待测试光纤链路两端的光纤跳线分别从光纤配线架和信息插座拔出,使用激光笔从光纤配线架一端发出光源,查看信息插座一端是否有光线传出。

方法 2:先分别测试光纤链路两端光纤跳线的连通性,然后再使用激光笔从一端跳线发射光源,从另一端的光纤跳线观察是否有光线传输。

14.3.2　光缆链路连通性测试

光缆链路
故障测试

使用 Fluke DTX 测试仪测试光纤链路时,必须配置光纤链路测试模块,并根据光纤链路的类型选择单模模块或多模模块。

1．光纤链路连接

按照图 14.12 所示,连接 Fluke DTX 测试仪。

2．测试仪光纤参数设置

开启 Fluke DTX 测试仪电源,将旋转开关调节至 SETP 位置,并选择"光纤"选项。按 Enter 键即可查看需要设置的选项,包括光纤类型、测试极限值和远端端点设置 3 项。按照默认顺序依次进行设置即可。

1）光纤类型选择

选择适合当前测试任务的光纤类型。Fluke DTX 测试仪采用了按照传输模式划分、按照波长划分等多种常用分类标准。例如,按照传输模式进行划分,可分为单模光纤和多模光纤,其中,多模光纤通常有 $50\mu m$ 和 $62.5\mu m$ 两种。

（1）选择"光纤类型"选项后,按 Enter 键即可显示光纤类型选择页面,然后选择对应的光纤型号,也可以根据制造商的不同而选择相应的光纤类型,建议用户选择"通用"选项。

（2）选择"通用"选项后按下 Enter 键即可进入详细的光纤类型选择页面,包含各种分类标准所产生的分类结果,如 Multimode 62.5、Multimode 50、Singlemode 等。

（3）使用上、下键可以选择不同的选项,最后按下 Enter 键即可确认保存选择并返回光纤设置界面。

2）选择测试极限值

为当前任务设定相应的测试极限值,以保证测试结果的准确性。通过移动上、下方位键选中"测试极限值"选项并按下 Enter 键。测试仪默认显示的是 DTX 测试仪自动保存的最近使用的 9 项测试极限值,按照保存时间的长短依次排列。

3）远端端点设置

光纤测试远端端点设置共包括 3 种,分别应用于不同的测试任务。

（1）用智能远端模式测试双重光纤布线。

（2）用环回模式测试跳接线与光缆绕线盘。

（3）用远端信号源模式及光学信号源测试单独的光纤。

4）双向

根据当前执行的测试任务决定是否选择双向模式。例如,若当前测试任务是双向测试,则应选择"是"选项。在"智能远端"或"环回"模式中启用"双向"时,测试仪提示要在测试半途切换测试连接。在每组波长条件下,测试仪可对每根光缆进行双向测量（850/1300nm 或 1310/1550nm）。

5）适配器数目和拼接点数目

输入将在设置参考后被添加至光纤路径的每个方向的适配器数目。如果所选的极限值使用计算的损耗极限值,则输入在设置参数后将被添加至光纤路径的适配器数目。拼接点是指仅有每千米损耗、每连接器损耗、每拼接点损耗最大值的极限值,使用计算极限值作为总损耗。

例如,光缆主干的极限值会使用计算损耗值。

6) 连接点类型

选择用于待测布线的连接器类型。如果未列出实际的连接器类型,可以选择"通用"选项。

7) 测试方法

损耗结果包含设置基准后添加的连接。基准及测试连接可决定将哪个连接包含于结果当中。测试方法是指所含端点连接数,共包括 A、B、C 3 种。

(1) 方法 A。损耗结果包含链路一端的一个连接。

(2) 方法 B。损耗结果包含链路两端的连接。

(3) 方法 C。损耗结果不包含链路各端的连接,仅测量光纤损耗。

以上 3 种测试方法只是对于 DTX 测试设备而言,而其他工业标准中对于相同的测试方法所采用的名称也不同。

8) 折射率来源

此设置值不会影响损耗的测试结果,它将与测试结果一同保存以记录所用方法测试仪使用目前选定的光纤类型(默认值)所定义的折射率。

3. 光纤类型选择

接下来要选择用于参照测试的光纤类型。

(1) 首先将旋转开关调节至"Special Function(特殊参数)"位置,然后选择"设置基准"选项。

(2) 按 Enter 键,选择"光缆模块"选项。

(3) 按 Enter 键,选择"测试方法"选项。

(4) 清洁测试仪上的连接器及跳接线,并连接测试仪及智能远端,然后按 Test 键。

(5) 完成参照设置后,DTX 将会以两种波长显示选择信息,并且会同时显示选择的测试方法、参照日期和具体时间。

(6) 清洁布线系统中的待测连接器,然后将跳接线连接至布线。DTX 测试仪将显示用于所选测试方法的连接方式,以便进行更精确的测试。

(7) 按下 F2(确定)键保存所做的设置,即可开始光纤自动测试任务。

4. 光纤自动测试

(1) 将旋转开关调节至 AutoTest 位置,确认介质类型为光纤。如果需要切换,按 F1 键即可实现。

(2) 按下 DTX 测试仪或智能远端的 Test 键即可开始测试。按下 Exit 键即可取消测试。

(3) 测试完成后显示测试结果。包括输入光纤和输出光纤的损耗情况与长度。

(4) 选择某项摘要信息后按 Enter 键即可进入查看其详细结果的界面。

(5) 最后根据提示信息按 SAVE 键保存测试结果。

在光纤自动测试过程中应特别注意,如果选择了双向测试,在测试过程中可能会中途提示切换光纤,即切换适配器的光纤,而并非测试仪端口的光纤。

5. 生成测试报告

与 Fluke DTX 电缆认证分析仪相同。

习　题

一、选择题

1. 不属于光缆测试的参数是(　　)。

　　A. 回波损耗　　　　　　B. 近端串扰　　　　C. 衰减　　　　　　D. 插入损耗

2. 定义光纤系统部件和传输性能指标的标准是(　　)。

　　A. ANSI/TIA/EIA 568B 1　　　　　　B. ANSI/TIA/EIA 568B 2

　　C. ANSI/TIA/EIA 568B 3　　　　　　D. ANSI/TIA/EIA 568A

二、思考题

1. 光纤测试的技术指标有哪些? 分别代表什么含义?

2. 光纤测试分为哪几类?

三、实训题

以一幢大楼的布线为依据,进行光缆测试,得出测试报告。

任务15

综合布线系统工程验收

综合布线系统工程经过设计、施工,最后进入竣工验收阶段。工程验收是全面考核工程的建设质量,包括设计质量、主铺料质量、工程施工质量和竣工资料以及相关原始资料质量。工程竣工验收合格后将移交给建设单位使用。

15.1 任务描述

综合布线系统工程验收是一个系统性的工作,主要包括前面介绍的链路连通性、电气和物理特性测试,还包括施工环境、工程器材、设备安装、缆线敷设、缆线终接、竣工验收技术文档等。

15.2 相关知识

15.2.1 验收的程序与内容

工程的验收工作对于保证工程的质量起到重要的作用,也是工程质量的四大要素"设计、产品、施工、验收"的一个组成部分,是对整个工程的全面验证和施工质量的评定。

1. 验收内容

对建筑物综合布线系统的验收内容包括以下三部分。

(1) 光纤到用户单元通信设施的验收内容。建筑园区地下通信管道、建筑物内配线管网、设备间等应与建筑土建工程同时验收;光缆敷设、光纤连接器件等的安装工程应单独验收,或与弱电系统工程或综合布线系统工程同时验收。

(2) 楼宇综合布线系统验收。在综合布线系统工程施工过程中,施工单位必须高度重视,加强自检和随工检查等技术管理措施,所有随工验收和竣工验收的项目内容和检验方法均应按照《综合布线系统工程验收规范》的规定办理。

(3) 机房综合布线系统验收。竣工验收项目内容和检验方法等均应按照《综合布线系统工程验收规范》的规定办理,考虑机房布线特殊性,具体可以再参照招标书的技术要求。

2. 综合布线系统工程竣工验收的前提条件

通常,工程竣工验收应具备以下前提条件。

(1) 隐蔽工程和非隐蔽工程在各个阶段的随工验收已经完成,且验收文件齐全。

(2) 综合布线系统中的各种设备都已自检测试,测试记录齐备。

(3) 综合布线系统和各个子系统已经试运行,且有试运行的结果。

(4) 工程设计文件、竣工资料及竣工图纸均完整、齐全。此外,设计变更文件和工程施工监理代表签证等重要文字依据均已收集汇总,装订成册。

3.验收的程序

在竣工验收之前,建设单位需要做自检和初检。

1)工程验收的依据

工程验收的依据包括可行性验收报告、工程招标书、技术设计方案、施工图设计、设计变更单、现行的技术验收规范和相关单位同意的审批、修改、调整的意见书面文件。

现行的技术验收规范主要包括:

《综合布线系统工程验收规范》(GB 50312—2016);

《综合布线系统电气特性通用测试方法》(YD/T 1013—2013);

《通信管道工程施工及验收规范》(GB 50374—2018);

《通信线路工程验收规范》(GB 51171—2016)。

2)验收检测单位

按综合布线行业惯例,大中型综合布线工程主要是由中立的有资质的第三方认证服务提供商来提供验收测试服务。

目前,国内有施工单位自己组织验收测试、施工监理机构织验收测试和第三方测试机构织验收测试等三种情况。

3)综合布线系统工程验收的组织

工程竣工后,施工方应在工程计划验收 10 日前,通知验收机构,同时送达一套完整的竣工报告,并将竣工技术资料一式三份交给建设方。竣工资料包括工程说明、安装工程量、设备器材明细表、随工测试记录、竣工图纸、隐蔽工程记录等。

联合验收之前成立综合布线系统工程验收的组织机构,建设方可以聘请相关行业的专家,对于防雷及地下工程等关系到计算机网络系统安全的工程部分,还应申请有关主管部门协助验收(如气象局、公安局等)。通常的综合布线系统工程验收小组可以考虑聘请以下人员参与工程的验收。

(1)工程双方单位的行政负责人。

(2)工程项目负责人及直接管理人员。

(3)主要工程项目监理人员。

(4)建筑设计施工单位的相关技术人员。

(5)第三方验收机构或相关技术人员组成的专家组。

在验收中,有些工程项目是由工程双方认可,但另外有一些内容并非双方签字盖章就可以通过,比如涉及消防、地线工程等项目的验收,通常要由相关主管部门来进行。

4)竣工决算和竣工资料移交

竣工技术文件是指为了便于工程验收和今后管理,施工单位应编制工程竣工技术文件,按协议或合同规定的要求,交付所需要的文档。工程竣工后,施工单位应在工程验收以前将工程竣工技术资料交给建设单位。

15.2.2　工程验收阶段

综合布线系统工程与土建工程密切相关,而且涉及与其他行业间的接口处理,验收工作贯穿于整个工程的施工过程,验收工作贯穿于整个工程的施工过程,包括施工前检查、随工验收、初步验收和竣工验收等几个阶段,每一阶段都有其特定的内容。

1．施工前检查

为了保障施工的顺利进行,施工前应充分做好各种准备工作,准备好技术资料,并对环境、器材和安全防火等进行检查。施工前检查内容如表 15.1 所示。

表 15.1　施工前检查内容

验 收 项 目	验 收 内 容	验收方式	结果
1．施工前准备资料	①已批准的施工图;②施工组织计划;③施工技术措施	施工前检查	
2．施工前检查环境要求	①土建施工情况:地面、墙面、门、电源插座及接地装置;②土建工艺:机房面积、预留孔洞;③施工电源;④地板铺设;⑤建筑物入口设施检查		
3．器材检验	①按工程技术文件对设备、材料、软件进行现场验收;②外观检查;③品牌、型号、规格、数量;④电缆及连接器件电气特性测试;⑤光纤及连接器件特性测试;⑥测试仪表和工具的检验		
4．安全、防火要求	①施工安全措施;②消防器材;③危险物的堆放;④预留孔洞防火措施		

2．随工验收

施工中的检验又称随工验收。在工程中为随时考核施工单位的施工水平和施工质量,对产品和工程的整体技术指标和质量有一个了解,部分的验收工作应该在随工中进行(比如布线系统的电气性能测试工作、隐蔽工程等)。这样可以及早地发现工程质量问题,避免造成人力和器材的大量浪费。

随工验收应对工程的隐蔽部分边施工边验收,在竣工验收时,一般不再对隐蔽工程进行复查,由工地代表和质量监督员负责,并完成隐蔽工程的签证。

随工验收主要包括设备安装(电信间、设备间设备机柜机架、配线模块及 8 位模块式通用插座)、线缆布放(楼内)、线缆布放(楼间)、线缆成端等方面。随工检验内容如表 15.2 所示。

表 15.2　随工检验内容

验 收 项 目		验 收 内 容	验收方式	结果
1．设备安装	电信间、设备间、设备机柜、机架	①规格、外观;②安装垂直度、水平度;③油漆不得脱落,标志完整齐全;④各种螺丝必须紧固;⑤抗震加固措施;⑥接地措施及接地电阻	随工检验	
	配线模块及 8 位模块式通用插座	①规格、位置、质量;②各种螺丝必须拧紧;③标志齐全;④安装符合工艺要求;⑤屏蔽层可靠连接		
2．缆线布放(楼内)	缆线桥架布放	①安装位置准确;②安装符合工艺要求;③符合布放缆线工艺要求;④接地	随工检验或隐蔽工程签证	
	缆线暗敷(包括暗管、线槽、地板下等方式)	①缆线规格、路由、位置;②符合布放缆线工艺要求;③接地	隐蔽工程签证	

续表

验收项目		验收内容	验收方式	结果
3. 缆线布放（楼间）	架空缆线	①吊线规格、架设位置、装设规格；②吊线垂度；③缆线规格；④卡、挂间隔；⑤缆线的引入符合工艺要求	随工检验	
	管道缆线	①使用管孔孔位；②缆线规格；③缆线走向；④缆线的防护设施的设置质量	隐蔽工程验证	
	埋式缆线	①缆线规格；②敷设位置、深度；③缆线的防护设施的设置质量；④回土夯实质量		
	通道缆线	①缆线规格；②安装位置，路由；③土建设计符合工艺要求		
	其他	①通信路线与其他设施的间距；②进线室设施安装、施工质量	随工检验或隐蔽工程签证	
4. 缆线终接	RJ-45、非RJ-45通用插座	符合工艺要求	随工检验	
	光纤连接器件			
	各类跳线			
	配线模块			

在施工中容易出现的问题主要有以下方面。

(1) 室内线缆的敷设方面包括：①路由设计不合理或客观条件限制,造成弯曲半径小于或等于90°；②利用率或角度不合理,导致施工中的拉力超过要求,损坏线缆整体性能；③线缆和干扰源之间没有按规定保持距离。

(2) 线缆与终接件的终接方面包括：①预留长度不够；②线缆绞距分开长度超过规定,造成性能下降；③线缆标记不规范；④不采用专用工具施工,损坏整体链路性能；⑤信息插座底盒空间过小,线缆无法预留长度或弯曲半径达不到要求,造成性能下降；⑥不采用理线架,跳线混乱。

(3) 机柜机架的安装方面主要包括：①空间狭小、施工困难；②没有保持规定的间隔要求；③各种防止过流、过压、雷击、接地的措施没有得到落实；④机柜没有和地面或抗震基座进行固定。

3. 初步验收

所有的新建、扩建和改建项目,都应在完成施工调试之后进行初步验收。初步验收的时间应在原定计划的建设工期内进行,由建设单位组织相关单位(如设计、施工、监理、使用等单位人员)参加。初步验收工作包括检查工程质量,审查竣工材料,对发现的问题提出处理意见,并组织相关责任单位落实解决。

4. 竣工验收

综合布线系统接入电话交换系统、计算机局域网或其他弱电系统,在试运转后的半个月内,由建设单位向上级主管部门报送竣工报告(含工程的初步决算及试运行报告),并请示主管部门接到报告后,组织相关部门按竣工验收办法对工程进行验收。

工程竣工验收为工程建设的最后一道程序,对于大中型项目可以分为初步验收和竣工验收两个阶段。一般综合布线系统工程完工后,尚未进入电话、计算机或其他弱电系统的运行阶段,应先期对综合布线系统进行竣工验收,验收的依据是在初验的基础上,对综合布线系统各项监测指标认真考核审查,如果全部合格,且全部竣工图纸资料等文档齐全,也可以对综合布线系统进行单项竣工验收。

1)系统测试

综合布线系统测试中的自检测试由施工单位进行,首先验证铜缆布线系统的连通性和终接的正确性。竣工验收测试则由测试部门根据工程的类别,按布线系统标准规定的连接方式与检测的指标项目完成光、电链路或信道的性能指标参数的测试。

光纤到用户单元通信设施的系统性能,由建设单位配合电信业务经营者进行自检测试和竣工验收测试。

实际工作中,布线系统指标参数的测试应该在随工验收中进行,可以完成一部分施工就进行一批次的测试(表15.3)。这样的好处是可以随时发现布线工程的质量问题,有利于随时整改。

表 15.3　布线系统指标参数测试项目

验收项目	验收内容		验收方式	结果
1. 各等级的电缆布线系统工程电气性能测试内容	A、B、C、D、E、E_A、F、F_A	①连接图;②长度;③衰减(A级布线系统);④近端串音;⑤传播时延;⑥传播时延偏差;⑦直流环路电阻	竣工检验(随工测试)	
	C、D、E、E_A、F、F_A	①插入损耗;②回波损耗		
	D、E、E_A、F、F_A	①近端串音功率和;②衰减近端串音比;③衰减近端串音比功率和;④衰减平远端串音比;⑤衰减平远端串音比功率和		
	E_A、F、F_A	①外部近端串音功率和;②外部衰减远端串音比功率和		
	屏蔽布线系统屏蔽层的导通			
	为可选的增项测试(D、E、E_A、F、F_A)	①TLC;②ELTLC;③耦合衰减;④不平衡电阻		
2. 光纤特性测试	①衰减;②长度;③高速光纤链路 OTDR 曲线		竣工检验	

2)管理系统验收

综合布线系统工程的管理系统涉及综合布线系统的工作区、电信间、设备间、进线间、入口设施、线缆管道与传输介质、配线连接器件及接地等各方面,可以作为专项验收,如表15.4所示。

表 15.4　管理系统验收

验收项目	验收内容	验收方式	结果
1. 管理系统级别	符合设计要求	竣工检验	
2. 标识符与标签设置	①专用标识符类型及组成;②标签设置;③标签材质及色标		
3. 记录和报告	①记录信息;②报告;③工程图纸		
4. 智能配线系统	作为专项工程		

3）竣工技术文件

竣工技术文件是指为了便于工程验收和今后管理,施工单位应编制工程竣工技术文件,按协议或合同规定的要求,交付所需要的文档。

工程竣工后,施工单位应在工程验收以前将工程竣工技术资料交给建设单位。综合布线系统工程的竣工技术资料应包括以下内容。

（1）安装工程量。

（2）工程说明。

（3）设备材料进场检验记录及开箱检验记录。设备、机架和主要部件的数量明细表,将整个工程中所用的设备、机架和主要部件分别统计,清晰地列出其型号、规格、程式和数量。

（4）竣工图纸。综合布线系统工程竣工图纸应包括说明、设计系统图及反映各部分设备安装情况的施工图。竣工图纸应,包括安装场地和布线管道的位置、尺寸、标识符等;设备间、电信间、进线间等安装场地的平面图或剖面图及信息插座模块安装位置;缆线布放路径、弯曲半径、孔洞、连接方法及尺寸等。

（5）工程核算。综合布线系统工程的主要安装工程量,如主干布线的缆线规格和长度,装设楼层配线架的规格和数量等。

（6）系统中文检测报告及中文测试记录。工程中各项技术指标和技术要求的随工验收、测试记录,如缆线的主要电气性能、光缆的光学传输特性等测试数据。

（7）工程变更记录和工程洽商记录。检查记录及施工过程中,需更改设计或采取相关措施,建设、设计、施工等单位之间的双方洽商记录。

（8）随工验收记录,分项工程质量验收记录。在施工中的检查记录等基础资料。

（9）隐蔽工程验收记录及签证。是为直埋电缆或地下电缆管道等隐蔽工程经工程监理人员认可的签证,设备安装和缆线敷设工序告一段落时,经常驻工地代表或工程监理人员随工检查后的证明等原始记录。

（10）培训记录及培训资料。

15.2.3 综合布线系统工程质量评判要求

1. 总要求

综合布线系统工程安装质量检查,表 15.1～表 15.4 所列各项指标符合设计要求,被检项目检查结果为合格;被检项目的合格率为 100%,工程安装质量判为合格。

竣工验收时检查随工测试记录报告,如被测试项目指标参数合格率达不到 100%,可由验收小组提出抽测,抽测也可以由第三方认证机构实施。竣工验收需要抽验时,抽样比例不低于10%,抽样点应包括最远布线点。

2. 系统性能检测单项合格判定

系统性能检测单项合格判定应符合下列规定。

（1）一个被测项目的技术参数测试结果不合格,则该项目应为不合格。如果某一被测项目的检测结果与相应规定的差值在仪表准确度范围内,则该被测项目应为合格。

（2）按《综合布线系统工程验收规范》(GB/T 50312—2016)中附录 B 综合布线系统工程电气测试方法及测试内容指标要求,采用 4 对对绞电缆作为水平电缆或主干电缆,所组成的链路或信道有一项指标测试结果不合格,则该水平链路、信道或主干链路应为不合格。

（3）主干布线大对数电缆中按 4 对双绞线对测试,指标有一项不合格,则该线不合格。

（4）当光纤链路、信道测试结果不满足 GB/T 50312—2016 中附录 C 光纤信道和链路测试的指标要求时，则该光纤链路、信道应为不合格。

（5）未通过检测的链路、信道的电缆线对或光纤信道可在修复后复检。

3．竣工验收综合合格判定

（1）对绞电缆布线全部检测时，无法修复的链路、信道或不合格线对数量有一项超过被测总数的 1%，应为不合格。光缆布线系统检测时，当系统中有一条光纤链路、信道无法修复，则为不合格。

（2）对绞电缆布线抽样检测时，被抽样检测点（线对）不合格比例不大于被测总数的 1%，应为抽样检测通过，不合格点（线对）应予以修复并复检。被抽样检测点（线对）不合格比例如果大于 1%，应为一次抽样检测未通过，应进行加倍抽样，加倍抽样不合格比例不大于 1%，应为抽样检测通过。当不合格比例仍大于 1%，应为抽样检测不通过，应进行全部检测，并按全部检测要求进行判定。

（3）当全部检测或抽样检测的结论为合格时，则竣工验收的最后结论应为合格；当全部检测的结论为不合格时，则竣工验收的最后结论应为不合格。

4．综合布线管理系统合格判定

（1）综合布线系统管理系统的验收合格判定应符合：标签和标识应按 10% 抽检，系统软件功能全部检测。检测结果符合设计要求应为合格。

（2）智能配线系统应检测电子配线架链路、信道的物理连接，以及与管理软件中显示的链路、信道连接关系的一致性，按 10% 抽检；连接关系全部一致应为合格，有一条及以上链路、信道不一致时，应整改后重新抽测。

5．光纤到用户单元系统

光纤到用户单元系统工程中用户光缆的光纤链路应 100% 测试并合格，工程质量判定为合格。

15.3　综合布线系统验收实施

根据综合布线系统工程的施工特点，综合布线系统工程验收分为施工前检查、随工验收、初步验收、竣工验收等过程。

15.3.1　施工前检查

根据工程设计方案要求，进行"施工前检查"，检查项目包括表 15.1 所列，从而确保工程器材和设备符合设计要求。

15.3.2　随工验收

在工程施工中重点检查隐蔽工程，可使用"随工验收"。

15.3.3　初步/竣工验收

在整个综合布线系统工程中，最重要的验收就是在整个工程结束后，分别进行"初步验收"和"竣工验收"。

工程验收过程一般都伴随着验收文档的产生,一般验收文档包含验收报告和技术目录两大类。表 15.5 给出了验收文档的技术目录。

表 15.5 验收文档的技术目录

工程名称:

序号	目 录	页数	备注
1	已安装设备清单		
2	设备安装工艺检查记录表		
3	综合布线系统缆线穿布检查记录表		
4	综合布线信息点抽检电气测试验收记录表		
5	综合布线光纤抽检测试验收记录表		
6	综合布线系统机柜安装检查记录表		
7	隐蔽工程报验申请表		
8	工程材料/构配件/设备报审表		
9	缆线终接检查记录表		
10	缆线终接测试记录表		
11	施工质量自建自测结论		
12	工程设计文件及施工图		
13	深化设计投保文件		
14	变更设计有关文件		
15	工程施工合同或有关协议		
16	器材供应商提供的质量合格文件及有关技术文件		
17	器材抽样检测报告		
18	工程自检报告		
19	工程监理报告		
20	验收检测报告		
21	工程竣工报告		

习　题

一、选择题

1. 综合布线系统工程的验收内容中,验收项目(　　)不属于隐蔽工程签证。
   A. 管道缆线　　　　　B. 架空缆线　　　　　C. 直埋缆线　　　　　D. 隧道缆线

2. 综合布线系统工程的验收内容中,验收项目(　　)是环境要求的验收内容。
   A. 电缆电气性能测试　　　　　　　　B. 施工电源
   C. 外观检查　　　　　　　　　　　　D. 消防器材

3. 下列关于验收的描述中,不正确的是(　　)。
   A. 综合布线系统工程的验收贯穿了整个施工过程
   B. 布线系统性能检测验收合格,则布线系统验收合格
   C. 竣工总验收是工程建设的最后一个环节
   D. 综合布线系统工程的验收是多方人员对工程质量和投资的认定

4. 工程竣工后,施工单位应提供符合技术规范的结构化综合布线系统工程竣工技术资料,其中不包括(　　)。

A. 安装工程量和设备、器材明细表

B. 综合布线系统总图和路由图

C. 综合布线系统信息点分布平面图和各配线区(管理)布局图

D. 信息端口与配线架端口位置的对应关系表和系统性能测试报告

5. 工程竣工后,施工单位应提供下列(　　　)符合技术规范的综合布线工程竣工技术资料。

A. 工程说明　　　　　　　　　　　B. 测试记录

C. 设备、材料明细表　　　　　　　D. 工程决算

二、思考题

1. 简述综合布线系统验收的标准和依据。

2. 综合布线系统工程验收有几大类?

3. 综合布线系统工程验收人员一般由哪些人员组成?

4. 综合布线系统工程验收分哪几类?

5. 简述综合布线系统验收的项目和内容。

6. 综合布线系统工程的竣工技术资料应包括哪些内容?

综合布线系统工程设计示例

通过下面三个工程设计示例来学习综合布线系统工程设计等内容。

办公楼综合布线系统工程设计示例

16.1 办公楼工程概述

1. 办公楼概述

某单位计划新建一座办公楼,工程概况为:建筑面积 $34\,812\mathrm{m}^2$。地下一、二层主要为物业办公、车库、冷冻机房及变配电站等;地上二十八层,一层主要为大堂、茶座、餐厅、消防控制室、大厦管理室,二层为会议室、计算机网络机房、电话机房等,三至十层为开放型办公室、十一至十三层开放型办公室(需进行二次装修),十四至十六层为开放型办公室,十七至十九层为开放型办公室(需进行二次装修),二十至二十八层为小开间办公室。三至十层为出租办公用房(其中三、四层按楼层出租,五至十层按隔间出租),其他为自用用房。

为本办公楼设计综合布线,建立办公楼内信息设施系统,满足建筑物的应用与管理对信息通信的需求,提供高速宽带业务,以满足所需的语音、数据信息综合传输的带宽要求。

本工程设计要符合标准规范《综合布线系统工程设计规范》(GB 50311—2016)及其他有关现行国家标准、行业标准及地方标准。

2. 设计范围

本工程的综合布线系统支持通信系统(1 套 2700 门的程控交换机、270 条中继线。100 门直通市话电话)、计算机网络系统(骨干万兆互连.千兆到桌面)、信息发布系统和视频监控系统。地下一层至二层、十一至二十八层采用综合布线系统。三至十层采用光纤到用户单元通信设施系统。

3. 总体方案设计

根据与建设方的多次协商和建筑物的使用要求,确定该布线的总体方案为根据用户需求分析,本系统的局域网的骨干采用万兆以太网技术,千兆以太网连接到用户终端设备。

本系统采用星型拓扑结构,整座楼设一个设备间(即电话及网络机房,在办公楼二层),每层设电信间 1 个。数据部分,从设备间配线架到电信间配线架以光缆连接,从各电信间配线架到各信息点用 6 类 4 对对绞电缆连接;语音部分,从设备间配线架到电信间配线架用 5 类 25 对大对数电缆连接,从各电信间到各信息点用 6 类 4 对对绞电缆连接。

16.2 办公楼综合布线系统设计

综合布线系统由工作区、配线子系统、干线子系统、建筑群子系统、入口设施、设备间、进线间、电信间等组成,详见综合布线系统图。

16.2.1　系统设计

1. 工作区

办公部分每个工作区面积按 $5m^2$ 设计,每个工作区设置 2 个信息点(即 1 个语音点、1 个数据点)。其中十一至十三层需进行二次装修,在各办公室吊顶内敷设线槽,水平线缆敷设可随二次装修办公隔断或办公家具引至桌面信息插座。十四至十六层采用 12 孔多用户信息插座,工作区设备缆线通过办公隔断或办公家具引至桌面办公终端设备。十七至十九层需进行二次装修,在各大开间办公室内设置 CP 集合点,CP 缆线敷设可随二次装修办公隔断或办公家具引至桌面信息插座。二十至二十八层在各办公工位处设置信息插座。

一层大堂为信息发布系统设置 1 个数据信息点,信息查询系统设置 2 个数据信息点,无线接入点各设置 3 个数据信息点。二层每个中小型会议室设置 3 个数据信息点(其中 1 个信息点接无线接入点设备),大型会议室设置 6 个数据信息点(其中 2 个信息点接无线接入点设备)。每层公共场所设置有连接无线接入点设备的数据信息点;其他场所根据需要设置一定数量的信息点。水平电缆采用 6 类 4 对对绞电缆;出线端口采用 6 类模块。本工程语音信息点共 2249 个,数据信息点共 2318 个。具体分配见表 16.1。

表 16.1　信息点一览表

层	信息点数量				
	支持数据	支持语音	MUTO	AP	监控
地下二层	4	4		1	6
地下一层	10	10		2	6
一层	15	15		3	8
二层	26			8	8
三、四层	185	185	37	4	8
五至十层	85	85		7	5
十一至十三层	137	137		2	5
十四至十六层	129	129	18	2	5
十七至十九层	137	137		2	5
二十至二十七层	120	120		2	5
二十八层	36	36		2	5
合　计					

在办公楼二层设置电话和网络机房 1 个作为设备间,考虑到各楼层信息点较多,每层楼设电信间 1 个(位于办公楼的大约中间位置)。

房间信息点分布见图 16.5～图 16.11,其中,数据信息点和语音信息点统一用 TO 来表示,支持 AP 的信息点用 TD 表示。

房间工作区信息插座均为双口 86 盒暗装方式,面板带有永久性防尘门,每个插座配备 1～2 个 6 类信息模块,信息模块卡接缆线统一采用 T568B 方式。通过信息插座可以 100/1000Mbit/s 速率连接终端设备。

各房间信息点编号用 XYZ 表示,其中:X 代表房间编号;Y 代表信息点类型,用 D、O 表示,D 表示支持 AP 的信息点、O 表示支持数据和语音信息点;Z 表示信息点的顺序,每个房间单独编号,都从 1 开始,房间内顺序可按入门从左往右顺时针方向定义。参见表 16.3、

表 16.4。

2. 配线子系统

配线子系统选择非屏蔽 6 类 4 对对绞电缆，从各电信间配线架到各信息点，单条路由距离在 90m 以内，可以满足 1000Mbps 的传输要求，布线路由为从电信间楼层配线架经由吊顶线槽墙体支管方式，详见图 16.5～图 16.11。

缆线计算方法详见 4.2.3 小节。

配线子系统的水平电缆是指水平链路，在任务 15 中已经介绍，在这里由于只有电信间只有一个机柜，电信间-水平链路标识符格式为 fa-annn。以办公楼二层为例，水平链路标识见表 16.2。

表 16.2　办公楼二层水平链路标识

序号	水平链路	标识说明
1	会议室 A-TO-01/02A-A01-A01	端接于：工作区-会议室 A 信息点 1；电信间-2 层 A 电信间-A 配线架 01 端口
2	会议室 A-TO-02/02A-A01-A02	端接于：工作区-会议室 A 信息点 2；电信间-2 层 A 电信间-A 配线架 02 端口
3	会议室 A-TD-03/02A-A01-A04	端接于：工作区-会议室 A 信息点 3；电信间-2 层 A 电信间-A 配线架 03 端口
4	会议室 B-TO-01/02A-A01-A04	端接于：工作区-会议室 B 信息点 1；电信间-2 层 A 电信间-A 配线架 04 端口
......		
23	会议室 G-TO-02/02A-A01-B09	端接于：工作区-会议室 G 信息点 2；电信间-2 层 A 电信间-A 列 01 机柜-B 配线架 09 端口
24	会议室 G-TD-03/02A-A01-B10	端接于：工作区-会议室 G 信息点 3；电信间-2 层 A 电信间-A 列 01 机柜-B 配线架 10 端口

3. 干线子系统

考虑到以后扩容的方便，数据主干不使用对绞电缆，办公楼光纤到用户单元（五至十层）采用单模光缆，其他楼层干线子系统采用 8 芯多模光缆支持数据传输，采用 5 类大对数电缆支持语音传输。光缆布放从设备间经水平线槽至弱电间垂直桥架。

至各层（区）支持数据的建筑物主干光缆用量计算详见 4.2.4 小节。

语音部分，采用 5 类 25 对大对数电缆，可满足语音要求。支持语音的干线子系统大对数电缆用量计算详见 4.2.4 小节。

建筑物内主干缆线标识符的格式为 ft1/ft2C，其中：ft1 为端接主干缆线一端的电信间标识符；ft2 为端接主干缆线另一端的电信间标识符；C 为 1 位或 2 位数字，表示为第 n 根。在项目中，从设备间到各电信间的光缆标识符间表 16.3 所示。

表 16.3　建筑物内主干光缆标识符

序号	建筑物主干光缆链路（数据）	标识说明
1	03A-A01-A01-06/01A-A01-A01-06	端接于：设备间-3 层 A 设备间-A 列 01 机柜-A 配线架 01 端口到 06 端口；电信间-1 层 A 电信间-A 配线架 01 端口到 06 端口

续表

序号	建筑物主干光缆链路（数据）	标 识 说 明
2	03A-A01-A07-12/02A-A01-A01-06	端接于：设备间-3 层 A 设备间- A 列 01 机柜-A 配线架 07 端口到 12 端口；电信间-2 层 A 电信间-A 配线架 01 端口到 06 端口
	......	
20	03A-A01-A07-12/20A-A01-A01-06	端接于：设备间-3 层 A 设备间- A 列 01 机柜-A 配线架 07 端口到 12 端口；电信间-2 层 A 电信间-A 配线架 01 端口到 06 端口

4．建筑群子系统

在进线间设网络 ODF 和语音 ODF。作为本建筑物 CD。

5．入口设施

由 3 家电信运营商引来 3 根 8 芯语音单模光缆和 3 根 8 芯数据单模光缆，通过设在进线间的光缆配线设备，引至电话机房和计算机网络机房。

6．设备间

设在二层，包括电话机房和计算机网络机房。电话机房（45m²）内设有 1 套 2700 门的程控交换机及 BD 配线设备。计算机网络机房（30m²）设有网络交换机、路由器、数据服务器、应用服务器、BD 配线设备等。

7．进线间

设在地下一层，面积约 14m，设有 ODF 配线设备。

8．电信间

在各层设有电信间，安装楼层配线设备等。

在每层设弱电间兼做电信间。安装 19″标准机柜。机柜内安装一个 6 口光纤连接器成端光缆。根据每层楼的信息点数据量的不同，安装 24 口模块化 6 类配线架成端 6 类对绞电缆，安装 100 对 IDC 配线架成端语音配线电缆和干线 25 对大对数电缆。

在弱电间，FD 采用 RJ-45 型 24 口模块化配线架支持数据，FD 至建筑物主干电缆侧采用 IDC 配线架，至水平电缆侧采用 RJ-45 型模块化配线架支持语音。

16.2.2　其他设计

1．配线设备选用

（1）FD 采用 6 类 RJ-45 型模块配线架用于支持数据；FD 在水平侧采用 6 类 RJ-45 型模块配线架、在干线侧采用了类卡接式模块配线架用于支持语音。

（2）CP 采用 6 类 RJ-45 型配线架用于支持数据和语音。

（3）BD 采用光纤配线架用于支持数据，采用 5 类卡接式模块配线架用于支持语音。

（4）电信业务经营者提供 ODF、传输转换设备。

2．布线

（1）水平布线。水平电缆沿金属线槽、网络地板敷设或穿镀锌钢管敷设。

（2）垂直干线布线。干线大对数电缆和光缆沿金属线槽敷设或穿镀锌钢管敷设。

3．系统接地方式及接地电阻要求

系统应采用建筑物共用接地的接地系统。当必须单独设置系统接地体时其接地电阻不应大于 40。当布线系统的接地系统中存在两个不同的接地体时，其接地电位差不应大于 $1Vr \cdot m \cdot s$。

16.2.3　光纤到用户单元通信设施系统

（1）系统用户接入点设置在地下一层的进线间，三至十层为一个配线区。

（2）本建筑物三至十层采用光纤到用户单元通信设施 其中三、四层以每层作为 1 个用户单元设计，五至十层以每个办公室作为 1 个用户单元设计，共设置 44 个用户单元。

（3）每个用户单元配置 1 根 2 芯光缆。

（4）本建筑物通信设施工程采用光纤到用户单元的方式进行设计，利用支持语音、数据应用的 PON 光纤到户通信系统. 为用户提供公用电话交换网和互联网融合的宽带接入。

（5）光纤适配器的芯数为每个用户单元提供 1 芯光纤与光分路器连接，括号中的芯数为每个用户单元提供 2 芯光纤与光分路器连接。光分路器的台数为每个用户单元提供 1 芯光纤所需数量，括号中的为每个用户单元提供 2 芯光纤所需数量。

16.3　办公楼综合布线系统工程材料和图纸

16.3.1　综合布线系统材料总清单

本工程需布放 6 类 4 对对绞电缆、5 类 25 对大对数电缆、光缆、安装机柜、光缆配线架、电缆配线架和信息插座，成端 6 类、5 类电缆和多模光纤。具体见表 16.4 所示。

表 16.4　布线系统材料清单

序号	名　称	型号及规格	单位	数量	备注
1	单孔插座	含面板及模块	套		
2	双孔插座	含面板及模块	套		
3	多用户信息插座	十二孔,含面板及模块	套	55	
4	非屏蔽 4 对对绞电缆	6 类	箱		
5	多模室内光缆	8 芯	米		
6	大对数电缆	5 类 25 对	米		
7	RJ-45 型模块化非屏蔽配线架	6 类、24 口,含模块	套		
8	光纤连接盘	12 口、24 口、24 口、双工	套		
9	卡接式模块配线架	5 类、100 对	套		
10	CP 集合点接线箱	24 口	个		
11	光纤跳线	2 芯	根		
12	非屏蔽跳线	6 类、RJ-45-RJ-45、IDC-RJ-45、IDC-IDC（1 对）	根		
13	跳线管理器	1U	个		
14	标准机柜	30U、42U	个		
15	单模室内光缆	2 芯、48 芯	米		
16	信息配线箱	用户单元	个		
17	光纤配线箱	层箱、用户接入点	个		

16.3.2 图纸

1.布线系统图(图 16.1～图 16.4)

图 16.1 办公楼综合布线系统图(1)

注:(1)由 BD 至各 LIU 光缆上标注的数字为 8 芯光缆的根数,光缆采用多模光缆。

(2)BD 至-1～28FD 的电缆采用 3 类 25 对的大对数电缆,电缆上标注的数字为电缆的根数。

(3)每台交换机配置 4 芯光纤,其中 2 芯为备用。

(4)FD 至 CP 的电缆采用 6 类 4 对对绞电缆支持语音和数据,电缆上标注数字为 4 对对绞电缆的根数。

2.楼层信息点分布图和楼层布线路由图

下面以具有代表性的楼层为例介绍楼层信息点分布图和楼层布线路由图,如图 16.5 所示。各层综合布线平面图可扫描右侧二维码参考。

3.设备间平面图及机柜布置和缆线成端图

在办公楼的二层设有电话及网络机房,可以作为设备间,在本系统中,设备间中安装有电话系统的程控用户交换机、计算机网络系统的网络交换机及配线设备,其平面示意图如图 16.6 所示。也可以将网络机房和电话机房合用设备间,如图 16.7 所示。

在图 16.6 和图 16.7 中,1—语音配线机柜;2—用户电话交换机机柜;3—网络配线机柜;4—网络设备机柜;5—视频监控配线机柜;6—视频监控设备机柜;9—配电柜。

4.电信间平面图及机柜布置和缆线成端图

电信间平面图示意图如图 16.8 所示。

以二层电信间为例,根据前面的设计,二层及四至十五层、十六至二十层的机柜都选用 22U 的 19″标准机柜。机柜布置和缆线成端图如图 16.9 所示。

在图 16.9 中,1—机柜;2—IDC 配线架;3—RJ-45 配线架;4—SC 光纤配线架;5—网络交换机;6—电源分配器;7—缆线管理器。

图 16.2　办公楼综合布线系统图（2）

图 16.3　办公楼综合布线系统图(3)

图 16.4　办公楼光纤到用户单元通信设施系统图

注：（1）每个用户单元配置 1 根 2 芯光缆（低配置）。根据需要可以为每个用户单元配置 2 根 2 芯光缆（高配置）。

（2）由配线箱至各信息配线箱 IBT 光缆上标注的数字为 2 芯光缆的根数，光缆采用单模光缆。

（3）信息配线箱 IBU 内的设备的设置。

（4）五至十层办公室 A～G 的网络和语音设备在各信息配线箱内。

（5）三、四层为每层一个办公用户，网络和语音设备设置在机柜内。

（6）平面图参见。

图 16.5 办公楼综合布线支持安防视频系统图

注：(1) 本图为办公楼配套设计的安防视频监控系统，建筑平面图见图 16.6～图 16.16。安防视频监控系统后端服务器、存储设备、核心交换机等设置于二层网络机房。安防视频监控中心设在消防控制室，室内设有 LED 拼接显示大屏，安防工作站、解码服务器、键盘控制等设备。

(2) 在地下一、二层停车场的车道、电梯厅设置高清网络摄像机；在一层大厅出入口、电梯厅、休息区、茶座、餐厅、消防控制室设置网络高清摄像机；在二、三层走道、电梯厅、大会议室设置网络高清摄像机；在四楼走道、电梯厅、餐厅设置网络高清摄像机；在五至二十八层走道、电梯厅设置网络高清摄像机。

(3) 网络高清摄像机电源可以由单独的供电系统供电，也可采用 POE 网络高清摄像机。

图 16.6　网络机房、电话机房布置图

图 16.7　网络机房和电话机房合用设备间

图 16.8　电信间设备布置图

图 16.9　机柜布置和缆线成端图

住宅光纤到户工程设计示例

17.1 光 纤 到 户

1．用户接入点

用户接入点是多家电信业务经营者共同接入的部位，是电信业务经营者与住宅建设方的工程界面。是光纤到用户单元/户工程特定的一个逻辑点，它根据建筑的类型、光纤配线区容纳的住户数量确定设置的位置。设置应符合下列规定。

(1) 每一个光纤配线区应设置一个用户接入点。

(2) 用户光缆和配线光缆应在用户接入点进行互联。

(3) 只有在用户接入点处可进行配线管理。

(4) 用户接入点处可设置光分路器。

用户接入点可采用机柜安装方式(图 17.1)和采用光缆配线箱机柜安装方式(图 17.2)两种。

图 17.1 用户接入点采用机柜安装方式连接示意图

2．光纤到用户单元/户

(1) 光纤到用户单元通信设施适用于公用建筑中商住办公楼以及一些自用办公楼将楼内部分楼层或区域出租给相关的公司或企业作为办公场所。

(2) 光纤到户通信设施适用于居住建筑。

3．光纤到户通信设施设置

光纤到户通信设施适用于居住建筑。光纤到户通信设施设置示意图如图 17.3 所示。

(1) 每一个光纤配线区所辖住户数量不宜超过 300 户，光缆交接箱形成的一个配线区所辖住户数不宜超过 120 户。

图 17.2 用户接入点采用光缆配线箱机柜安装方式连接示意图

（2）光纤用户接入点的设置地点应依据不同类型住宅建筑形成的配线区以及所辖的用户数确定，并应符合下列规定。

① 由别墅组成配线区时，用户接入点应设于光缆交接箱或设备间，用户接入点位置如图 17.4 所示。

当住宅区规模较小（小于 120 户），别墅建筑相对集中时，也可将用户接入点设于设备间，采用从设备间直接布放光缆至每栋别墅的家居配线箱。家居配线箱作为配线模块的连接与管理场所，通过光纤连接器与通信设备光端口实现互通。

② 由单个高层住宅建筑作为独立配线区时用户接入点应设于本建筑物内的电信间，用户接入点位置如图 17.5 所示。

单个高层住宅建筑的住户数达不到 300 户时，也可以与临近的几栋高层住宅建筑组成一个光纤配线区，共用一个电信间，并设置用户接入点。当住宅区只有一个光纤配线区时，可以直接将用户接入点设置在设备间。此时，高层住宅建筑不需要设置电信间，但需要在光缆进入建筑物的部位安装配线箱，作为光缆成端与过路使用。如果每一个高层住宅建筑住户较少，一个电信间要容纳多栋高层住宅建筑的住户才能够达到一个光纤配线区的容量，则电信间应该设置在几栋住宅建筑较为中心位置的建筑内，有利于管线的布放。

③ 由低层、多层、中高层住宅建筑组成配线区时，用户接入点应设于本配线区共用电信间。用户接入点位置如图 17.6 所示。

当住宅中只有一个配线区且规模较小（小于 300 户）时，也可将用户接入点设于设备间，采用从设备间直接布放光缆至每栋住宅建筑的配线设备。如果有多个光纤配线区时，仍可多栋建筑共用一个电信间。

如果一个住宅区的用户光缆总容量小于 144 芯，也可以将用户接入点设置在某单元的首层公共楼道处，并采用墙体壁龛安装的共用配线箱完成配线。此时不设电信间，引出单元的配线光缆敷设至设备间汇聚。

在图 17.4～图 17.6 中，各设施设置要求如下：用户接入点设置于电信间（楼内）；配线设备设置于楼层；配线箱（分纤箱）设置于户内；家居配线箱、信息插座、终端盒设置于户内；人手孔、地下通信管道设置于住宅区；设备间设置于物业管理中心。

（3）家居配线箱（HD）安装于住宅用户内的完成信息互通与通信业务接入的配线箱体，可根据需要选配交换机、数据、语音等功能模块。家居配线箱（HD）示意图如图 17.7 所示。家居配线箱接线如图 17.8 所示。

图 17.3　光纤到户通信设施设置示意图

图 17.4 别墅建筑用户接入点位置示意图

图 17.5 高层住宅建筑用户接入点位置示意图

图 17.6 低层、多层、中高层住宅建筑用户接入点位置示意图

图 17.7　家居配线箱(HD)示意图

图 17.8　家居配线箱接线

17.2　多层住宅光纤到户通信设施设计

1. 工程概况

某住宅小区每栋多层住宅建筑 36 户,共 8 栋 288 户,组成一个配线区,用户接入点设于本配线区 1 栋多层住宅建筑电信间,负责 8 栋住宅楼配线。计划采用 PON 光纤接入网技术的光纤到户方案,支持语音、数据的应用。

电信间面积应满足至少 3 家电信业务经营者通信业务接入的需要。光分路器集中设置于住宅小区各配线区的配线箱内。

未设置电信间的多层住宅楼,在中间单元的一层设置本楼的光纤配线箱。每个住户设置 1 个家居配线箱。用户接入点至每一户家居配线箱配置 1 根 1 芯光缆。

2. 多层住宅光纤到户通信设施系统图

多层住宅光纤到户通信设施系统图如图 17.9 所示,本系统按每单元、每层 2 户考虑,为每户提供 1 根 1 芯光缆。

图 17.9　多层住宅光纤到户通信设施系统图

本建筑物与邻近的 7 栋多层住宅楼建筑共 288 户组成一个配线区,配线区所有光分路器设置在本建筑物的电信间(弱电间)内,光分路器的支路侧端口数应大于本配线区的用户数。

家居配线箱(HD)安装于住宅用户内的完成信息互通与通信业务接入的配线箱体,可根据需要选配交换机、数据、语音等功能模块。家居配线箱示意图如图 17.7 所示。家居配线箱接线如图 17.8 所示。

住户起居室、卧室和卫生间设置电话插座,支持语音通信。起居室、卧室设置数据插座,支持计算机、数据终端设备支持。

在图 17.9 中所标出配线光缆、用户光缆及配线设备的容量为实际需要计算值,在工程设计中应预留不少于 10%的维修余量,并按光缆、配线设备的规格选用。

17.3　高层住宅光纤到户通信设施设计

1. 工程概况

某住宅小区高层住宅地上 25 层、地下一层。计划采用 PON 光纤接入网技术的光纤到户方案,支持语音、数据的应用。其中地下一层和一层为商业用房,按每间房为一个用户单元,采用光纤到用户单元通信设施,设置信息配线箱,为每个用户单元提供 1 根 2 芯光缆。二至二十五层为住宅,偶数层每层 9 个住户,奇数层每层 7 个用户考虑,共计 192 户,每个住户设置家居配线箱,采用光纤到户通信设施为每户提供 1 根 1 芯光缆。

本高层住宅建筑为一个配线区,用户接入点设在本建筑电信间内,电信间面积应满足至少3 家电信业务经营者通信业务接入的需要,光分路器集中设置于配线区的配线箱(柜)内。

住房起居室、卧室、书房和卫生间设置电话插座,支持语音通信。起居室、卧室和书房设置数据插座,支持计算机、数据终端设备连接。

2. 高层住宅光纤到户通信设施系统图

(1) 方案一

高层住宅光纤到户通信设施系统图如图 17.10 所示。

在图 17.10 中,本建筑物设置独立的配线区,配线区所有光分路器设置在本建筑物的电信间内,光分路器的支路侧端口数应大于本配线区的用户数。配线区应满足 3 家电信业务经营者配线设备、光分路器设置。

二至二十五层在各层弱电间设置 1 个配线箱,由接入点引来的光缆经配线箱连接至各住户家居配线箱。

家居配线箱(HD)内设备设置及与插座的连接如图 17.7、图 17.8 所示。

(2) 方案二

高层住宅光纤到户通信设施系统图如图 17.11 所示。

在图 17.11 中,二至二十五层每 5 层在弱电间设置 1 个配线箱,有接入点引来的光缆经配线箱连接至该 5 层的各住户家居配线箱。

高层住宅各层光纤到户通信设施平面图扫描二维码参考。

任务 17 住宅光纤到户设计平面图

图 17.10　高层住宅光纤到户通信设施系统图（方案一）

图 17.11　高层住宅光纤到户通信设施系统图(方案二)

企业园区综合布线系统工程设计示例

18.1　生产厂房工程概述

本工业园区包含:生产工房、生产管理及后勤保障楼、原料库、成品库、周转库、综合辅助用房、污水处理站、大门等几个建筑物。工业园区信息中心机房设置在生产管理用房及后勤保障楼,到其他建筑物的光纤及电话电缆由此引出至其他建筑物 BD/FD。各个建筑物分别设置电信间。生产工房车间内的生产设备用信息点,支持数据、控制等信息的传递。根据生产工艺及生产过程控制的需求设置信息点。办公用房按工作人员的数量及办公工位的位置设置信息点。生产工房车间内的水平线缆采用 6 类屏蔽电缆,其他房间内的水平线缆采用 6 类非屏蔽电缆。生产信息数据的监控和采集都集中在生产工房中控室。

本设计采用先进的结构化综合布线方式,综合语音、数字、图像等信号,覆盖全厂区各主要新建建筑物,并为日后扩展建设做好充分的预留。将计算机网络、电话等相关系统的线缆一同敷设,以满足用户不同的要求。

数据信息点 TD 和 ID 之间如遇以下情况,也可采用光纤布线方式:

(1) 数据插座 TD 和 D 之间间距≥90m。

(2) 综合布线区域内存在的电磁干扰场强高于了 3V/m。

(3) 综合布线路由上存在干扰源,且不能满足最小净距要求时。

本工程设计要符合标准规范《综合布线系统工程设计规范》(GB 50311—2016)及其他有关现行国家标准、行业标准及地方标准。

18.2　企业园区综合布线图纸

1. 企业园区综合布线系统图

企业园区综合布线系统图如图 18.1 所示。

企业园区综合布线总平面图如图 18.2 所示。

2. 生产工房综合布线系统图

生产工房综合布线系统图如图 18.3 所示,生产工房综合布线平面图如图 18.4、图 18.5 所示或扫码下载使用。

任务 18 综合
布线平面图

图 18.1　企业园区综合布线系统图

图 18.2　企业园区综合布线总线平面图

图例：

□　人孔井

────　综合布线线路（室外电缆沟或成排管内敷设）

序号	总图编号	建筑物名称
1	101	生产工房
2	102	生产管理用房及后勤保障楼
3	103	周转库
4	104	周转库
5	105	成品库
6	106	原材料库
7	107	原材料库
8	108	主大门及门卫室
9	301	成品库
10	302	成品库
11	303	停车场
12	201	综合辅助用房
13	202	污水处理站

图 18.3　生产工房综合布线系统图

图 18.4　生产工房综合布线平面图（4ID、5ID、6ID）

图 18.5 生产工房综合布线平面图(FD、1ID、2ID、3ID)

习　题

1. 对本校的学生小区设计综合布线？
2. 对本校的校园、办公楼和实训楼设计综合布线？
3. 对某小区高层住宅设计综合布线？

参 考 文 献

[1] 褚建立.网络综合布线实用技术(第4版)[M].北京:清华大学出版社,2019.

[2] 张宜.数据中心网络布线系统工程应用技术[M].上海:上海交通大学出版社,2021.

[3] 工业和信息化部.GB 50311—2016 综合布线系统工程设计规范[S].北京:中国计划出版社,2015.

[4] 工业和信息化部.GB 50312—2016 综合布线系统工程验收规范[S].北京:中国计划出版社,2015.

[5] 工业和信息化部.GB 50174—2017 数据中心设计规范[S].北京:中国计划出版社,2017.

[6] 住房和城乡建设部.GB 50314—2015 智能建筑设计规范[S].北京:中国计划出版社,2017.

[7] 中国建筑标准设计研究院.综合布线系统工程设计与施工(国家建筑标准设计图集 20X101-3)[S].北京:中国计划出版社,2020.

[8] 国家市场监督管理总局.GB/T 18233.1—2022 信息技术 用户建筑群通用布缆 第1部分:通用要求[S].北京:中国标准出版社,2022:10.

[9] 国家市场监督管理总局.GB/T 18233.2—2022 信息技术 用户建筑群通用布缆 第2部分:办公场所[S].北京:中国标准出版社,2022:10.

[10] 国家市场监督管理总局.GB/T 18233.3—2017 信息技术 用户建筑群通用布缆 第3部分:工业建筑群[S].北京:中国标准出版社,2014—2024.

[11] 国家市场监督管理总局.GB/T 18233.5—2017 信息技术 用户建筑群通用布缆 第5部分:数据中心[S].北京:中国标准出版社,2019:1.

[12] 国家市场监督管理总局.GB/T 18233.6—2022 信息技术 用户建筑群通用布缆 第6部分:分布式楼宇设施[S].北京:中国标准出版社,2022:10.

[13] 国家市场监督管理总局.GB/T 34961.1—2018 信息技术 用户建筑群布缆的实现和操作 第1部分:管理[S].北京:中国标准出版社,2018.

[14] 国家市场监督管理总局.GB/T 34961.2—2024 信息技术 用户建筑群布缆的实现和操作 第2部分:规划和安装[S].北京:中国标准出版社,2018.

[15] 国家市场监督管理总局.GB/T 34961.3—2017 信息技术 用户建筑群布缆的实现和操作 第3部分:光纤布缆测试[S].北京:中国标准出版社,2018.

[16] 国家市场监督管理总局.GB/T 34961.4—2017 信息技术 用户建筑群布缆的实现和操作 第4部分:端到端(E2E)链路、模块化插头端接链路(MPTLs)和直连布缆的测量[S].北京:中国标准出版社,2018.

[17] 信息通信综合布线系统 第1部分:总规范(YD/T 926.1—2023)[S].

[18] 信息通信综合布线系统 第2部分:光纤光缆布线及连接件通用技术要求(YD/T 926.2—2023)[S].

[19] 信息通信综合布线系统 第3部分:对称电缆布线及连接件通用技术要求(YD/T 926.3—2023)[S].

[20] 信息通信综合布线系统场景与要求 住宅(YD/T 1384—2023)[S].

[21] 信息通信综合布线系统场景与要求 数据中心(YD/T 2963—2024)[S].